DU PERFECTIONNEMENT

GRADUEL

DES ÊTRES ORGANISÉS.

DU

PERFECTIONNEMENT

GRADUEL

DES ÈTRES ORGANISÉS;

PAR M. MARCEL DE SERRES,

PROFESSEUR A LA FACULTÉ DES SCIENCES A MONTPELLIER; CORRESPONDANT
DE LA SOCIÉTÉ LINNÉENNE DE BORDEAUX, ETC., ETC.

A Bordeaux,

CHEZ TH. LAFARGUE, LIBRAIRE,

Imprimeur de la Société Linnéenne

RUE PUITS DE BAGNE-CAP, 8.

1851.

DU

PERFECTIONNEMENT

GRADUEL

DES ÊTRES ORGANISÉS.

I. OBSERVATIONS GÉNÉRALES.

Les êtres des temps géologiques qui ont été généralement différents d'une époque à une autre, se sont-ils perfectionnés ou pour mieux dire, ont-ils acquis une organisation plus compliquée, à mesure de leur apparition successive? Telle est la question que nous nous proposons d'examiner.

Avant d'étudier cette question délicate, nous ferons observer, que la plus grande complication que l'on observe chez les êtres des temps géologiques récents, comparée à celle des végétaux et des animaux des âges anciens, ne s'est jamais opérée chez la même espèce. Elle a bien eu lieu, mais toujours chez les familles et les classes qui offraient des différences d'autant plus grandes, que leur apparition avait lieu à des intervalles plus éloignés.

En effet, à toutes les phases de la terre comme à toutes

les époques de son histoire, les espèces, immuables dans leurs types, ont composé de petits systèmes uniques et clos, dont les variations ont été très-limitées, tant qu'elles ont été abandonnées à elles-mêmes et qu'elles n'ont pas subi l'influence de l'homme. Or, les anciennes générations n'ont pas pu en ressentir l'action, puisqu'elles ont de beaucoup précédé l'apparition de l'espèce humaine. Elles sont donc restées constamment uniformes dans leurs types spécifiques, qui n'ont varié que lorsque les espèces ont été soumises à la domesticité ; alors nous en avons retiré des produits que les races sauvages n'auraient jamais donnés.

Le perfectionnement des anciennes générations ne s'est donc pas opéré chez les espèces, mais uniquement chez les ordres, les familles et les classes. Ces divisions supérieures à l'espèce sont devenues de plus en plus compliquées, surtout celles des classes les plus élevées dans la série zoologique, à mesure que des âges anciens on arrive aux époques récentes. C'est de cette manière que le progrès a eu lieu chez les végétaux et les animaux de l'ancien monde ; ainsi les classes les plus perfectionnées des deux règnes qui ont été les dernières à apparaître, n'ont embelli la terre qu'à l'époque de l'apparition de l'espèce humaine.

S'il en avait été autrement, les espèces auraient pu passer successivement les unes dans les autres et produire un nombre infini de races intermédiaires. L'homme lui-même n'a pu, malgré toute sa puissance et toutes les ressources de ses moyens, parvenir à de pareils résultats, que l'observation démontre à peu près impossibles. Du moins, les recherches microscopiques les plus délicates nous font toujours arriver à des germes primitifs, d'où proviennent les êtres dont nous pouvons suivre la formation.

Il sort de ces germes, des espèces semblables à celles qui les ont donnés, et leurs générations en se perpétuant

avec les mêmes dispositions, les mêmes caractères, rappellent ainsi les frmes de leurs parents.

Le perfectionnement ne s'opérant jamais dans l'espèce
elle-même, on ne peut pas admettre avec quelque fondement, que telle race est plus parfaite que telle autre. Chacune d'elles offre dans les détails aussi bien que dans l'ensemble de son organisation, tout ce qui est nécessaire, à
ses conditions d'existence. Il est toutefois des degrés in-
finis de complication dans l'organisation, par suite de la diversité du but que les espèces doivent remplir et pour lequel elles ont été créées. Mais, chose remarquable, il existe
une harmonie manifeste entre les détails de l'organisme et
les fins des êtres qui les présentent.

Où donc se trouve le perfectionnement qui s'est effectué
depuis l'apparition des races anciennes, jusqu'à la création
de celles de notre monde, puisqu'on n'en aperçoit pas la
moindre trace chez les espèces considérées en particulier?
Ce perfectionnement se montre, ainsi que nous venons de
le dire, chez les tribus, les familles et surtout chez les
classes; il est du moins d'autant plus sensible que, partant
des genres, on arrive à des divisions d'un ordre plus élevé
ou à des groupes embrassant un grand nombre d'êtres construits sur un même plan général.

Le progrès dans l'organisation, a eu lieu de manière à
ce qu'en partant d'un point ou d'une cellule animée, on
voit succéder à la première ébauche de la vie, des organes
diversifiés et appropriés à des fonctions particulières, se
multiplier à mesure que les besoins augmentent. Toutefois
aucun des êtres des générations actuelles ou passées, n'est
arrivé au *summum* de complication dont l'homme est dans
notre création le modèle. Ce travail n'a pas eu lieu dans une
molécule primitive qui se serait organisée par degrés. Il s'est
produit constamment chez des espèces distinctes qui sont

arrivées au jour avec des complications diverses , et en général d'autant plus perfectionnées , qu'elles appartenaient
à des époques rapprochées des temps actuels , ou à des animaux inférieurs.

L'enchaînement progressif des quatre classes de vertébrés,
embranchement le plus compliqué de la série animale,
est un fait qui contraste à tous égards et d'une manière
frappante avec le développement uniforme et parallèle des
diverses classes d'invertébrés. La gradation des vertébrés
est d'autant plus remarquable , qu'elle se rattache directement à la venue de l'homme , le terme et le but de tout
perfectionnement.

Il en a été de même du règne végétal ; les classes inférieures ont apparu avec tout leur développement, tandis
qu'il n'en a pas été ainsi des classes supérieures. La nature
est donc arrivée tout-à-coup au degré le plus élevé de la
complication de l'organisme chez les êtres les plus simples.
On dirait au contraire qu'elle n'a produit les végétaux et les
animaux de l'ordre le plus élevé , qu'après de longs tâtonnements et des essais plus ou moins multipliés.

Les causes qui ont produit les êtres les plus compliqués ,
n'ont agi que lorsque de nombreuses générations s'étaient
succédées à la surface du globe ; elles ont dépendu probablement des conditions qui régissaient les milieux extérieurs. Ainsi les animaux qui respirent l'air en nature , ont
généralement un organisme plus compliqué que ceux qui
vivent aux dépens de l'air en dissolution dans l'eau. Dès-
lors un excès d'acide carbonique a été peu favorable au
développement des animaux à respiration aérienne : cet excès existait dans l'atmosphère des premiers âges ; aussi
ceux-ci n'ont donc paru , que lorsqu'il a été épuisé par la
végétation ou par les matériaux calcaires qui se sont formés
successivement.

Cette circonstance défavorable à l'existence des animaux qui respiraient l'air en nature , a au contraire permis à la végétation primitive de prendre tout son essor ; à son aide, elle a pu acquérir une vigueur et une beauté que les flores nouvelles n'ont jamais acquises , malgré l'influence que le terreau exerce sur leur croissance. A la vérité, l'absence de tout être qui aurait pu en arrêter l'essor, peut y avoir contribué et leur avoir fait acquérir un développement dont les végétaux actuels ne nous fournissent pas d'exemples. Les foyers volcaniques alors plus nombreux que maintenant , n'ont pas été sans action sur l'ancienne végétation, en raison des produits ammoniacaux qu'ils répandaient dans l'atmosphère.

Ces faits indiquent ce que l'on doit entendre par progrès et complication relativement à l'organisation des êtres vivants , en même temps qu'ils rappellent la marche que ces perfectionnements ont suivie lors de leur apparition. Peut-être , ces progrès ont été plus universels ou pour mieux dire plus généraux chez les anciennes générations que chez les races actuelles, en raison des conditions diverses auxquelles les unes et les autres ont été soumises. Ces conditions semblables dans toutes les régions du globe ont départi les mêmes espèces , d'une manière uniforme , sur l'universalité du globe.

La loi de la diffusion a longtemps régné à la surface de la terre ; elle n'a été remplacée par celle de la localisation , que lorsque l'inégale distribution de la chaleur a produit la diversité des climats. Des conditions aussi différentes , qui ont régi les créations anciennes et les créations nouvelles , ont eu une influence manifeste sur leur perfectionnement et leur organisation ; elles en ont en effet exercé une sensible sur leur variété, ou leur uniformité.

Le progrès a été instantané chez les races vivantes ; elles

ont apparu avec leurs perfectionnements, sans qu'il s'en soit produit le plus léger, d'une famille ou d'une classe à une autre, comme cela a eu lieu chez les races de l'ancien monde. Chez celles-ci au contraire, les organismes supérieurs ont été longtemps à atteindre le *summum* de complication qu'ils devaient finir par acquérir ; les organisations inférieures seules sont parvenues tout d'un coup à un degré si élevé, qu'il n'a pas été dépassé par les générations actuelles.

Quelques grandes que soient les différences qui existent entre les anciennes et les récentes générations, sous le rapport de leur perfectionnement, de leur distribution, de la variété des unes et de l'uniformité des autres, uniformité manifeste chez les espèces des premiers âges, les lois qui ont présidé à leur organisation, ont été constamment les mêmes. On ne voit pas de dissimilitude plus grande entre les êtres de l'une ou de l'autre génération, qu'on n'en remarque entre les productions de la Nouvelle-Hollande et celles de l'ancien continent.

On découvre peu chez les races les plus disparates des anciennes créations, des espèces qui nécessitent l'établissement de classes nouvelles. Il n'en a pas été ainsi parmi les races actuelles, ainsi que les monotrèmes, composés des Echidnés et des Ornithorhynques, en sont la preuve. Tout au plus, quelques espèces de l'ancien monde ont donné lieu à la formation d'ordres nouveaux, dont il n'existe pas d'analogues parmi les races de nos jours.

II. DES DIVERS DEGRÉS DE L'ORGANISATION VÉGÉTALE.

Étudions maintenant les divers degrés de complication de l'organisation végétale, dans l'ancien monde ou dans celui soumis à notre examen, afin de reconnaître les causes de ses progrès. Ce que nous allons tenter pour les végétaux, nous le ferons plus tard pour les animaux ; car les deux règnes ont acquis de nombreux perfectionnements lors des anciennes créations. Il est dès-lors utile de suivre la même marche que l'un et l'autre ont suivie pour arriver au point où nous les observons maintenant.

Si nous commençons la revue des êtres de l'ancien monde par les végétaux, c'est qu'ils paraissent avoir précédé les animaux. Ce n'est seulement d'après des vues purement théoriques sur la simplicité des formes primitives des êtres organisés, que l'on doit admettre, que la vie végétale a précédé la vie animale. L'existence de la première était la condition nécessaire du développement de la seconde ; car sans les plantes, les animaux n'auraient pas eu d'aliments propres à les sustenter.

Les carnassiers les plus féroces qui vivent uniquement de proie vivante, se nourrissent en définitive de végétaux, puisque les races herbivores qu'ils dévorent ont eu uniquement pour aliment des plantes. On a cru trouver une contradiction à ces faits, en fesant observer que plusieurs races humaines qui existaient jadis dans les contrées glaciales du pôle, se nourrissaient uniquement de poissons et de cétacés. En supposant ce fait exact, il faudrait prouver que les animaux dont l'homme aurait fait sa nourriture n'avaient pas vécu aux dépens des végétaux.

La chimie a du reste confirmé l'antériorité des plantes sur les animaux, en prouvant que les matières alimentaires contenues dans le règne animal, se retrouvaient chez les végétaux, où elles sont seulement moins élaborées et moins perfectionnées, si l'on peut se servir de cette expression, pour faire saisir les transformations que ces matières ont subies, en passant d'un règne dans l'autre.

Avant d'entrer dans les détails relatifs à la marche suivie par la végétation des temps géologiques, il est nécessaire de reconnaître quels sont les divers degrés de complication de l'organisation des plantes. De cette manière, nous pourrons comprendre en quoi consistent les divers perfectionnements que la flore de l'ancien monde peut avoir éprouvés aux différentes phases de son histoire.

Les plantes des âges passés ne diffèrent ni par leur structure, ni par la complication de leurs appareils, des végétaux actuels : les mêmes lois les ont régis, et leur ont fait sentir leur influence. Les mêmes conditions d'organisation se manifestent aussi bien chez les unes que chez les autres. En effet, les plantes de l'ancien monde n'offrent aucun type de forme assez particulier, pour constituer des classes différentes de la flore actuelle.

Les mêmes principes de distribution s'appliquent aux végétaux des deux grandes périodes de l'histoire de la terre. Du moins les plantes des époques géologiques ne sauraient être distinguées, sous ce point de vue, de celles de nos jours. Leurs différences ne s'élèvent pas plus haut que les types génériques et spécifiques ; elles ne nécessitent que l'établissement de quelques ordres ou de quelques familles nouvelles, mais pas de classes particulières, ainsi que nous l'avons fait observer. Les anciens végétaux ont plus d'analogies avec les plantes vivantes, que n'en ont les animaux des deux grandes périodes de la création.

Cette circonstance dépend probablement de l'homogénéité des tissus des végétaux, et de la complication ainsi que de la plus grande variété de ceux des animaux. Aussi, ces derniers paraissent généralement plus impressionnés par l'influence des milieux extérieurs, que les plantes qui résistent mieux à leurs variations, et même à leurs changements complets.

Du moins, plusieurs végétaux paraissent tellement indifférents à la diversité des latitudes, des températures et de la nature du sol, qu'on les découvre pour ainsi dire partout. Ils ont été probablement aidés dans leur dispersion par l'homme, qui les a rendus ainsi que leur organisation à peu près cosmopolites.

Le *Ranunculus acris* est une de ces plantes robustes que l'on rencontre dans les stations les plus diverses ainsi qu'à toutes les hauteurs. On l'observe aussi bien dans les lieux constamment sous l'eau, que dans les terrains les plus secs et les plus arides. On retrouve également cette renonculacée au bord des mers, comme dans les prairies situées à des niveaux très-élevés, comme par exemple à 2700 mètres.

Le *Nymphæa alba* se rencontre dans toutes les eaux de l'Europe, aussi bien dans celles du Midi de la France et de l'Italie, que dans celles de la Russie. On le voit également dans les eaux stagnantes douces ou saumâtres de toute l'Amérique du Nord et ailleurs. Le *Chara fœtida* offre les mêmes stations et les mêmes *habitats*. Il se plait partout dans les eaux stagnantes chargées d'une plus ou moins grande quantité de sels, dans toute l'Europe et l'Amérique du Nord.

Le *Plantago maritima* des plages salées croit néanmoins sur les hautes sommités des Alpes; les petites différences qui caractérisent cette dernière forme, ne sont pas propres à justifier le nom d'*alpina* que lui ont donné les botanistes les plus habiles. Le *Carex OEderi* croît sur les bords des plages sablonneuses de l'Océan et de la Méditerranée, sur les montagnes de la Corse à 3000 mètres de hauteur, ainsi que sur le sommet des Alpes.

Le *Capsella bursa pastoris* est une espèce tellement vivace, qu'on la trouve sur la presque universalité du globe, et cela dans les stations les plus diverses, comme à toutes les hauteurs. Il en est ainsi du *Triticum repens* qui s'étend depuis les bords des mers dans toutes les latitudes et dans tous les terrains. On peut en dire autant du mouron des oiseaux (*Alsine media*), du *Poa annua*, et du chiendent (*Cynodon dactylon*) qui, dans les Pyrénées, arrive jusqu'à 2000 et même 2500 mètres au-dessus du niveau de la mer.

Il est toutefois des espèces végétales, dont l'organisation ne se plie pas aussi facilement à la diversité des milieux extérieurs : telles sont les plantes originaires du sommet des Alpes. On les voit rarement descendre d'elles-mêmes dans les plaines, et elles ne s'y rencontrent que d'une manière accidentelle. Ces plantes vivent peu cependant au niveau de la mer, à l'exception des espèces qui trouvent en Sibérie et près des pôles, les mêmes conditions climatériques que sur les Alpes. Une pareille communauté d'habitation n'est du reste propre qu'à un petit nombre de végétaux alpins.

On ne peut donc pas les élever dans nos jardins, pas plus que le *Lavandula stœchas*. Il en est de même de plusieurs plantes des tropiques, que nous ne pouvons guère naturaliser parmi nous, en raison de la température qu'elles exigent. Aussi ces régions comptent une plus grande quantité de familles qui leur sont propres qu'aucune autre contrée. Elles offrent par conséquent un grand nombre de genres et d'espèces que l'on ne voit pas ailleurs, et qui leur sont tout-à-fait particuliers.

D'un autre côté, certaines espèces des rivages salés des bords des mers, les abandonnent lorsqu'elles trouvent ailleurs l'air chargé de particules salines, analogue à celui qu'elles rencontraient sur les côtes de l'Océan et des mers intérieures. Ainsi l'*Aster tripolium*, le *Salicornia herbacea*, le *Ruppia rostellata*, le *Poa distans* et autres sont arrivés auprès de Moyenvic, dans le département de la Meurthe, dès que l'on y a eu découvert des sources salées et qu'on les a utilisées. Le même phénomène s'est reproduit dans le Palatinat, le pays de Salzbourg, où l'on fait évaporer de grandes masses d'eaux salées.

Ces diverses circonstances peuvent faire juger dans quelles classes on doit rencontrer le plus grand nombre d'espèces cosmopolites. Il paraît que l'on en découvre le plus parmi les races de l'organisation la plus simple. C'est du moins chez les champignons, les mousses, les fougères, les graminées et les joncées qu'existent la plus grande quantité de cosmopolites. Ce n'est pas sans quelque surprise, que l'on observe sur l'écorce des diverses espèces de quinquinas qui nous arrivent des contrées les plus chaudes de la terre, des lichens semblables à ceux qui croissent sur les arbres fruitiers de nos jardins.

Il est non moins certain, qu'un quart de la totalité des mousses connues, ou tout au moins un cinquième, se trouve universellement répandu, et que les champignons approchent beaucoup de ce nombre, quelque considérable qu'il puisse paraître.

Malgré certaines exceptions fournies principalement par les races carnassières, les animaux les plus simples paraissent les moins impressionnés par les circonstances extérieures. Leur vie est en effet plus tenace et leur permet par conséquent de résister aux divers changements des conditions des climats.

Quoique l'organisation végétale et animale présente de nombreuses différences chez les êtres des anciennes et des nouvelles générations, ces différences n'ont pas été assez grandes, pour qu'à toutes les phases de la terre, leur ensemble n'ait constitué deux embranchements. En effet, les végétaux et les animaux des temps géologiques comme des temps actuels, rentrent dans ces deux groupes principaux qui se subdivisent en classes, en familles et en ordres. Ces sous-divisions sont seulement moins nombreuses chez les êtres des temps géologiques que chez ceux de notre époque, en raison de la faible quantité des premiers.

La nature a donc opéré sur le même plan, à deux périodes aussi diverses de l'histoire des créations qui tour à tour ont animé la terre. Ce fait est une preuve de plus à ajouter à toutes celles qui existent, de la persistance de la terre, à maintenir les lois d'unité et de simplicité, qu'elle a établies pour la stabilité et la durée des choses créées.

Le plus simple des embranchements comprend les plantes à fructification cachée, plus ou moins dépourvues d'organes sexuels. Lorsque ces appareils existent, ce qui a lieu chez les plus perfectionnées, il n'est pas toujours facile de distinguer l'organe fécondateur de celui qui doit en recevoir l'impression, ou des appareils génitaux femelles.

Tel paraissait le cas des fougères, avant que M. Suminski eût étudié le mode de leur fructification. D'après ses observations, les fougères ne seraient plus, comme on l'avait généralement admis, des plantes cryptogames, mais des phanérogames, pourvues de deux appareils d'organes sexuels distincts. Leur fructification ne paraît pas s'opérer par un boyau pollinique, mais exclusivement par des filets en spirales mobiles (1).

Les fougères seraient donc des plantes phanérogames, monocotylées, germant avec une seule feuille et une seule racine. Elles appartiendraient ainsi à une classe plus perfectionnée, et annonceraient que dès l'apparition des végétaux, il y aurait eu des plantes d'une organisation assez avancée.

Le même embranchement, celui des acotylédonés ou des cryptogames, offre des espèces assez souvent privées de vaisseaux et chez lesquelles, lorsqu'ils existent, ils ne sont pas toujours complets.

---

(1) *Académie des Sciences de Berlin.* — Voyez la séance de Janvier 1848, où M Ehremberg a présenté le mémoire de Suminski, sur le mode de fructification des fougères.

L'embranchement des cotylédonés, ou des phanérogames, le plus élevé du règne végétal, réunit des espèces plus
nombreuses, et à organisation plus compliquée. Les plantes
qui en font partie, offrent à toutes les époques de leur vie,
de véritables vaisseaux et des organes sexuels. Ces organes
ne sont plus ambigus ; il est facile de distinguer le rôle
que chacun joue dans la fécondation. Seulement, leurs dispositions, ou si l'on veut, leur position les uns par rapport
aux autres, est extrêmement variable.

L'embranchement des acotylédonés comprend les végétaux à noces cachées, ou à organes générateurs peu apparents ou même n'existant pas du tout. Les appareils de la
nutrition sont des plus simples et suivent le faible degré de
perfectionnement qu'ont acquis ceux de la génération. Les
espèces qui en font partie, sont moins compliquées que
celles du second embranchement, caractérisées par la constance des organes fécondateurs et des vaisseaux qui existent
à toutes les époques de leur vie.

Si la flore de l'ancien monde a marché du simple au
composé, ou en raison directe de la complication de l'organisation, les végétaux acotylédonés doivent avoir paru les
premiers, et les plus compliqués des cotylédonés les derniers. Ceux-ci, longtemps les moins nombreux, ne doivent
avoir acquis une proportion numérique analogue à la flore
actuelle, que dans des temps récents.

L'observation démontre que la végétation de l'ancien
monde a commencé par les plantes acotylédonées, suivies
par les monocotylées et les gymnospermes ; la classe la plus
avancée, celle des dicotylédonées, est arrivée fort tard sur
la scène de l'ancien monde et a terminé en quelque sorte la
série de la création végétale.

Il y a donc eu, des acotylédonés aux dicotylédonés, des

transitions graduées, non dans les espèces mais dans les familles, à peu près comme des invertébrés aux vertébrés. Ces transitions sont plus sensibles chez les espèces animales, en raison de ce que les différences qui en caractérisent les classes sont plus tranchées que chez les végétaux, surtout lorsqu'on porte l'attention sur les animaux supérieurs.

Si le perfectionnement des êtres organisés s'est exercé uniquement sur des divisions supérieures à l'espèce, il faut reconnaître ces divisions, pour s'assurer de la marche que la végétation a suivie lors de son apparition. Les faits nous apprennent qu'elle n'a pas eu lieu d'un seul jet et d'une manière instantanée, mais peu à peu et par degrés. Commençons cette étude par celle des classes, les divisions les plus importantes à connaître pour se former une idée exacte des espèces qui en font partie.

Les végétaux acotylédonés se partagent en trois classes principales; en agames, amphigames et æthéogames, en partant de la plus simple qui a paru dès les premiers âges.

Les agames, nommés aussi cellulaires ou aphylles, en raison de ce qu'ils n'offrent aucune trace de vaisseaux ni de feuilles, comprennent les plantes composées de tissu cellulaire, entre les mailles duquel se trouve le fluide nourricier. Comme ces végétaux n'ont ni organes sexuels, ni cotylédons, ni véritables embryons, on les a désignés sous les noms d'acotylédonés et d'agames.

Toutefois les lichens, les plantes les plus compliquées de cette classe, présentent dans leurs scutelles quelques indices d'appareils de reproduction; mais leur structure n'a rien d'analogue avec celle des organes fécondateurs ni avec celle des organes femelles Leurs *sporangiums* offrent bien de nombreux spores destinés à perpétuer l'espèce; mais comme ils ne sont point accompagnés par des corps d'une nature différente, on ne saurait les assimiler aux appareils qui, chez les végétaux supérieurs, sont destinés à perpétuer l'espèce.

On ne peut pas non plus les considérer comme analogues aux semences des plantes d'un ordre plus élevé, mais seulement comme des cellules-mères, desquelles s'échappent les cellules qui doivent propager l'espèce.

Il existe chez les agames, quelques relations entre les appareils nutritifs et reproducteurs. Ainsi la simplicité et l'homogénéité des organes de la végétation, paraissent liés à l'absence totale ou presque totale des appareils sexuels. De pareils rapports deviennent plus manifestes, à mesure que l'organisation se complique. Ils le sont déjà chez les végétaux cellulaires foliacés ou amphigames ; les feuilles qui y apparaissent, sont parfois remplacées par des appendices particuliers ; elles y annoncent la présence des appareils sexuels.

Quelques familles des amphigames, comme celle des champignons ont également leurs organes de végétation liés d'une manière intime avec ceux de la fructification : on ne saurait même les séparer ni les considérer isolément. Par suite de cette simplicité, les appareils de la végétation suffisent pour distinguer les familles et même les genres qui ont fait partie de cette classe. Quant aux agames des temps géologiques, ils y ont été bornés à deux familles : les algues et les conferves. La première a paru dès l'origine de la végétation ; il n'en a pas été de même de la seconde qui est arrivée assez tard sur la scène de l'ancien monde.

Les champignons qui appartiennent à la classe des agames, ont eu peu de représentants dans les couches fossilifères, quoiqu'ils aient apparu dès les terrains houillers. En effet, M. le professeur Gœppert a indiqué les champignons comme ayant caractérisé la flore de ces terrains. Si cette observation est exacte, ces végétaux auraient signalé l'époque la plus éminemment végétale de l'ancien monde.

La seconde classe des cryptogames ou des acotylédonés,
comprend les plantes cellulaires munies de feuilles ou du
moins d'appendices foliacés qui en tiennent lieu. Ces plantes ont deux sortes d'appareils de reproduction et deux espèces de spores. Le rôle de chacun de ces appareils est
sans doute incertain ; mais il n'y en a pas moins de deux
sortes, et chacun d'eux joue un rôle particulier et distinct.

On a donné à ces végétaux le nom d'amphigames, afin
d'indiquer l'incertitude du rôle que jouent leurs organes de
reproduction. Les amphigames sont donc en progrès sur
les agames, puisque la plupart d'entr'eux offrent non-seulement des organes sexuels, mais des appareils de deux sortes. Ils doivent donc venir dans la série ascendante, celle
qui suit les divers degrés de complication, immédiatement
après les agames, puisque les végétaux qui n'appartiennent
ni à l'une ni à l'autre de ces classes, ont une organisation
encore plus avancée.

Les amphigames n'ont point de vaisseaux ; quoique uniquement composés de tissu cellulaire, leurs organes de
végétation sont plus compliqués que chez les agames ; ils
offrent du moins de véritables feuilles. En effet, chez le plus
grand nombre des hépatiques, et la totalité des mousses,
il en existe de distinctes par leur forme, leur structure et
leurs fonctions. Ces organes ont même de grandes analogies
avec les feuilles des végétaux plus compliqués.

Quoique la reproduction s'opère chez les amphigames
d'une manière insolite, on y voit cependant deux sortes
d'organes reproducteurs, sans qu'il soit pourtant démontré
qu'il y ait une véritable fécondation. On en doute d'autant
plus, que certains végétaux de cette classe n'ont qu'un seul
organe de reproduction. Les séminules y sont contenues
dans des conceptacles d'une organisation assez complexe.

Les amphigames n'offrent pas non plus un grand nombre de familles ; elles sont réduites à deux : les hépatiques et les mousses. La dernière a laissé des traces de son existence pendant les temps géologiques ; on n'en trouve guère de vestiges que lors des dépôts d'eau douce tertiaires.

Le dernier ordre des cryptogames a été nommé *œthéogames* par de Candolle, en raison des formes singulières et paradoxales de leurs organes de fécondation (1). Plus compliqué que les deux précédents, il comprend aussi un plus grand nombre de familles ; car à mesure que l'organisation se complique, les formes deviennent de plus en plus variées. On a rangé parmi les végétaux de cet ordre, les characées, les équisétacées, les marsiléacées, les lycopodiacées et même les fougères.

Si les observations de M. Suminski se confirment, les fougères ne devront plus faire partie de cette classe, mais rentrer dans celle des monocotylés. Nous les comprendrons néanmoins parmi les æthéogames, tant que les observations de ce botaniste n'auront pas été vérifiées.

Les doutes les plus graves existent également sur une autre famille de cette classe, les characées ; quoiqu'elle manque de vaisseaux, au dire de plusieurs observateurs qui l'ont rangée parmi les algues, d'autres physiciens l'ont comprise parmi les monocotylédonés, d'autres enfin parmi les dicotylédonés à côté des onagraires. Du reste, l'apparition de cette famille a eu lieu fort tard, et lorsqu'un grand nombre de végétaux dicotylédonés avait embelli la scène de l'ancien monde.

Les cryptogames semi-vasculaires ou æthéogames, se composent de végétaux dont les tissus plus variés que ceux des classes précédentes offrent presque toujours des vais-

---

(1) Le mot Æthéogames est dérivé Αἰθης et de γάμος, c'est-à-dire, végétaux à noces singulières ou paradoxales.

seaux distincts. On voit également chez les plantes semi-
vasculaires des trachées ou des fausses trachées, ainsi que
des feuilles en général très-développées, munies de pores
corticaux. Ces feuilles ont une structure analogue à celle
des plantes plus compliquées ; seulement leur forme est
variable.

Les tiges des æthéogames, souvent arborescentes, ont
quelques analogies de structure avec celle des monocotylédonés ; du moins, en prenant de l'accroissement, elles
augmentent plutôt dans le sens vertical que dans celui du
diamètre. Elles se terminent quelquefois, comme chez les
fougères, par un bouquet de feuilles. Cette disposition leur
est commune avec un grand nombre de végétaux monocotylédonés arborescents et certains gymnospermes ou polycotylédonés. Les cycadées dont la place est incertaine, mais
qui ne sont pas des æthéogames, fournissent des exemples
d'une pareille structure.

Les organes reproducteurs se composent chez les æthéogames, de particules qui ont quelques rapports par leurs
fonctions, avec le pollen (marsiléacées) et les ovules des
plantes phanérogames, quoiqu'elles en diffèrent par leur
organisation. Aucune espèce de cette classe, sans en excepter les fougères, ne présente des organes qui rappellent un
peu les étamines des végétaux supérieurs.

Quoique rapprochés des monocotylédonés par leurs organes de végétation, leur structure et leur mode d'accroissement, les æthéogames s'en éloignent beaucoup par la
manière dont s'effectue leur reproduction. Il en serait différemment, si les fougères étaient munies de deux appareils
d'organes sexuels distincts, et si M. Suminski étendait ses
observations à d'autres familles comprises dans la même
classe.

Il existe donc d'assez grandes différences entre les végétaux cellulaires et les semi-vasculaires. Les premiers, plus simples, n'offrent ni vaisseaux ni stomates ; les agames qui en font partie, ne présentent qu'une masse homogène, uniforme et où la distinction des tiges et des feuilles ne s'établit qu'à l'aide d'analogies fort éloignées.

Les végétaux semi-vasculaires développent, dans leur germination, des cotylédons foliacés. Ils ont pourtant pour corps reproducteurs, de simples cellules, nommées *sporules*, propres à en organiser de nouvelles. Ces organes sont à leur premier âge uniquement composés de tissu cellulaire et dépourvus de stomates. Aussi n'offrent-ils que des analogies fort éloignées avec les cotylédons des phanérogames. Toutefois, il s'y développe par la marche naturelle de l'accroissement, des organes dans lesquels on découvre à la fois des vaisseaux et des stomates. L'accroissement s'opère avec une grande rapidité dans les fougères, les lycopodiacées et les équisétacées ; il donne même à ces végétaux un air de ressemblance avec les monocotylédonés.

On a pu juger, d'après ce que nous venons de dire, que le premier embranchement ou le plus simple du règne végétal, se divise naturellement en deux ordres principaux. Il se compose de plantes cellulaires, et de plantes semi-vasculaires ; celles-ci acquièrent des vaisseaux à une certaine époque de leur vie et offrent, par conséquent, deux sortes d'appareils fécondateurs. Les organes de la végétation ou de la nutrition, ne se développent jamais chez les végétaux, sans qu'il n'en soit de même des appareils de la reproduction. Ces deux systèmes se suivent constamment dans leurs progrès et leur développement. C'est du moins ce que prouve l'observation directe de ces deux systèmes d'organes, dont l'un est le plus essentiel à la vie, et l'autre en assure la continuité.

Le second embranchement du règne végétal, comprend

des plantes d'une organisation plus compliquée, c'est-à-dire les phanérogames; ces végétaux ont, en effet, des appareils de reproduction constamment distincts et apparents. Cet embranchement se divise, comme le premier, en trois classes, les monocotylédonés, les gymnospermes et les dicotylédonés, en procédant du simple au composé.

Nous avons vu que plusieurs familles de cryptogames ont des organes reproducteurs disposés sans ordre régulier, et qui se montrent entourés de téguments peu complets. On n'y observe aucun organe sexuel dont le rôle soit bien déterminé. Cette imperfection n'a plus lieu chez les phanérogames; ceux-ci offrent leurs organes générateurs disposés sur un plan plus ou moins symétrique, et généralement entourés de téguments disposés dans un ordre régulier.

Les phanérogames ont tous, sans exception, des appareils reproducteurs; quelquefois les sexes y sont répartis sur des individus différents. La séparation des sexes sur des pieds divers, n'indique pas cependant dans l'organisation, un progrès aussi grand qu'on pourrait le supposer. Cette circonstance résulte parfois de l'avortement d'un des sexes, qui manque chez certains individus d'une même espèce.

Considérés sous le rapport de leurs organes reproducteurs et de leurs appareils nutritifs, les phanérogammes sont généralement plus compliqués que les plus perfectionnés des cryptogames. Aussi, ces derniers ont-ils paru dès les plus anciennes époques; ils auraient été accompagnés par des monocotylédonés, si les fougères appartenaient réellement à cette classe. Les uns et les autres y ont acquis un développement peut-être supérieur à celui de leurs analogues actuels.

Les phanérogames envisagés sous les rapports de leurs organes reproducteurs et nutritifs, composent trois grandes coupes ou classes : les monocotylédonés, les gymnospermes et les dicotylédonés.

La première, la plus simple, doit son nom à ce que le plus souvent, on n'y voit qu'un seul cotylédon, qui précède les premières feuilles disposées sur la tige d'une manière alterne. L'effet de l'accroissement change du reste cette disposition ; car ces feuilles deviennent opposées ou même verticillées Les liliacées parmi lesquelles nous mentionnerons plusieurs espèces du genre *Lilium*, le *Convallaria verticilla* et le *Fritillaria imperialis*, nous présentent l'exemple de feuilles alternes ou verticillées sur la même tige, et d'autres uniquement verticillées.

Les plantes monocotylédones croissent par l'addition de nouvelles tiges situées au centre du cylindre déjà formé : par suite de ce mode particulier d'accroissement, ces plantes ont leurs vaisseaux disposés par faisceaux, les plus jeunes disposés au centre de la tige. Cette partie est généralement plus droite que chez les végétaux dycotylédonés.

La tige se termine souvent par un bourgeon unique, duquel partent les fibres qui s'accumulent d'abord vers l'extérieur, le centre étant le dernier formé. Ce centre mou repousse les fibres en dehors, à mesure que le bourgeon terminal leur donne naissance ; la tige croît donc plus dans le sens longitudinal que dans le sens transversal.

Les choses ne se passent pas tout-à-fait ainsi, selon M. Mohl. D'après ses observations, les fibres qui naissent du bourgeon, se portent du sommet de la tige vers la circonférence, entrecroisent ensuite les fibres anciennes et reviennent vers le centre, pour se reporter de nouveau vers l'extérieur, et ainsi de suite.

Quel que soit le rapport de position des fibres les unes par rapport aux autres, les végétaux monocotylédonés croissent plus dans le sens longitudinal que dans le sens transversal. Ils n'ont pas non plus de bourgeons latéraux, quoique beaucoup de graminées et plantes analogues aient de véritables bourgeons axillaires. Le peu de développement que prennent ces organes, rend les végétaux monocotylédonés peu ramifiés.

Au lieu d'une véritable écorce, les plantes de cette classe ont une simple enveloppe cellulaire ou fibreuse, quelquefois assez épaisse et assez durcie pour en simuler une, lorsqu'on la considère sans attention. Enfin, les racines et les fibres radicales présentent cela de particulier, de sortir le plus souvent en perçant l'épiderme d'une espèce de disque. Ce disque ne paraît tel, que parce que l'axe central est tronqué; les fibres qui en naissent ne sont que des divisions latérales. Du reste, les racines ne naissent pas toujours d'un disque aplati. Elles prennent aussi naissance par des fibres isolées qui partent des tiges couchées ou des troncs radicaux tronqués.

Les feuilles des monocotylédonés, sont moins compliquées que celles des dicotylédonés. La plupart entourent la tige dont elles font partie; elles sont presque toujours simples et engaînantes. Leurs nervures, peu ramifiées, sont le plus généralement parallèles. De nombreuses exceptions existent chez plusieurs végétaux de cette classe, où les divisions des feuilles sont anastomosées. Ainsi les Aroïdes, véritables monocotylédonés, ont leurs nervures divergentes et ramifiées. D'un autre côté, les feuilles des *Lathyrus* et des *Statice*, plantes dicotylédones, ont ces mêmes parties convergentes, et à peu près parallèles.

Ces faits prouvent que les caractères tirés de la distribution des nervures sont loin d'avoir l'importance qu'on leur a supposée.

Les monocotylédonés se distinguent principalement, en ce qu'ils sont formés par un bourgeon unique, qui provient primitivement d'un seul individu vasculaire simple, c'est-à-dire, n'ayant qu'un seul système de vaisseaux et qu'un seul cotylédon ou feuille. Cet individu, quel que soit son mode de développement, est toujours composé d'une manière plus ou moins complète, de quatre parties distinctes : 1.° d'une tigelle ; 2.° d'un pétiole ; 3.° d'un limbe ; 4.° d'une radicule qui ne se développe généralement que dans l'acte de la germination.

Les palmiers, les liliacées, les asphodélées, les graminées, les cypéracées, les aroïdées, les joncacées, les alismacées peuvent être citées, comme des exemples de cet ordre de végétaux qui a paru dès les premiers âges.

La seconde classe des phanérogames, les polycotylédonés, a été aussi désignée sous le nom de *gymnospermes,* en raison de ses ovules nus (1). Plusieurs plantes de cette classe offrent un si grand nombre de cotylédons, qu'il en est où il s'élève au-delà de treize.

Ces végétaux ne sont, en définitive, que des dicotylédonés plus simples, mais qui, dans la plupart des cas, se distinguent par leur aspect, des plantes des autres classes. Leurs familles peu nombreuses dans la flore de l'ancien monde, y sont réduites à deux : les cycadées et les conifères.

Les organes de la reproduction offrent, chez les gymnospermes, des caractères assez particuliers. Ainsi leurs graines reçoivent directement l'action de la substance fécondante, et leurs tiges ont une organisation différente, à beaucoup d'égards, de celle des dicotylédonés. Ces dispositions ont aussi porté plusieurs botanistes de notre époque

---

(1) Le mot *gymnosperme* dérive des deux mots grecs γυμνός, nu, et de σπέρμα, semence, ce qui veut dire *végétaux à semences nues.*

Quant à celui de polycotylédons, il dérive de πολύ, qui signifie *plusieurs, beaucoup,* et de κοτυληδών, feuille séminale ou cotylédon, ce qui indique des végétaux à plusieurs cotylédons.

à les distinguer des végétaux de cette classe avec lesquels ils ont quelques rapports , ainsi qu'avec les monocotylédonés et certains æthéogames.

Leurs fleurs monoïques ou dioïques sont le plus ordinairement terminales. Leurs ovules solitaires nus , placés à la base de chaque péricarpe écailleux , reçoivent directement l'influence du principe fécondant. Leur tronc plus ou moins cylindrique et simple , croît principalement par des bourgeons terminaux , ou par un seul bourgeon terminal , couvert par la base persistante des feuilles.

Les gymnospermes se distinguent encore , en ce que les couches du bois y sont peu distinctes. Ces couches ne se forment qu'après un laps de temps plus ou moins long. Jamais annuelles , elles se montrent constamment entremêlées d'une grande quantité de tissu cellulaire , lâche , disposé par zônes au centre de la tige.

Leurs feuilles ordinairement alternes ou verticillées , sont rarement opposées , quoique leurs nervures soient le plus souvent parallèles.

Les pins , les sapins et les cycadées , genres qui appartiennent à l'une ou à l'autre création , peuvent être cités comme des exemples des végétaux gymnospermes.

Les phanérogames dicotylédonés , les plus compliqués des végétaux , croissent d'une manière toute particulière ; le corps ligneux s'augmente par l'addition de nouvelles couches situées en dehors du côté des anciennes. Ils présentent également des embryons , dont les cotylédons sont opposés et verticillés en un même point ; par conséquent , leur minimum est ici réduit à deux. Du reste , les cotylédons ne sont , en réalité , que la première feuille contenue dans la graine , ou les premières feuilles disposées dans une même enveloppe.

Les dicotylédonés se distinguent des autres phanérogames en ce que leurs vaisseaux se montrent disposés par couches concentriques, les plus jeunes au dehors. L'embryon y présente des cotylédons opposés ou verticillés. Par suite de cette conformation et de leur mode d'accroissement qui a moins lieu dans le sens longitudinal que dans le sens transversal, leur forme est généralement conique et pyramidale. La position latérale de leurs bourgeons qui composent les nouvelles couches, en modifie singulièrement les formes; elle rend les dicotylédonés extrêmement branchus et ramifiés. Ces rameaux latéraux donnent à leur aspect une variété infinie, bien différente de la monotonie, et en quelque sorte de l'uniformité des monocotylédonés.

Les bourgeons latéraux, quelquefois opposés ou verticillés et le plus souvent alternes, tendent d'une manière manifeste à la disposition en spirale. Leur accroissement par couches concentriques, ou du centre à la circonférence, tient peut-être à la présence et au genre de développement des rameaux. Le centre, la partie la plus dure du tronc est aussi le premier formé, puisque les nouvelles couches sont ici produites par des fibres fournies par des bourgeons extérieurs placés des deux côtés de la tige.

Ces bourgeons ne sont point placés dans le centre, comme chez les monocotylédonés. Ainsi, tandis que les derniers s'accroissent par l'intérieur, les dicotylédonés s'augmentent au contraire par l'extérieur, du moins d'après la théorie admise par de Candolle, dont nous avons déjà fait saisir l'incertitude.

Les feuilles des dicotylédonés sont rarement simples et engaînantes. Leurs nervures ramifiées et en réseaux ne se montrent presque jamais parallèles aux bords, comme celles des monocotylédonés. Leur écorce constamment distincte, croît à l'extérieur par des superpositions de nouvelles couches, en sorte que l'accroissement de cette écorce a lieu en sens inverse du corps ligneux.

D'après le mode de croissance particulier aux différentes classes des phanérogames , la vie dépend chez les monocotylédonés, du bourgeon qui les termine; si on l'enlève, l'individu non-seulement ne s'accroît plus, mais il ne tarde pas à périr. Les bourgeons se suppléent mutuellement chez les dicotylédonés où ils prennent même de l'accroissement les uns aux dépens des autres. Aussi , lorsqu'on fait disparaître un de ces bourgeons, la vie devient plus active que chez les végétaux où on les laisse subsister.

Les dicotylédonés doivent à leur mode de croissance leur plus grande longévité. Les monocotylédonés dont l'organisation est peu avancée , durent moins et résistent peu à l'influence des agents extérieurs. Il en est presque ainsi chez les animaux, dont la vie est d'autant plus durable que l'organisation est plus avancée, et où elle est d'autant plus tenace qu'ils sont moins perfectionnés.

Les dicotylédonés se distinguent encore par leurs bourgeons doubles ou multiples. Ces bourgeons sont formés , dans leur origine, de deux individus simples dans le cas normal, ou de plusieurs dans le cas anormal , c'est-à-dire , de deux ou plusieurs systèmes vasculaires simples, mais réunis, ou de deux ou de plusieurs cotylédons ou feuilles plus ou moins complètement distinctes ou libres.

Ces individus doubles ou multiples, quel que soit leur mode particulier de développement , sont également composés de quatre parties variables dont deux sont doubles, triples ou même en plus grand nombre.

Ces faits prouvent qu'il est des degrés divers dans la complication de l'organisation végétale. Ils démontrent en même temps les relations des appareils nutritifs et des organes de la reproduction. Ces relations ne sont pas aussi générales qu'on pourrait le supposer. En effet, quoique les *Chara* offrent des organes sexuels analogues à ceux des marsiléacées, ils n'ont pas cependant des vaisseaux. De même, les nayades n'en présentent pas plus que les characées. Cette particularité tiendrait-elle à ce que ces plantes végètent au milieu degrand es masses liquides ? C'est ce qu'il est difficile de présumer ; car si cette circonstance exerçait une pareille action, elle ne devrait pas avoir un effet aussi restreint.

Les mêmes faits annoncent également, que les cryptogames sont généralement moins compliqués que les phanérogames. Quelques transitions de formes, quelques groupes de phanérogames, qui peuvent être égaux et même en apparence, inférieurs à certains groupes de cryptogames, n'empêchent pas que cette conclusion ne soit généralement vraie. Or, si la vie végétale a été en se perfectionnant, la proportion des dicotylédonés, la classe la plus compliquée des phanérogames, doit avoir apparu la dernière : c'est ce qu'annonce la flore des temps géologiques.

Cette loi est plus manifeste, malgré ses nombreuses exceptions, chez le règne animal que chez les végétaux. En effet, les grandes divisions végétales ont eu presque constamment des représentants à toutes les phases de la terre. Il n'en a pas été ainsi des animaux ; longtemps, les vertébrés ont été bornés aux poissons, puis à ceux-ci et aux reptiles. Ces derniers, peu après leur apparition, ont représenté toutes les classes des animaux à vertèbres, réunissant à la fois les caractères propres aux espèces de leur ordre, ainsi que ceux particuliers aux poissons, aux oiseaux et aux mammifères.

Les reptiles, de l'ancien monde, principalement ceux de l'époque jurassique, ont eu en partie l'organisation des poissons ; et quoiqu'ils fussent des animaux assez compliqués parmi l'ordre le plus élevé de cette classe, s'ils ont été précédés dans les temps géologiques par les poissons, ils ont été à leur tour, les précurseurs des oiseaux et des mammifères, dont ils offraient certaines particularités de conformation.

III. DE LA FLORE DE L'ANCIEN MONDE.

Après avoir étudié les classes de la flore actuelle, les mêmes que celles des âges passés, il sera plus facile de s'assurer si les anciens végétaux ont suivi un perfectionnement graduel dans leur organisation. Pour parvenir à ce but, examinons les diverses périodes par lesquelles les végétaux de l'ancien monde ont passé, périodes qui paraissent se réduire à trois.

§ I.

DES DIVERSES PÉRIODES VÉGÉTALES.

Les diverses formations de sédiment qui composent la pellicule la plus superficielle du globe, ont été évidemment déposées non d'un seul jet, mais successivement et par degrés. Elles composent des assemblages de couches, aussi bien caractérisées par les dépouilles des êtres organisés qu'elles renferment, que par leur nature chimique. On a donné à ces assemblages de couches le nom de formation ; et lorsqu'elles présentent les mêmes caractères, on les rapporte à une même époque.

Les périodes comprennent dans un même espace de temps, dont on ne saurait apprécier la durée, un certain nombre de couches fossilifères : on peut les comparer à ce que l'on entend par régions, en géographie botanique et zoologique. Chacune de ces régions admises dans la division du globe terrestre, a ses espèces propres et souvent différentes, de celles qui dominent dans les lieux les plus rapprochés. Il en est surtout ainsi des espèces qui se rapportent à des périodes différentes, ou à des époques diverses d'une même période. Leur dissimilitude est d'autant plus grande, que les êtres organisés appartiennent à des époques d'une date très-opposée, comme sont ceux des temps géologiques et des temps actuels ; il en est encore de même, des races qui se rapportents à des continent différents.

Si l'on divise les régions botaniques ou zoologiques en zônes distinctes, suivant les êtres qui y sont distribués, on le doit bien plus pour les périodes géologiques qui embrassent un plus long espace de temps, et une plus grande étendue. Telles sont notamment celles des anciens âges, antérieurs à l'établissement des climats.

Les périodes qui partagent des temps déjà si éloignés de nous, se sous-divisent naturellement en époques dont l'étendue est nécessairement proportionnelle à la durée des êtres qui y ont vécu. Le plus grand nombre des espèces qui circonscrivent ces époques, ne se montrent plus dans les formations antérieurement déposées, ni dans celles qui les ont suivies. Ces faits paraissent manifestes, lorsqu'on compare les espèces organisées d'une période avec celles d'une toute autre période soit antérieure, soit postérieure.

En suivant cette marche et d'après l'ensemble des faits, on peut circonscrire les êtres des temps géologiques en trois grandes périodes.

La première ou la plus ancienne, celle où la vie s'est manifestée pour la première fois, comprend l'entière série des terrains de transition et houillers.

La seconde période embrasse dans son ensemble les formations supérieures au groupe houiller, jusqu'à la craie blanche inclusivement, c'est-à-dire la presque totalité des terrains secondaires si l'on y réunit le dépôt de la houille.

La troisième, la plus récente et la moins étendue, relativement à l'espace de temps qu'elle circonscrit, comprend l'ensemble des terrains tertiaires et quaternaires, les plus récentes des formations géologiques.

Ces périodes, dans lesquelles on peut grouper les végétaux et les animaux de l'ancien monde, présentent des vues intéressantes sur les divers degrés de simplicité ou de complication des êtres qui y ont vécu.

La plus ancienne, celle qui a vu les végétaux et les animaux apparaître pour la première fois à la surface de la terre, se divise en deux époques ; la première embrasse l'ensemble des terrains fossilifères inférieurs au groupe houiller, ou les terrains de transition nommés récemment primaires. Cette époque pourrait être sous-divisée en trois ; mais, pour plus de simplicité, nous la regarderons comme unique.

La seconde époque comprend l'ensemble des terrains houillers proprement dits.

La seconde période réunit l'ensemble des terrains pénéens, triasiques, jurassiques et crétacés ; elle se divise naturellement en quatre grandes époques. On pourrait étendre ces divisions à six ; en distinguant les terrains jurassiques en deux ordres, les liasiques et les oolithiques, et l'on en ferait de même pour les crétacés, que l'on séparerait en inférieurs et supérieurs.

Ce mode de division aurait sans doute des avantages, mais il romprait trop les rapports qui unissent les terrains jurassiques. Il est donc préférable de les considérer comme appartenant à une même grande époque qui a vu, vers sa fin, les eaux disséminées à la surface du globe prendre pour la première fois des propriétés analogues à nos eaux douces et salées. De pareils inconvénients se présenteraient également, si l'on divisait les terrains crétacés en deux époques.

La troisième ou dernière période, la plus récente des trois, embrasse les terrains tertiaires et quaternaires. Elle peut être divisée en quatre époques principales. La première ou la plus ancienne présente les terrains de l'argile plastique et du calcaire grossier, c'est-à-dire, l'*old* et le *new-eocène* des géologues anglais.

La seconde réunit les terrains d'eau douce de l'étage moyen nommé *miocène* et toutes les formations qui s'y rattachent.

La troisième est composée des terrains tertiaires marins supérieurs, ou de l'ensemble des terrains *pliocène* des auteurs anglais, soit l'*old pliocène*, soit le *new-pliocène*.

Enfin la quatrième époque de la troisième période comprend les terrains quaternaires nommés *pleistocène*. Ceux de ces dépôts qui sont stratifiés rentrent dans cette époque ; il en est de même des pulvérulents chargés d'une quantité plus ou moins considérable de cailloux roulés, ou formés par des roches fragmentaires. Lorsque ces roches sont en grandes masses, et en quelque sorte isolées, ces dépôts sont connus sous le nom de *blocs erratiques*, comme les premiers sous celui de dépôts diluviens.

§ II.

DES VÉGÉTAUX DE LA PREMIÈRE PÉRIODE.

A — *De la première époque de la première période.*

Cette première époque se compose de l'ensemble des terrains de transition ou primaires, c'est-à-dire des terrains cambriens, siluriens et dévoniens. Elle a vu apparaître les êtres vivants ; car avant le dépôt de ces formations, la terre silencieuse était vide d'habitants. Depuis lors seulement, le globe a été habité.

Les végétaux paraissaient avoir été les premiers êtres organisés qui aient animé la surface du globe ; ils paraissent avoir commencé par des espèces marines et par des algues

Ces végétaux ont été bientôt suivis de zoophytes et de mollusques qui habitaient également les eaux salées.

Une végétation terrestre composée lors du dépôt des terrains cambriens, ou combriens si l'on veut, d'une ou de deux classes au plus, a succédé aux algues de la famille des fucoïdes. Cette végétation d'abord réduite aux œthéogames ou cryptogames semi-vasculaires, se composait uniquement de quatre familles principales, de lycopodiacées probablement arborescentes, d'équisétacées, de fougères et de marsiléacées, dont les analogues vivent maintenant dans les régions tropicales.

Lorsque nous disons analogues, nous entendons uniquement désigner les végétaux qui, par leurs dimensions, et leur stature, avaient quelques rapports avec ceux des temps géologiques. C'est là toutes leurs analogies, car l'une et l'autre de ces végétations n'avait rien de commun pour les genres, et encore moins pour les espèces qui en fesaient partie.

Les végétaux terrestres ont été tout d'abord extrêmement abondants ; ils ont acquis un développement qui n'a pas été surpassé par la flore actuelle. Les animaux à respiration aérienne ont été, au contraire, des plus rares à la même époque, sous le rapport du nombre de leurs espèces et de leurs individus.

L'absence de tout animal terrestre a singulièrement favorisé la primitive végétation, dont elle n'a point gêné l'accroissement. On sait combien les insectes en arrêtent l'essor, en attaquant et en dévorant la substance et les tissus organiques des plantes. La végétation a bien d'autres ennemis dans les temps auxquels nous appartenons ; elle en était toutefois délivrée dans les anciens âges, où les espèces terrestres avaient à peine apparu.

D'autres circonstances ont aidé la croissance des premiers végétaux ; telles sont la température élevée, et la grande humidité dont ils ont subi l'influence. La diversité de composition de l'atmosphère plus riche alors en acide carbonique, n'y a pas moins contribué que la grande quantité de produits ammoniacaux que les anciens volcans versaient dans l'air. Toutes ces causes ont concouru au même but et ont rendu, malgré l'absence du terreau, la végétation des premiers âges remarquable par sa beauté et son développement.

Elle était néanmoins des plus simples ; bornée à trois classes au lieu des six qui composent la flore actuelle.

Les agames, les œthéogames en fesaient seuls partie. Il faudrait toutefois y réunir des monocotylédonés, si réellement les fougères appartiennent à cette classe plus avancée que les deux premières.

Indépendamment de ces familles qui ont toutes des représentants dans le monde actuel, il en est une, celle des Astérophyllites, qui paraît se rapporter aux œthéogames, mais dont la véritable position est environnée de quelques difficultés.

Cette époque a vu apparaître vers sa fin, une classe qui a constamment persisté dans l'ancien monde, celle des gymnospermes. Une famille non moins persistante y a seule apparu, les Conifères ; elle n'y est signalée que par un genre unique, les *Abietinæ*, si l'on n'y comprenait pas les genres *Sigillaria* et *Stigmaria* qui paraissent appartenir à cette grande famille.

B. — *De la seconde époque de la première période.*

Cette époque, qui comprend l'ensemble des terrains houillers, est la plus éminemment végétale des temps géologiques. Les forêts qui animèrent ces anciens âges, essentiellement composées de végétaux semi-vasculaires, de monocotylédonés et de gymnospermes, ont laissé des traces durables de leur ancienne existence. Elles n'ont point été détruites comme les forêts nouvelles ; elles sont parvenues jusqu'à nous par les dépôts de charbon qu'elles ont laissés. Transformés dans les entrailles de la terre en houille, et accompagnés assez constamment par des minerais de fer, ces végétaux sont devenus les sources de la chaleur, de la lumière et de la force motrice.

Ce n'est point encore là tout leur avantage. Les houilles éclairent la flore des premiers âges et nous indiquent la température qui régnait pour lors, ainsi que les changements qui se sont effectués depuis l'époque de leur ensevelissement.

Une des particularités les plus remarquables de la flore de la seconde époque, est d'avoir été composée par une grande quantité de fougères. Cette famille formait à elle seule plus du tiers de la végétation, tandis qu'elle n'entre guère dans notre flore que pour à peine un trentième.

Les fougères en arbre du groupe houiller, d'une dimension supérieure à celle des régions tropicales, étaient accompagnées par des algues, des œthéogames, des monocotylédonés, des gymnospermes et des végétaux dont la classe est incertaine et à plus forte raison les familles qui s'y rattachent.

La houille paraît avoir été principalement formée par les racines et les tiges des végétaux désignés sous le nom de *Sigillaria*. Ceci est d'autant plus probable, que ces végétaux ont été trouvés dans une position verticale à une profondeur de 360 à 370 mètres. D'après ces faits qui se représentent dans une infinité de localités, les végétaux qui ont formé les charbons de terre sont encore dans la place où ils not vécu.

Les parties des plantes nommées *Stigmaria* pourraient bien n'être que les racines des tiges aplaties, cannelées sur leur longueur et non articulées comme celles des Calamites, et nommées *Sigillaria*. Les unes et les autres se rapportent d'après certains paléontologistes à la famille des cycadées, et à la classe des phanérogames gymnospermes, et suivant le plus grand nombre, aux fougères.

Ces plantes n'ont pas été les seules espèces végétales qui aient pu produire une partie des masses charbonneuses de la houille. Du moins, les conifères qui ont apparu à cette époque donnent, par la nature de leurs bois, une assez grande probabilité à cette supposition. M. Adolphe Brongniart a rapproché de cette famille, deux espèces des terrains houillers du genre *Walchia* établi par Sternberg, et nommées *Walchia Schlotheimii* et *hypnoïdes*.

Du reste, M. Dawson a découvert dans la grande formation houillère de la Nouvelle Écosse, des bois de conifères dont la structure était assez bien conservée pour les faire reconnaître. Il y a également rencontré un tronc d'arbre auquel tenaient des racines semblables à celles nommées *Stigmaria*. Une portion de ces racines se montrait attachée et fixée au tronc. L'observateur que nous venons de citer, a signalé dans les mêmes houillères de nombreux fragments du genre *Sternbergia* pétrifié, revêtu d'une écorce de lignite. La découverte de ces portions végétales pourra peut-être jeter quelque jour sur leur détermination (1).

Le phénomène de la formation de la houille paraît s'être répété à différentes époques de l'histoire de la terre et dans des temps plus récents où la végétation était différente. Toutefois, la flore des terrains triasiques et jurassiques n'avait plus la beauté ni la vigueur de celle des véritables formations houillères. Elle était néanmoins composée de fougères et d'équisétacées arborescentes accompagnées par

---

(1) Société géologique de Londres, séance du 21 Janvier 1846.

des *Zamia*, genre de cycadées qui n'avaient point paru lors du groupe houiller.

Si la végétation des terrains triasiques et jurassiques n'a pas acquis un développement comparable à celui qu'elle avait offert, lors du dépôt du groupe houiller, c'est que probablement il n'existait plus, comme à l'époque de ce dépôt, une aussi grande quantité d'acide carbonique dans l'atmosphère. Du moins on ne saurait admettre, avec M. Lyell, que les agents extérieurs n'ont exercé aucune influence sur le développement de la végétation des terrains houillers (1).

Le nombre des végétaux qui ont concouru à la formation des grandes masses de houille de ces terrains, s'élève à environ 820 espèces. Ce nombre est presque la moitié des plantes fossiles de l'ancien monde qui ne paraît pas dépasser 1792 espèces ou si l'on veut à 1800 (2).

La végétation du groupe houiller était plus perfectionnée que celle des terrains de transition ; elle était, du moins, composée d'une classe de plus, les gymnospermes. Cette classe comprenait deux familles : les cycadées et les conifères qui n'avaient pas apparu auparavant. Elle comprenait également un plus grand nombre de types génériques et spécifiques. Quant à la complication des végétaux communs aux deux ordres de terrains, elle était la même à l'une ou à l'autre époque. Elle ne différait pas non plus de celle qui caractérise actuellement les plantes des mêmes

---

(1) *Bibliothèque universelle de Genève*, Décembre 1847. Tome **VI**, pag. **249**.

(2) Ce nombre s'étendra sans doute, mais en le portant à 2000 au lieu de 1800, il ne serait encore que la cinquantième partie de la flore actuelle. Les calculs les plus modérés portent à 100,000 les plantes vivantes. Ce rapprochement suffit pour faire juger de la variété de l'une et de la simplicité de l'autre de ces flores.

classes ; car le progrès s'est opéré dans ce sens, que des classes et des ordres nouveaux ont apparu successivement à mesure qu'ils se sont rapprochés des temps historiques

La classe la plus simple des terrains houillers est celle des agames ; elle n'y était composée que d'une seule famille, celle des algues et d'un seul genre celui des *Caulerpites*.

La seconde ou les amphigames paraît y avoir été représentée par une seule famille, les champignons (*Fungi*). Il est surprenant qu'un pareil ordre de végétaux ait laissé des traces de son existence au milieu des couches houillères. Ce fait est pourtant attesté par le professeur Gœppert.

La troisième ou les œthéogames comprenait un assez grand nombre de familles, parmi lesquelles on peut mentionner les équisétacées, les marsiléacées, les lycopodiacées et les fougères, tous végétaux dont les dimensions étaient supérieures à ceux de notre époque.

Les équisétacées et les marsiléacées ne réunissaient que deux genres, tandis que les lycopodiacées en avaient huit et les fougères trente-deux au moins. Ces rapports peuvent faire juger de l'importance de la dernière de ces familles relativement à celles qui l'ont accompagnée. Parmi les espèces qui appartiennent à ces différents genres, il en est certaines qui les caractérisent d'une manière plus spéciale que d'autres. Parmi les fougères les plus abondamment répandues au milieu des terrains houillers, on peut signaler le *Pecopteris aquilina*, le *Sphœnopteris Hœninghausii* et le *Nevropteris Loshii*.

Il est, parmi les lycopodiacées, deux espèces assez communes : ce sont les *Lepidodendron crenatum* et *elegans*, tout comme parmi les marsiléacées, le *Sphenophyllum dentatum*. Les équisétacées ont eu également de nombreux représentants à l'époque houillère ; les plus fréquents sont les *Cala-*

mites Sukovii, *cannæformis*, ainsi que plusieurs autres espèces. Enfin une autre plante de la même classe, mais dont
la famille est incertaine, se trouve avec assez d'abondance
dans les formations houillères pour les caractériser ; elle est
connue sous le nom d'*Annularia brevifolia* (1).

Avec ces cryptogames, l'on découvre deux classes de
phanérogames, les monocotylédonés et les gymnospermes,
dont chacune est composée de deux familles. Les palmiers
ont trois genres, et les cannées n'en offrent qu'un seul. A la
vérité, les monocotylédonés comprennent plusieurs genres
(au moins quatre) dont la famille est incertaine, ce qui porte
à huit la totalité des genres de cette classe. Quoique ce
nombre paraisse bien faible, il est cependant assez considérable, puisque les monocotylédonés ne faisaient pour lors
qu'apparaître.

Il le serait plus encore, si l'on rapportait les fougères
aux monocotylédonés ; mais alors les végétaux de cette
classe auraient apparu plutôt, et se seraient seulement
étendus à l'époque houillère, qui, au lieu des neuf genres
des terrains de transition, en offrirait une beaucoup plus
grande quantité. Les gymnospermes des terrains houillers
sont formés par deux familles, les cycadées et les conifères.
La première comprendrait plusieurs genres, si l'on y
fesait entrer, comme plusieurs paléontologistes, les *Sigillaria* et les *Stigmaria* regardés par la plupart comme
des œthéogames de la famille des fougères. M. Gœppert qui
s'est occupé avec le plus grand soin de cette famille, ne paraît pas partager la première opinion. Il admet seulement
qu'il existe au moins quatre espèces de cycadées dans les

---

(1) Les genres de la classe des œthéogames composaient à l'époque houillère près des deux tiers de ceux qui en faisaient partie.

terrains houillers ; ces végétaux ont apparu alors pour la première fois sur la scène de l'ancien monde.

La seconde famille des gymospermes , les conifères , a été signalée par deux genres , les *Walchia* dont nous avons déjà fait connaitre les espèces , et les *Pinites* qui ont quelques analogies avec nos pins.

Indépendamment des végétaux dont nous venons de donner une idée , les terrains houillers renferment un assez grand nombre de végétaux qui s'élèvent à une quinzaine d'espèces environ , sur la classe et la famille desquels on n'est point encore fixé.

Tel est le résumé de nos connaissances sur la végétation d'une des époques les plus remarquables des temps géologiques Cet exposé prouve que la flore des terrains houillers comprend un plus grand nombre de classes que celle des formations de transition , et qu'il en a été de même des espèces. Cette flore était donc plus perfectionnée et plus variée que celle qui l'avait précédée. Elle paraît même avoir été plus florissante et avoir acquis de plus grandes proportions : ce qui lui a permis de laisser après elle des masses immenses de charbon , devenues aujourd'hui des sources d'industrie , et l'aliment d'arts nouveaux.

L'observation de cette végétation prouve que les plantes qui en faisaient partie avaient une organisation tout aussi compliquée que les espèces vivantes. Les algues que nourrissaient les mers de l'époque houillère , quoique différentes spécifiquement des algues actuelles , n'étaient pas pour cela moins perfectionnées. Le progrès qui a eu lieu dans l'organisation , s'est opéré non dans les types spécifiques , car ils ont été différents d'une époque à une autre , mais dans les classes qui ont successivement apparu , et qui n'ont été composées d'abord que d'un petit nombre de genres ou de familles.

Le progrès s'est également manifesté dans le nombre et la variété des espèces. Il n'a pas cependant toujours eu lieu dans le même genre ; du moins un petit nombre de ceux de l'ancien monde fournissent des exemples frappants de pareilles exceptions. Ainsi les Térébratules qui ont servi de type à plusieurs genres fossiles, ont paru dès l'apparition de la vie, et se sont perpétuées constamment depuis lors ; seulement, elles ont offert dans les temps géologiques une plus grande variété d'espèces que maintenant, ainsi qu'une plus grande quantité d'individus.

En envisageant ainsi le perfectionnement graduel qui s'est opéré dans les productions naturelles, on est moins surpris de voir les familles les plus compliquées des végétaux œthéogames prendre, dès le moment de leur apparition, une prépondérance marquée par leur nombre, leur variété et leurs dimensions. Ici, la nature est arrivée tout-à-coup et d'un seul jet au *summum* de la complication, dans les familles les plus avancées des cryptogames.

Ce qu'elle a fait pour ces végétaux, elle ne l'a point essayé pour les plus perfectionnés, qu'elle n'a produit que très-tard. Elle a agi de la même manière pour les animaux ; du moins elle a créé une des classes supérieures des invertébrés, avec tous ses perfectionnements, tandis qu'elle n'a fait apparaître les mammifères monodelphes, les êtres les plus compliqués de la création, que longtemps après les didelphes.

On opposera peut-être à ces faits, que les amphigames n'ont paru qu'après les œthéogames quoique leur organisation soit plus simple. En effet, les premiers ne se trouvent point dans les terrains de transition mais dans les terrains houillers et dans ceux qui leur ont succédé. S'il en est ainsi, c'est que les anciennes espèces n'ont pas suivi d'une manière constante, la série des classes que nous avons admise dans l'échelle des êtres. D'ailleurs, c'est ici un progrès qui a eu lieu dans la flore du groupe houiller, puisqu'une classe de plus y a nécessairement produit une plus grande variété dans la végétation.

Si l'on compare la flore des temps géologiques avec la flore actuelle, on reconnaît que la première est infiniment moins nombreuse et moins riche en espèces. La variété est donc un progrès, et ce perfectionnement n'a pu, d'après la marche suivie par les anciennes créations, s'opérer que peu à peu et par degrés ; aussi manque-t-il beaucoup de familles et de genres à la flore des âges passés. Ce n'est pas là une des moindres différences qui existent entre les temps qui n'ont eu aucun homme pour témoin et ceux auxquels nous appartenons.

Les végétaux cellulaires foliacés ou amphigames ont donc apparu à l'époque houillère, si les observations de M. Gœppert sont exactes. Elles ont ainsi complété les formes organiques végétales. Toutefois, les amphigames y ont été restreints à la famille des champignons (*Fungi*), si riche en genres et en espèces dans notre monde, et dont le nombre s'augmente chaque jour à mesure que les observations se multiplient.

Les monocotylédonés des terrains houillers présentent des faits analogues ; considérés en eux-mêmes, ils offrent une organisation aussi avancée que ceux de notre époque, mais le nombre de leurs familles y est beaucoup moindre, puisqu'il est borné à huit. Il en est de même des gymnospermes ; réduites à deux familles, les cycadées et les conifères, elles ont encore moins de genres que les monocotylédonés. Du reste, de pareils rapports existent aujourd'hui entre ces deux classes de phanérogames.

Si la flore des terrains houillers n'est pas la plus complète des temps géologiques, elle est du moins remarquable par le nombre des classes et des individus qui la composaient, ainsi que par la complication de leur organisation. Malgré son perfectionnement, quelle différence n'existe t-il pas entre cette végétation toute luxuriante qu'elle était, et celle qui embellit maintenant la surface du globe ! Sous ce rapport, il serait difficile d'établir aucune comparaison.

Du reste, les agames, les amphigames, les œthéogames, les monocotylédonés et les gymnospermes ne se sont point perfectionnés dans les temps géologiques ; car dès leur première apparition, les classes et les familles qui en dépendent, ont eu le même degré de complication que celles de nos jours.

Le terme supérieur de l'organisation s'est seulement élevé avec la série des époques géologiques. En effet peu à peu, les genres et les espèces des monocotylédonés et des gymnospermes ont augmenté, à mesure que les formes qui appartenaient aux classes végétales les plus simples, diminuaient. Enfin aux phanérogames des premiers âges, sont venus s'adjoindre des dicotylédons, d'abord peu nombreux et qui n'ont pris que fort tard des proportions analogues à celles qu'ils offrent dans la flore actuelle.

Ainsi, les œthéogames circonscrits comme nous l'avons fait en y comprenant les fougères (1), composaient lors de l'époque houillère, les cinq sixièmes de la flore, tandis qu'ils n'entrent que pour un trentième dans notre végétation. Les monocotylédonés qui constituent un sixième de notre végétation, en formaient alors à peine le vingtième, et les dicotylédons, dont l'importance est actuellement si grande qu'ils composent presque les trois cinquièmes de la flore de notre monde, n'y avaient pas seulement apparu.

---

(1) Cette famille offre près de 600 espèces fossiles, et, comme le nombre total de ces espèces est d'environ 1800, elle composait à elle seule le tiers de la végétation de l'ancien monde.

Les deux végétations étaient tellement différentes, qu'elles n'avaient pas d'espèces communes et que la plupart de leurs genres n'avaient rien de semblable. Cette circonstance est d'autant plus remarquable, que l'une et l'autre offraient un grand nombre de plantes terrestres en comparaison des espèces marines.

Quoique l'on n'ait point découvert de véritable dicotylédon dans les terrains houillers, nous devons dire cependant qu'il est des botanistes, tels que MM. Lindley et Hutton, qui considèrent les *Sigillaria* et les *Stigmaria* des formations de transition et houillère, non comme des phanérogames gymnospermes de la famille des cycadées, mais comme des dicotylédons différents de ceux de notre monde. D'un autre côté, M. Martius a tenté de rapprocher ces végétaux des cactées, tandis que M. Artic a voulu les assimiler aux euphorbiacées charnues, et d'autres aux apocynées.

Du reste, aucun dycotylédon de notre époque ne présente un système de structure et un mode d'accroissement analogue à celui suivi par les *Sigillaria*. Ces végétaux ne peuvent pas davantage être assimilés aux monocotylédonés, à moins que l'on ne comprenne les fougères parmi les plantes de cette classe. On est donc amené comme forcément à l'opinion adoptée par MM. Sternberg et Adolphe Brongniart. Elle paraît la mieux fondée, ce qu'il serait facile de démontrer, si l'étendue des détails dans lesquels il faudrait entrer, n'y mettait obstacle.

Ce que nous venons de dire, de la flore des terrains de transition et houillers, prouve ce que l'ensemble des faits nous démontrera plus tard, que des créations diverses ont eu lieu non-seulement à chaque période, mais encore à chacune des époques qu'elle comprend. Ainsi, au lieu des centaines de fougères des derniers terrains, il en existait à peine, primitivement, trente. Ce nombre a considérablement diminué après le groupe houiller.

On n'en a reconnu que huit dans le grès bigarré, une ou deux dans le calcaire conchylien (*Muschelkalk*), onze ou douze dans le *Keuper* et les marnes irisées, enfin une soixantaine environ dans l'ensemble des terrains jurassiques. Mais une fois que l'on arrive aux terrains crayeux, le nombre des fougères diminue considérablement; il est réduit dans ces terrains, ainsi que dans les tertiaires, à trois ou quatre espèces.

Les fougères des anciens âges ont quelques analogies avec celles des régions tropicales; mais elles n'en ont aucune avec les races des climats tempérés. Les lycopodiacées, les équisétacées et les marsiléacées des premières époques végétales, n'ont aucun rapport avec nos espèces actuelles.

Des créations successives ont donc produit l'ensemble des êtres dont nous allons développer l'histoire. Ces créations diffèrent d'autant plus les unes des autres, qu'elles appartiennent à des époques plus éloignées. En général, celles du premier âge sont séparées des créations actuelles, par des caractères plus importants que de simples différences spécifiques. Toutefois, les créations successives de deux époques qui se touchent, ou celles qui dépendent des divisions partielles d'une même époque, ont des liaisons intimes par leurs genres, mais rarement par leurs espèces.

Deux flores ou deux faunes voisines ont donc quelquefois le même *facies* ou la même physionomie, sans que ces analogies aillent jusqu'au type spécifique qui reste assez généralement différent d'une formation à une autre.

N'anticipons pas sur ce que les faits nous apprendront à cet égard; si nous sommes entrés dans ces détails, c'est afin de faire mieux saisir ce que nous dirons sur la succession des êtres organisés qui ont apparu tour à tour sur la scène de l'ancien monde et ont précédé les générations actuelles.

Les monocotylédonés du groupe houiller étaient composés d'un assez grand nombre de familles, parmi lesquelles on peut mentionner les cypéracées, les graminées, les liliacées, les asparagées. les cannées, les palmiers et les musacées. La même classe a été également représentée à cette époque par plusieurs végétaux sur la famille desquels on n'est pas encore fixé.

Les gymnospermes ont également offert plusieurs familles à cette époque ; les conifères y étaient signalés par les genres *Pinites, Abietineæ.* les diploxylées et les cycadées par les genres *Cycas* et les *Sigillaria* auxquels il faut joindre les *Stigmaria*.

La flore des terrains carbonifères inférieurs au groupe houiller proprement dit, est des plus simples. On n'y connaît encore que trois classes ; la première, celle des œthéogames ne comprend qu'une seule famille, celle des fougères, tout comme les monocotylédonés sont uniquement représentés par les psaroniées.

Enfin, les gymnospermes n'y ont non plus qu'une seule famille, celle des cycadées réduites aux *Sigillaria* et aux *Stigmaria*. qui paraissent se rapporter à des parties différentes d'un même végétal.

La flore des terrains carbonifères, plus ancienne que celle du groupe houiller, est évidemment plus simple. Il y a donc eu progrès entre les deux flores, puisque la plus récente est composée d'un plus grand nombre de classes et a été embellie par des végétaux plus nombreux et plus variés.

§ II.

DES VÉGÉTAUX DE LA SECONDE PÉRIODE.

Cette période embrasse les terrains de sédiment déposés depuis les formations houillères jusqu'à la craie blanche inclusivement. Elle comprend quatre époques principales, ou les terrains pénéens, triasiques, jurassiques et crétacés.

A. — *De la première époque de la seconde période.*

La flore de cette époque, moins variée et moins nombreuse que la précédente, est aussi moins compliquée sous le rapport des classes qui en ont fait partie. Elle n'en comprend que trois, tandis que la flore des terrains houillers en offre jusqu'ici cinq. Les terrains pénéens sont en effet bornés aux agames, aux œthéogames de l'embranchement des cryptogames et aux phanérogames monocotylédonées.

Cette flore est donc privée des conifères de la classe des gymnospermes, plantes qui caractérisent avec les *Voltzia* de la même famille, la flore du grès bigarré.

Les terrains qui renferment les végétaux de cette époque sont, en partant des inférieurs, le nouveau grès rouge, les schistes bitumineux et cuivreux particulièrement très-développés en Thuringe, les calcaires magnésiens, le calcaire alpin ou *zechstein*, enfin le grès vosgien. Ces formations constituent l'ensemble des terrains pénéens ou permiens de M. Murchison.

La flore des terrains pénéens offre des plantes marines et terrestres; les dernières ont quelques espèces communes avec celles du groupe houiller. On cite comme des deux terrains, les *Pecopteris arborescens, abbreviata*, le *Lycopodites Hœninghausii*, le *Lepidodendron elongatum* et le *Calamites Suckowii*. Tous les genres de cette flore sont du terrain houiller, et jusqu'à présent les genres *Odontopteris, Lepidodendron* et *Nœggerathia* n'ont été observés que dans la formation houillère. Les vrais *Nœggerathia*, dont une espèce nommée *tenuifolia* existe à la fois chez les terrains houillers et pénéens, paraissent ne pas s'étendre au-delà.

La première classe des cryptogames est représentée dans

les formations pénéennes, par des agames de l'ordre des algues du genre *Fucoides*. La seconde, ou les œthéogames, est caractérisée par un genre particulier qui a été décrit par Schlotheim sous le nom de *Caulerpites*. Ces caulerpites ont été observés dans les schistes bitumineux cuivreux (*Kupfer-schiefer*) ou les bancs arénacés associés au *zechstein* de l'Allemagne. Les mêmes dépôts renferment également plusieurs genres de fougères, tels que les *Tœniopteris, Pecopteris, Odontopteris, Nevropteris* et *Sphenopteris*. Ces genres, au nombre de cinq, sont peu riches en espèces. Ils ne paraissent pas en réunir au delà de treize. Ce sont les *Nevropteris salicifolia, tenuifolia;* les *Odontopteris Strogonovii, Permiensis, Fischeri;* les *Pecopteris Wangenheimii, arborescens, abbreviata, Gœpperti;* les *Sphenopteris erosa, lobata* et *incerta;* enfin, le *Tœniopteris Eckardti*.

La seconde famille, celle des équisétacées, est réduite à deux espèces, les *Calamites gigas* et *Suckowii* tout comme celle des lycopodiacées. La première, *Lepidodendron elongatum*, se trouve comme la précédente dans les terrains houillers. Il paraît en être de même du *Lycopodites Hœninghausii*. Enfin la dernière classe de ces terrains, les phanérogames monocotylédonés, comprend d'abord le genre *Nœggerathia* composé de deux espèces, *tenuifolia* et l'*expansa*, et deux autres familles, les aroïdées et les psaroniées.

Si ces plantes appartenaient plutôt aux fougères qu'aux monocotylédonés, comme le présument plusieurs naturalistes, la flore des terrains pénéens serait essentiellement composée des deux classes les moins avancées de la flore des temps géologiques. A la vérité, les gymnospermes y ont bien été représentés, mais par une seule espèce de la famille des cycadées.

A l'exception des trois espèces communes au groupe houiller et à ces terrains, il n'en est pas jusqu'à présent,

qui ait été observée dans ces formations. Celles-ci caractérisent donc la flore des terrains pénéens, réduite à un petit
nombre de classes et par conséquent d'espèces ; toutefois, la
végétation qui a fleuri à cette époque, a peu différé de celle
des formations houillères. On pourrait en quelque sorte,
si elle était un peu plus variée, la considérer comme la
suite de la même flore, à la différence des espèces près.

C'est, du reste, parmi les phanérogames gymnospermes
que M. Adolphe Brongniart range le genre *Nœggerathia*
dont M. Sternberg a décrit une espèce des houillères de
Bohème sous le nom de *foliosa*. Il n'a d'abord indiqué
aucun rapport entre ces végétaux et les végétaux vivants.
Il les a rapprochés plus tard des palmiers en les comparant
aux feuilles des *Caryota* ; enfin, il les a placés à la suite des
monocotylédonés sans fixer leur position.

MM. Lindley et Corda ont ensuite rangé les *Nœggerathia*
parmi les palmiers, tandis que MM. Unger et Gœppert ont
classé ce genre parmi les fougères.

Du reste, les *Nœggerathia* ne sont pas réduits à l'espèce
décrite par M. Sternberg ; MM. Lindley et Hutton en ont découvert une autre dans les mines de Newcastle, qu'ils ont
nommée *Nœggerathia flabellata*. M. Unger en a signalé
deux autres décrites par M. Gœppert, et M. A. Brongniart
en a fait connaître deux nouvelles espèces. Elles sont du
grès permien de Russie et ont été publiées dans l'ouvrage
de MM. Murchison et de Verneuil.

Le même botaniste a rapproché les *Nœggerathia* des cycadées ; il s'est fondé, sur ce que l'on trouve dans une
même couche d'une mine de houille et souvent dans les
mêmes morceaux de grès ou de schistes, des feuilles dont
les folioles ont la forme et la nervation de certaines cycadées vivantes, surtout des *Zamia* américains. On y rencontre aussi des feuilles d'une forme toute spéciale, ayant

(55)

cependant une analogie marquée avec les feuilles modifiées
qui portent les fruits de certaines cycadées, surtout dans le
Cycas revoluta; enfin des graines ayant une ressemblance
frappante avec celle des *Cycas.*

D'après ces trois sortes d'organes qui appartiennent à
une même plante, cette espèce doit se placer auprès des
cycadées, probablement dans cette famille. Elle y constitue
un des genres les plus remarquables par la grandeur et la
forme des feuilles ; ce genre en réunissait du moins d'analogues à celles des *Zamia,* avec un mode de fructification
semblable à celui des *Cycas* (1).

Le principal gissement des *Nœggerathia* est dans les terrains houillers, où ils ont commencé à apparaître. D'autres
espèces que celles qui y ont été indiquées jusqu'à présent,
paraissent y avoir vécu.

B. De la seconde époque de la seconde période.

Cette époque embrasse la totalité des terrains triasiques,
composés de trois principaux systèmes. L'inférieur formé
par les grès bigarrés; le moyen, par le calcaire conchylien
(*Muschelkalk*) et le supérieur par les marnes irisées et les
grès du Keuper.

Cette flore n'est pas plus compliquée que celles qui l'ont
devancée. Elle ne comprend que des agames, des œthéogames, des monocotylédonés et des gymnospermes de l'ordre
des cycadées et des conifères.

Les agames manquent dans le système inférieur, et offrent
un moindre nombre de genres dans le moyen que dans le
supérieur. Le système récent est caractérisé non-seulement

---

(1) Comptes-rendus de l'Académie des Sciences de Paris, **T. XXI**,
pag. 1392. — Séance du 29 Décembre 1845.

par des *fucus*, mais encore par des conferves dont est privé le calcaire conchylien.

Les plantes terrestres, particulièrement les œthéogames, sont plus abondantes dans les grès bigarrés et les marnes irisées ou le keuper, que dans le *Muschelkalk*. Ainsi les équisétacées présentent dans le système supérieur jusqu'à trois genres particuliers; les fougères jusqu'à quinze ou seize types génériques, et les lycopodiacées seulement trois.

Les monocotylédonés, considérés dans l'ensemble des terrains triasiques, n'ont qu'un petit nombre de genres qui appartiennent à cinq familles différentes, savoir : aux palmiers, aux liliacées, aux restiacées, aux asparagées et aux graminées On découvre toutefois dans ces terrains six ou sept genres monocotylédonés, dont la famille est incertaine. Les espèces qui en font partie sont toutes particulières à ces terrains, ainsi que celles de la classe des œthéogames.

Les gymnospermes sont composés dans ces formations par deux familles, les conifères et les cycadées. La première se rencontre uniquement dans le système inférieur des terrains triasiques; elle y offre trois genres dont deux sont tout-à-fait perdus; ce sont les genres *Albertia* et *Voltzia;* l'espèce la plus commune de ce dernier a été nommé *heterophylla*. Le second système n'offre que deux genres : celui des *Cupressites* qui a peut-être des représentants dans nos cyprès actuels, comme les *Abies* de cette époque dans nos sapins.

S'il était démontré plus tard que les *Sigillaria* n'appartiennent pas aux cycadées, comme il le paraît, les terrains du trias auraient vu cette famille apparaître pour la seconde fois. Quoiqu'il en soit, elle y a acquis un grand développement dans le système inférieur, qui s'est continué jusqu'aux couches supérieures. En effet, les grès bigarrés ont quatre genres de cette famille, *Zamites*, *Nilsonia*, *Albertia* et *Cycas*. Ces genres caractérisent avec les *Marantoidea* et les *Pterophyllum* (dont l'espèce la plus commune est le *Pleinengerii*), les grès bigarrés, les marnes irisées et le Keuper. Quant au *Muschelkalk*, ces végétaux n'y sont représentés que par le genre *Mantellia*.

On avait prétendu avoir découvert dans les terrains du trias des bois fossiles, qui avaient appartenu à des végétaux dicotylédonés. Mieux examinés, ces bois ont paru se rapporter à des lycopodiacées et à un genre détruit, celui des *Lepidodendron*.

La flore des terrains du trias, restreinte dans le nombre des classes qui en ont fait partie, a quelques analogies avec celle des terrains houillers. On y voit du moins des calamites et plusieurs espèces de fougères qui se rapportent aux mêmes genres. Le calcaire conchylien est particulièrement caractérisé par le *Necropteris Gaillardotii* de Brongniart ainsi que par le *Caulerpites Brandowskanus*. Quant à la détermination des calamites des grès bigarrés, elle est incertaine, leur écorce manquant constamment. Faute de ce caractère, ces végétaux pourraient se rapporter à une toute autre famille.

Les fougères composaient, à elles seules, plus du tiers de la végétation de cette époque. La plupart différaient de celles qui fesaient partie des flores antérieures. On ne voit pas parmi les végétaux de cette époque, des traces de marsiléacées et par conséquent de *Sphænophyllum*, pas plus que des *Sigillaria* et des *Stigmaria* si abondamment répandus dans les terrains houillers. Le fait le plus remarquable de cette végétation, est le grand développement que les cycadées y ont acquis.

Ces plantes font partie de la végétation actuelle, et habitent les contrées les plus chaudes; elles rappellent le port des palmiers, et sont aujourd'hui uniquement composées des genres *Cycas* et *Zamia* Ces genres comprennent aujourd'hui une dixaine d'espèces chacun. Quoique ce nombre soit assez considérable, il a pourtant été dépassé lors des temps géologiques.

Cette famille végétale est un exemple remarquable de l'interruption que les plantes ont éprouvées dans leurs apparitions successives. Elle a commencé avec les dépôts houillers, et a presque cessé après la formation des grès bigarrés. Les cycadées ont cependant reparu, lors des systèmes moyens et supérieurs des terrains triasiques Ces végétaux se sont ensuite continués pendant le dépôt du lias, pour cesser pendant toute la série oolithique, et se reproduire lors des terrains crétacés. Ces terrains n'en renferment toutefois qu'un seul genre comme le *Muschelkalk*.

Ce qui est non moins remarquable, les cycadées qui font partie de la flore actuelle, à la vérité dans une proportion bien au-dessous de celle que ces plantes ont acquise dans les temps géologiques, manquent dans les formations postérieures aux terrains crétacés. Il y a eu ici interruption entre leur apparition; elle s'est même longtemps prolongée, et n'a cessé que lors de la création actuelle.

MM. Schimper et Mougeot, dans leurs observations sur les plantes fossiles du grès bigarré des Vosges, ont élevé des doutes sur la véritable place à donner aux végétaux que M. Adolphe Brongniart a désignés sous le nom de *Convallarites*. Ils ne les considèrent pas comme des monocotylédonés, mais comme des plantes fort rapprochées des équisétacées.

D'après eux, les prétendues feuilles verticillées ne seraient que des lanières d'une espèce de gaîne qui se serait déchirée en plusieurs points. Si les recherches ultérieures confirment cette assertion, il y aura eu du mérite d'avoir tiré un parti aussi heureux d'une loi d'organographie végétale

dont plusieurs applications semblables ont été tentées récemment avec succès.

L'observation des végétaux fossiles a une importance peut-
être aussi grande que celles des animaux, pour la constitution physique de notre planète aux diverses époques géologiques. Les conditions de l'existence des plantes, leur développement et leurs proportions sont plus fixes et renfermées dans des limites plus étroites que celles des animaux
qui peuvent à leur volonté se transporter dans toutes les régions. Les végétaux présentent un moyen plus sûr de juger
de la température, du degré d'humidité ou de sécheresse de
la terre et de l'air, dans lesquels ils puisent leur nourriture.

Les plantes sont en quelque sorte, des thermomètres
maxima et *minima* plus sensibles que les animaux, pour
déterminer la température du globe à chacune des grandes
périodes de l'histoire physique de notre planète. Elles nous
prouvent d'une manière irrécusable que la quantité d'eau et
de calorique a toujours été en proportion décroissante à la
surface de la terre. En raison de l'importance que les végétaux ont pour arriver à de pareilles déterminations, la botanique fossile fait tous les jours des progrès en rapport avec
ceux de la zoologie fossile.

Toutefois, l'étude des plantes de l'ancien monde offre de
plus grandes difficultés que celle des animaux, en raison de
l'homogénéité de leurs tissus. D'un autre côté, leurs caractères principaux ont été détruits, tels que ceux tirés des
organes de la floraison et de la fructification. Les parties
les plus délicates de ces organes, comme les plus passagè-
res, aussi bien que les plus persistantes, ont été souvent
anéanties, en sorte que pour la plupart du temps, on est
réduit à des feuilles quelquefois même isolées.

Lorsqu'il en est ainsi, on ne peut juger de leur disposition et de leur succession sur la tige. L'arrangement et la

distribution des nervures, caractères dont la précision ne laisse pas que de présenter de l'incertitude dans la détermination des espèces végétales, sont souvent les seuls moyens que l'on ait pour se fixer à cet égard. Il peut arriver que des feuilles que l'on supposerait avoir appartenu à des plantes différentes, fussent cependant de la même espèce, ce qui jette nécessairement une grande incertitude dans leur détermination.

La flore des terrains triasiques a été spécialement caractérisée par les cycadées qui ont eu des représentants à chacun des étages de ces terrains ; on en découvre, en effet, lors du dépôt des grès bigarrés, du calcaire conchylien, des marnes irisées et du *keuper*. Ce dernier est signalé par une certaine variété dans la famille des fougères, qui compte à cette époque jusqu'à quinze ou seize types génériques. Ce nombre, quoiqu'en apparence bien faible, est cependant considérable, lorsqu'on le compare à celui des autres familles de la même flore.

La végétation ensevelie dans les terrains du trias, n'annonce pas un grand accroissement dans l'étendue des continents. Il en est de même de la population qui a péri à cette époque. Les terres sèches et découvertes n'ont pris une certaine extension que lors du dépôt des terrains jurassiques. Aussi découvre-t-on dans ces terrains un grand nombre de végétaux terrestres, principalement des fougères, plantes qui ont caractérisé les plus anciens âges. Cette famille a acquis tout d'abord, dès l'apparition de la végétation, lors du dépôt des terrains houillers, un développement des plus grands. Elle n'en a plus présenté de pareil pendant la longue série des flores qui se sont succédées aux diverses époques géologiques.

Sans doute, les fougères actuelles offrent une plus grande variété de formes spécifiques que celles de l'ancien monde ;

mais elles sont loin de les surpasser par leurs dimensions et la vigueur de leur végétation.

Toutefois, celles des marnes irisées et du *keuper* réunissaient un grand nombre de genres. Tels sont les *Pecopteris*, les *Tæniopteris*, les *Alethopteris*, les *Clathropteris*, les *Odontopteris*, les *Filicites*, les *Acrostiches*, les *Aspidites*, les *Cyatheites*, les *Asterocarpus*, les *Clemandites*, les *Caspidoïdes*, les *Nevropteris*, les *Silicites*, enfin les *Lyzingodendron*, genres dont plusieurs n'avaient pas encore paru sur la scène de l'ancien monde.

La Flore de l'ensemble des terrains triasiques, quoique peu variée et peu nombreuse en espèces, comprend quatre classes qui, en partant de la plus simple, se composent 1.º des agames de la famille des algues, qui n'offre que deux genres ; 2.º de cryptogames semi-vasculaires, qui réunissent trois familles, les équisétacées, les fougères et les lycopodiacées ; 3.º de monocotylédonés embrassant quatre familles : les asparaginées, les liliacées dont l'existence dans ces terrains est douteuse, puis les palmiers, les graminées et restiacées ; enfin, une dernière sur laquelle on n'est pas encore fixé ; 4.º les phanérogames gymnospermes n'ont que deux familles : les conifères et les cycadées. La première est représentée par deux genres, et la seconde par dix genres particuliers.

Telle est la végétation de l'ensemble de dépôts arénacés et calcaires, dont le développement est souvent très-étendu et très-puissant ; ces dépôts sont placés entre les terrains pénéens ou permiens, et les terrains jurassiques.

C. — *De la troisième époque de la seconde période.*

Cette époque embrasse l'entier système jurassique, dans lequel on comprend le lias et le groupe oolithique divisé en quatre étages. La flore de cette époque se rapporte aux

temps pendant lesquels ont eu lieu les dépôts calcaires secondaires les plus puissants et les plus étendus. La grandeur des terres hors du sein des eaux, plus considérable
que lors des âges passés, a rendu la végétation des terrains
jurassiques plus variée que la plupart des flores qui l'ont
précédée. La classe la plus avancée du règne végétal n'y a
pas cependant paru ; ce sont les dicotylédonés, qui dominent dans la flore actuelle.

La végétation des terrains jurassiques comprend donc
cinq classes sur six ; elle réunit, en effet, les agames, les
amphigames, les œthéogames, les monocotylédonés et les
gymnospermes, enfin une classe indéterminée qui se rapporte probablement à une de celles que nous venons de
désigner. Cette flore était composée de plantes marines et
terrestres.

La plus simple de ces classes, les agames ou les cryptogames cellulaires aphylles, se composait d'une seule famille
et d'un seul genre ; les algues d'une part et les Fucoïdes de
l'autre ; le genre des Fucoïdes a constamment persisté dans
le sein de l'ancienne mer. On le découvre en effet depuis
les terrains de transition ou primaires jusqu'aux terrains
tertiaires. Seulement les espèces de ces différents âges, loin
d'avoir été les mêmes, n'ont pas eu de représentants dans
la flore actuelle.

Les végétaux terrestres, plus variés dans leurs formes que
les plantes marines, offrent aussi un plus grand nombre de
classes, de familles, de genres et d'espèces. Ainsi la flore
des terrains jurassiques comprend quatre classes : les
amphigames, les cryptogames semi-vasculaires ou œthéogames, les phanérogames monocotylédonés et gymnospermes.
On a découvert également dans les mêmes terrains des
végétaux que l'on ne saurait encore, vu le petit nombre de
leurs débris, rapporter à une classe déterminée et encore

moins à une famille connue. Il en est de même d'une foule
de genres et d'espèces de cette époque, dont la position
n'est pas encore bien fixée.

La seconde classe se compose des amphigames et d'après
M. Gœppert, de deux familles : les champignons (*fungi*) et
les lichens (*lichenes*). La première avait déjà paru lors des
terrains houillers, et toutes deux reparaissent de nouveau
lors des dépôts tertiaires.

La troisième classe des formations jurassiques, dans lesquelles on comprend le lias et les terrains wealdiens,
est celle des cryptogames semi-vasculaires ou œthéogames.
Cette classe est composée de quatre familles : les équisétacées, les fougères, les hydroptéridées et les lycopodiacées.

La première famille n'a qu'un seul genre, celui des
Equisetum, dont une espèce, l'*Equisetum columnare*, caractérise les formations oolithiques.

La seconde famille, les fougères, comprend jusqu'à 23
genres et par conséquent, un grand nombre d'espèces. A ce
nombre réellement considérable de fougères, se joint la
présence de combustibles, qui ne sont ni de la houille proprement dite, ni des lignites, mais une espèce de matière
charbonneuse intermédiaire entre les deux. On avait supposé que cette matière combustible essentiellement propre
à la formation du lias, avait été produite par des végétaux
de l'ordre des fougères et des cycadées. Il paraît néanmoins
que ces dépôts charbonneux très-développés sur le plateau
du Larzac dans l'Aveyron, et à Wilby dans le Yorkshire, ont
été formées par des conifères, dont le tissu plus ligneux et
plus compacte, a pu plus facilement se convertir en houiile.

Les fougères des terrains jurassiqnes n'ont rien de commun avec celles du groupe houiller, non-seulement sous le
rapport de leurs espèces, mais quelquefois aussi sous celui de
leurs genres. Le nombre des espèces de cette famille a été

singulièrement étendu par les travaux de M. Gœppert, qui s'est assuré qu'elle composait à elle seule plus du tiers de la flore des terrains jurassiques. Cette proportion s'approcherait de celle que les fougères ont présenté lors des dépôts houillers.

La troisième famille des œthéogames, les hydroptéridées, n'est composée que d'un petit nombre de genres et d'espèces.

La quatrième famille des œthéogames, celle des lycopodiacées, réunissait peu de genres à cette époque. Elle était en effet à peu près réduite à un seul, les Lycopodites, nom qui a été donné à ce genre en raison de ses analogies avec les Lycopodes actuels. Les *Lepidodendron* qui, avec les *Sigillaria* et les *Stigmaria*, avaient acquis un si grand développement lors des terrains de transition et houillers, ne se montrent plus lors de cette flore. Elle est donc extrêmement réduite sous le rapport du nombre des genres qui la composent lors des dépôts jurassiques.

Les monocotylédonés ont pris, dès les terrains jurassiques un assez grand essor ; ils ont été composés par six principales familles : les cypéracées, les graminées, les nayades, les pandanées, les liliacées et les cannées. Il est même quelques espèces de ces terrains que l'on ne saurait, par suite de l'état de leurs débris, rapporter avec quelque certitude à une classe déterminée, quoique probablement, elles appartiennent à l'une des classes de cette flore.

Les gymnospermes ont présenté à l'époque jurassique deux familles : les cycadées et les conifères. Cette classe a acquis pour lors un plus grand développement que celle des phanérogames monocotylédonés. La première famille comprend jusqu'à 5 genres ; et l'une des espèces qui en font partie, caractérise d'une manière particulière les terrains oolithiques ; le *Pterophyllum Williamsonii*. Ce nombre de cinq genres, quoiqu'en apparence bien faible, est cependant la totalité de ceux qui ont paru pendant les temps géologiques, et ce nombre est supérieur à celui des cycadées actuelles ; car à toutes les époques, la variété des formes a été constamment restreinte dans cette famille.

Aussi, la grande majorité des cycadées fossiles appartient aux formations jurassiques qui en offrent jusqu'à 53 espèces, c'est-à-dire plus de deux tiers de la totalité. En effet, le nombre total des cycadées fossiles s'élève jusqu'à 78, tandis que les cycadées vivantes n'offrent guère plus de 38 espèces. L'avantage numérique est donc en faveur des espèces fossiles ; et probablement il s'accroitra de plus en plus, l'observation nous en faisant découvrir tous les jours de nouvelles.

De reste, en voici le tableau dû aux savantes recherches de M. Gœppert.

NOMS DES GENRES.	TRONCS.	FRONDES.	FRUCTI-FICATIONS.	NOMBRE total.
1.º *Cycadites*........	4	7	»	11
2.º *Zamites*..........	5	23	»	28
3.º *Zamiostrobus*...	»	»	4	4
4.º *Pterophyllum*...	»	23	»	23
5.º *Nilsonia*..........	»	12	»	12
Total général...	9	65	4	78

Les espèces des cycadées se trouvent ainsi réparties entre les diverses formations :

NATURE ET ÉPOQUE DES FORMATIONS.

Terrain houiller........	4	Assises jurassiques supérieures à l'oolithe.........	5
Grès rouge...........	1	Argile wealdienne......	5
Grès bigarré..........	2	Grès vert............	3
Keuper.............	2	Craie...............	2
Lias...............	19	Lignite..............	3
Oolithe............	29	Gissement inconnu	3
	57		21
		Report...	57
		Total général......	78

Les onze espèces de *Cycadites* du tableau précédent, se rapprochent le plus par leurs feuilles raides et univervées des *Cycas* d'aujourd'hui, dont le nombre est à peu près égal à celui des espèces fossiles. Une partie du genre *Zamites*, notamment les espèces (à peu près au nombre de 15) dont les pinnules présentent un certain rétrécissement à leur base, correspondent au genre *Encephalartos*, tandis que les espèces (au nombre de 8) dont les pinnules articulées à leur base se trouvent fixées à la fronde d'une manière oblique, pourraient bien offrir un pendant au genre *Macrozamia*. Enfin, les genres *Zamiostrobus*, *Nilsonia* et *Pterophyllum* composés de 38 espèces, doivent être considérés comme des genres éteints. Ils n'admettent pas, du moins, de parallèle avec les *Zamia* de Linné, dont les pinnules distinctement articulées ne se retrouvent point dans les genres fossiles.

Nous devons également à M. Gœppert un tableau de l'extension géographique et géologique des cycadées vivantes, que nous reproduirons à raison de l'intérêt qu'il présente.

FLORE ACTUELLE.	FLORE FOSSILE.
Cycas Linn. Composé de 10 espèces. Asie tropicale et subtropicale. Nouvelle-Hollande.	*Cycadites*. Brongn. Composé de onze espèces. Suède; île de Portland; France; Bohême, Saxe-Cobourg et Hanovre.
Macrozamia Miq. Trois espèces. Nouvelle-Hollande et le Cap.	*Zamites* Brongn. Analogie incomplète. France; Angleterre, Baireuth, Bamberg (Bavière).
Encephalartos Lehm. Quinze espèces. Le Cap, non loin des tropiques.	Se reproduit à 15° plus au Nord; savoir : Ile de Portland; Angleterre; Bamberg.
Zamia Linn. Dix espèces. Amérique tropicale et subtropicale.	Manque complètement.
Genre en partie éteint.	*Zamites* Gœpp. Ile de Portland; Angleterre; France, Bamberg; Baireuth; Indes orientales.
Genre complètement éteint.	*Zamiostrobus*. Angleterre.
Genre complètement éteint.	*Pterophyllum* Brongn. Vingt-trois espèces. Suisse; Wurtemberg; Autriche; Bohême; Bamberg; Baireuth; Saxe; Schoumberg; Silésie.
Genre complètement éteint.	*Nilsonia* Brongn. Douze espèces. Angleterre; Suède; Saxe-Cobourg; Quedlimbourg; Bamberg; Baireuth.

On a pu juger, d'après ce que nous avons fait observer, que les cycadées ont acquis leur plus grand développement à l'époque dont nous nous occupons. Elles y étaient représentées par 53 espèces dont 19 étaient propres au lias, 29 à l'oolithe, et 5 aux terrains jurassiques supérieurs à cette grande formation.

Les conifères comprenaient six genres dont la plupart n'avaient point encore paru ; ils étaient caractérisés par les *Thuytes*, les *Taxites*, les *Pinus* et les *Brachyphyllum* qui y ont été reconnus par des tiges. Le seul genre *Pinus* avait déjà offert des représentants aux époques antérieures, ainsi que les *Abies* et les *Cupressites* qui font cependant partie de la flore des terrains jurassiques. D'autres débris végétaux de la même époque ne sont pas assez complets pour être rapportés avec quelque certitude à une classe déterminée.

La flore des terrains jurassiques était donc plus compliquée que celle des époques précédentes ; car les espèces des deux classes les plus avancées y dominaient essentiellement. Ce fait serait encore plus manifeste, si l'on considérait les fougères comme des monocotylédonés. Quoiqu'il en soit, la flore des terrains jurassiques a pour caractère spécial la prédominance des monocotylédonés et des gymnospermes ; parmi les espèces de cette classe, les conifères et surtout les cycadées disparaissent complètement pendant la longue série des terrains tertiaires, pour briller de nouveau dans les régions équatoriales de l'époque actuelle (1).

Le fait le plus remarquable de cette végétation tient au nombre des cycadées qu'elle présente. Ces plantes, parmi

---

(1) On a trouvé dans le groupe wealdien, le plus récent des terrains jurassiques, des troncs de cycadées encore debout. Ils y ont été découverts au milieu de ces terrains où ils avaient probablement végété avec divers conifères, des équisétacées et des fougères.

lesquelles on remarque le genre *Zamia* actuellement vivant, forment à peine la millième partie de notre végétation, tandis qu'elles composaient, à elles seules, la moitié de la flore de l'Europe à cette époque, en ayant égard au nombre des espèces et des individus qui en faisaient partie.

Les cycadées étaient alors accompagnées par des conifères, des monocotylédonés et un grand nombre de fougères. Quoique loin de s'y trouver dans la même proportion qu'à l'époque de la première période, les espèces de cette dernière famille y étaient en quantité supérieure aux fougères de la seconde période. Depuis les terrains jurassiques, cette proportion n'a jamais été surpassée pendant les temps géologiques ; cette famille a été en effet fort rare lors des époques tertiaire et quaternaire.

La flore des terrains jurassiques, dont les formations nombreuses et variées ont dû exiger un long espace de temps pour leur dépôt, devrait, ce semble, avoir été plus variée qu'elle ne l'est d'après les observations actuelles. L'une des formes fondamentales du règne végétal, les dicotylédonés, n'y a point encore paru ; les premiers vestiges que l'on en voit se découvrent dans les formations crétacées les plus anciennes.

Les végétaux ont donc constamment tendu vers une plus grande complication, quoique cette tendance soit moins sensible que chez les animaux. Du reste, les deux règnes n'ont acquis le *summum* de leur variété et de leur perfectionnement qu'à l'époque actuelle, où les espèces qui respirent l'air en nature, ont pris une extension remarquable. Contrairement à ce qui s'est passé pour les corps bruts, dont la formation a été d'autant plus considérable, qu'ils se rapportent aux plus anciens âges, les corps animés n'ont jamais été aussi nombreux ni aussi variés qu'à l'époque actuelle.

Les deux natures ont progressé en sens inverse, par suite de la diversité des lois qui les régissent : ainsi, tandis que la nature vivante a marché en raison directe de la complication de l'organisation, la nature brute au contraire a vu apparaître les minéraux en raison inverse de la complication de leur composition ; les corps inorganiques les plus complexes ont généralement précédé les plus simples. L'affinité a donc triomphé aux premiers âges, comme la loi du progrès lors des derniers temps géologiques, et surtout à l'époque actuelle.

D. — *De la quatrième époque de la seconde période.*

La quatrième époque de la seconde période embrasse l'universalité des dépôts crayeux inférieurs, moyens et supérieurs. La flore de ces dépôts, comme celle des terrains jurassiques, comprend des plantes marines et terrestres. Les premières, plus nombreuses qu'aux époques précédentes, ont été caractérisées par des algues et des conferves. Les fucoïdes ont signalé ici les algues, comme lors des âges passés, et leur persistance a été telle, qu'après avoir traversé les terrains tertiaires, ils ont pris un développement prodigieux dans les mers actuelles, principalement dans les mers australes.

Les plantes terrestres des terrains crétacés appartiennent aux quatre classes les plus compliquées du règne végétal, aux cryptogames semi-vasculaires, aux phanérogames monocotylédonées gymnospermes et dicotylédonées. Cette dernière classe encore peu nombreuse dans ces terrains, se compose de familles sur la détermination desquelles on a été longtemps incertain ; on n'est pas encore fixé sur la plupart des bois fossiles transformés en matière calcaire ou siliceuse qui s'y trouvent, et dont il est difficile de reconnaître je genre et même la famille, quoiqu'ils paraissent appartenir aux dicotylédonés.

La flore des formations crayeuses a vu la proportion des phanérogames aller en augmentant, et même la classe la plus complexe de cet embranchement y apparaître pour la première fois. Les gymnospermes y sont encore représentés par les mêmes familles qu'aux époques antérieures, c'est-à-dire, par des cycadées et des conifères. Mais les genres qui les signalent y sont peu nombreux et ne reparaissent plus sur la scène de l'ancien monde. Les cycadées ne persistent même pas pendant toute la série des terrains crayeux ; on ne les observe pas du moins dans la formation de la craie blanche, qui en est le dépôt le plus récent.

La proportion plus forte des phanérogames en comparaison des cryptogames, a été sans cesse en augmentant depuis les terrains crayeux ; elle n'a cependant acquis son maximum de développement que dans les temps actuels.

Les monocotylédones de la craie se rapportent à plusieurs familles distinctes, aux palmiers, aux cannées, aux naïades et aux liliacées. Les plantes qui en faisaient partie, habitaient, les unes le sein des eaux, et les autres les terres sèches et découvertes. Les cryptogames semi-vasculaires que l'on découvre dans les terrains crétacés, habitaient uniquement les continents hors des eaux.

Cette classe n'était composée que de deux familles : les fougères et les lycopodiacées ; la première offrait cinq genres, tandis que la seconde était réduite à un seul. Évidemment les œthéogames ont pris à cette époque un developpement moindre que celui qu'ils avaient acquis avant le dépôt de la craie, où ils ont offert un plus grand nombre de familles et par conséquent de genres et d'espèces. Si cette classe a été pour lors au-dessous de ce qu'elle avait

été précédemment, il n'en a pas été de même des phanérogames, les végétaux les plus compliqués de la création.

Les dicotylédonés ont pris un assez grand développement
dès le dépôt des grès verts où ils paraissent avoir apparu
pour la première fois. Les familles de cette classe ont été,
dès le moment de leur apparition, assez nombreuses. Ainsi
elles se composaient des salicinées, des myricées, des
acérinées, des juglandées, des crassulacées, des asparaginées, des gentianées, des nymphéacées et des graminées,
familles qui n'ont offert, à cette époque, qu'un petit nombre
de genres et d'espèces.

Telle est en résumé la végétation des terrains crétacés,
la dernière des flores des terrains secondaires et de la seconde période. Considérée dans son ensemble, cette flore
est très-différente de celle de la première période, où les
cryptogames terrestres ont pris un grand développement en
comparaison de celui qu'ont acquis les phanérogames qui
en ont été les contemporaines. Les fougères des premiers
âges, sont de tous les végétaux ceux qui ont présenté le
moins d'analogie avec les espèces qui leur ont succédé, sous
le rapport de leurs dimensions et de leurs proportions numériques. Ces proportions ont été bien supérieures à celles
des plantes des autres classes, surtout si on les compare à
celles qu'offre la flore actuelle.

Il en est également des autres familles de la même classe,
telles que les équisétacées, les lycopodiacées et peut-être
même les marsiléacées qui n'ont jamais acquis une stature
comparable à celle qui a embelli la flore des terrains de
transition et houillers. Ces végétaux n'ont donc pas été en
progrès, puisque dès leur apparition, ils ont acquis un
summum de complication et de développement, que leurs
analogues actuels n'ont pas dépassé.

Cette famille, qui appartient aux végétaux œthéogames,

n'a apparu qu'assez tard parmi les plantes de l'ancien monde. On n'en découvre du moins aucune trace avant le dépôt du lias. Elle ne s'est guère perpétuée que pendant la période jurassique, et n'a plus reparu depuis lors, qu'à l'époque actuelle. Son existence parmi les espèces de l'ancien monde a donc été de courte durée.

§ IV.

DES VÉGÉTAUX DE LA TROISIÈME PÉRIODE.

Cette période réunit l'ensemble des terrains tertiaires et quaternaires ; les premiers de ces terrains ont été déposés lorsque les mers intérieures étaient séparées de l'Océan, et les secondes, lorsqu'elles étaient rentrées dans les lits qu'elles occupent actuellement. La période qui embrasse la totalité de ces formations a été une ère nouvelle pour les végétaux et les animaux qui l'ont vivifiée et embellie. Du moins, avec elle ont paru à la fois les espèces végétales et animales les plus compliquées, dont le nombre a été sans cesse en augmentant ; et les proportions ont fini par être à peu près les mêmes que celles des races vivantes. On peut diviser la troisième période en quatre époques principales qui correspondront aux terrains nommés par les Anglais *Eocène*, *Miocène*, *Pliocène* et *Pleistocène*. Ceux-ci, les plus récents des dépôts géologiques, connus en France sous le nom de terrains quaternaires, comprennent les dernières formations d'eau douce généralement dépourvues de limon et de produits marins. Il en est de même des différents systèmes d'alluvion connus sous les noms de blocs erratiques ou de dépôts diluviens. Nous réunissons à ceux-ci les limons à ossements et à cailloux roulés qui encombrent les cavernes, ou qui se sont effondrés dans les fentes étroites des rochers calcaires où ces limons ont formé les brèches osseuses.

(**71**)

Ces terrains qui abondent en débris d'animaux, renferment au contraire peu de végétaux, par suite de la manière
dont ils ont été produits et de la violence de leur entraine-
ment.

A. *De la première époque de la troisième période.*

La première époque de la troisième période, comprend
l'argile plastique, les formations marno-charbonneuses et
le calcaire grossier parisien. La flore dont on y découvre
des vestiges, se compose de plantes marines et terrestres ;
aussi les formations dans lesquelles existent ces végétaux,
appartiennent aux bassins immergés.

La première classe se rapporte aux agames et aux familles
des Algues et des Conferves. Le genre *Fucus* y est plus représenté par les *Fucoïdes Beaumontianus* et *Dufresnoyi*, ainsi
que par plusieurs autres espèces. Le genre *Laminaria* y a
aussi plusieurs représentants, dont une espèce semble rapprochée du *Fucoïdes tuberculatus* de l'île d'Aix.

Les conferves de ces terrains, sont bornées à un seul
genre et à un petit nombre d'espèces.

Les œthéogames, plantes terrestres de l'embranchement
des cryptogames, font également partie de cette flore. Elles
comprennent les équisétacées et les fougères. Les équisétacées n'y ont qu'un genre, tandis que les fougères offrent
non-seulement deux genres bien déterminés, mais plusieurs
autres sur lesquels on n'est point encore fixé. Les deux
genres connus de cette flore, sont les *Tœniopteris* et les
Nevropteris qui avaient déjà paru, et notamment lors du
dépôt des terrains jurassiques.

La troisième classe, celle des phanérogames monocotylédonées, se compose de cinq familles dont une est tout-à-fait
indéterminée. La première, les naïades, comprend trois genres : les *Caulinites*, les *Zosterites* et les *Potamophyllites*,

le seul qui paraît avoir vécu dans les eaux douces. Les deux autres ont habité les eaux salées avec les Fucoïdes des mêmes formations. On y trouve aussi quelques fragments de bois qui se rapportent probablement à des conifères.

Le genre *Caulinites* y est représenté par plusieurs espèces parmi lesquelles nous signalerons les *Caulinites nodosus, ambiguus, Desmarestii, cymodocestes, grandis, parisiensis, herbaceus* et *Brongniartii*. Cette dernière a été trouvée dans une position verticale au milieu d'une couche de calcaire grossier qu'elle traversait sur une étendue horizontale de 3 à 4 mètres. On a compté dans cette étendue plus de cinquante individus; leur position semblait indiquer qu'ils se trouvaient encore dans la place même où ils avaient vécu.

Enfin, M. Pomel a signalé une espèce du même genre qu'il a nommé *Caulinites zosteroïdes* en raison de ses rapports avec les *Zostera*. Les *Zostérites*, toujours de la même famille des naïades, n'offrent qu'un petit nombre d'espèces, à la différence des *Caulinites*. La seconde famille des monocotylédonés ou les characées ne comprend qu'un seul genre, les *Chara*. Ce genre est réduit à une espèce unique qui a beaucoup d'analogie avec le *Chara medicaginula* des meulières. La troisième famille, celle des pandanées, n'a offert à cette époque qu'un petit nombre de genres et d'espèces.

La quatrième famille des monocotylédonés, celle des Palmiers, offre dans ces terrains plusieurs espèces : telles sont les *Palmacites conoiformis, yuccæformis*, enfin le *Flabellaria parisiensis*. La même flore comprend en outre plusieurs espèces que l'on a désignées sous les noms d'*Antholithes* et de *Culmites*, suivant la partie à laquelle se rapportent les débris qui nous en sont connus ; elles semblent avoir appartenu à des familles de cette classe, mais sur lesquelles on n'est pas fixé. Il en est de même des portions végétales de ces terrains auxquelles on a donné le nom d'*Endogenites*, de *Pandanocarpum* et d'*Anomocarpum*. On n'est pas plus certain de la famille à laquelle peuvent se rapporter ces débris, qu'on ne l'est des premiers dont nous venons de parler.

Les gymnospermes, surtout les conifères si remarquables par leur abondance aux époques géologiques anciennes, n'ont laissé dans le calcaire grossier que des débris assez rares et pour la plupart fragmentaires. On n'y a observé que le *Pinus Defrancii* et le genre *Brachyodon* décrit primitivement par M. Brongniart sous le nom d'*Equisetum*. Enfin, récemment, M. Pomel y a rencontré une espèce de conifère très-voisine du *Thuya articulata* ou *Callitris quadrivalvis* qu'il a désignée sous le nom de *Callitris Ungeri*.

Les genres des conifères particuliers à l'argile plastique sont infiniment plus nombreux ; ils se rapportent aux *Pinus*, aux *Juniperites*, aux *Thuya*, aux *Taxites*, aux *Abies* et aux *Larix*.

Les dicotylédonés sont également plus nombreux dans les premiers terrains que dans les seconds, qui paraissent avoir été précipités dans des mers plus profondes et où se rendaient une moindre quantité d'eaux courantes. Trois familles composaient les dicotylédonés de cette époque, parmi lesquelles une seule était commune aux deux terrains. Cette famille ou les amentacées, comptait six genres au moins, parmi lesquels nous mentionnerons les *Comptonia*, les *Salix*, les *Populus*, les *Castanea*, les *Alnus* et les *Ulmus*. Il est dans les couches du calcaire grossier une espèce de ce dernier genre qui paraît différer complètement de toutes les espèces connues, et que M. Pomel a nommé *Ulmus Brongniartii*. On observe enfin dans les mêmes terrains des feuilles de dicotylédonés, qui, par la disposition de leurs nervures, paraissent avoir quelques analogies avec le *Protea melaleuca* et se rapporter par conséquent aux protéacées. Les familles des juglandées et des acérinées ont été représentées à cette époque par un seul genre, les *Juglans* et les *Acer*. Des bois, des feuilles, des fleurs et des fruits signalent également des dicotylédonés, mais il n'a pas été possible jusqu'à présent d'en déterminer les genres, ni même la famille.

La flore de la première époque de la troisième période est évidemment plus compliquée que celle des époques antérieures; car les phanérogames y dominent et les dicotydonés y sont déjà nombreux relativement aux autres classes. Ce qui le prouve, c'est qu'indépendamment des familles que nous avons déjà signalées, on y découvre des protéacées, des cucurbitacées, des légumineuses, des sapindacées, des malvacées et des arundinacées.

Ces familles déjà assez multipliées au moment de leur apparition, annoncent que les dicotylédonés ont pris de suite une grande importance dans la flore de ces anciens âges. Cette importance n'a fait que s'accroître, à mesure que la végétation s'approchait de l'époque actuelle.

B. *De la seconde époque de la troisième période.*

La seconde époque de la troisième période comprend les terrains d'eau douce de l'étage moyen des géologues français, nommé *miocène* par les Anglais. Cette époque embrasse la formation du gypse à ossements du bassin de Paris, ainsi que les dépôts lacustres du centre de la France et des diverses contrées de l'Angleterre et de l'Espagne.

On ne doit pas considérer comme appartenant à la même époque les terrains gypseux du bassin immergé d'Aix en Provence, et les terrains d'eau douce des environs de Narbonne, particulièrement ceux d'Arnissan si riches en végétaux fossiles. Ces derniers dépôts se rattachent plutôt à la troisième époque de la troisième période, qui embrasse le système de la molasse et des terrains subapennins.

Cette époque ainsi circonscrite, est beaucoup moins étendue que nous ne l'avions supposé, et par conséquent sa flore est plus restreinte. Elle est composée cependant de toutes les classes végétales et d'un assez grand nombre de familles ; il en est de même de la population qui l'a accompagnée, et qui est essentiellement caractérisée par des pachydermes dont plusieurs genres n'avaient pas paru sur la scène de l'ancien monde.

La végétation des terrains d'eau douce moyens est donc aussi nombreuse que variée, ainsi que le prouvera l'exposé que nous allons en donner.

Les amphigames y sont représentés par les champignons et les lichens ; les œthéogames, par les mousses, les fougères, les hydroptéridées et les lycopodiacées.

Les monocotylédonés comprennent dix principales familles parmi lesquelles nous signalerons les characées, les graminées, les liliacées, les naïades, les typhacées, les cératophyllées, les pandanées, les cannées et les asparaginées.

Les gymnospermes, loin de réunir un aussi grand nombre de familles, y sont réduits aux cycadées, aux abiétinées, aux cupressinées et aux taxinées.

Le véritable progrès de la végétation de cette époque s'est opéré chez les dicotylédonés, la classe la plus avancée et qui aussi est arrivée le plus tard sur la scène de l'ancien monde. Les familles qui ont apparu à cette époque sont au nombre de vingt-six. Ce sont les gnétacées, les acérinées, les cupulifères, les platanées, les salicinées, les bétulinées, les myricées, les ulmacées, les primulacées, les apocynées, les ébénacées, les oléinées, les éricacées, les loranthacées, les caprifoliacées, les ombellifères, les haloragées, les légumineuses, les térébinthacées, les juglandées, les zanthoxylées, les rhamnées, les coriariées et les élatinées.

Ces familles prouvent la tendance de la végétation de cette époque, à prendre des proportions analogues à celles qui caractérisent la flore actuelle, où la prédominance des phanérogames et particulièrement des dicotylédonés est si manifeste. Il en était tout le contraire dans les premiers âges; il fallait bien qu'il en fut ainsi, car les phanérogames se conservent plus facilement que les cryptogames, dont les tissus moins persistants et moins solides se décomposent avec plus de promptitude.

C. — *De la troisième époque de la troisième période.*

Cette époque embrasse l'ensemble des terrains nommés improprement molasse, et les formations sub-apennines. Elle réunit une longue série de dépôts marins et fluviatiles, et comprend par cela même un assez grand nombre de plantes marines et terrestres.

La végétation de cette époque, aussi nombreuse que variée, montre la tendance qu'elle a eu d'acquérir des proportions analogues à celle de la flore actuelle. Les dicotylédonés ont été pour lors en excès sur les autres classes, rapport qui avait commencé à se manifester à l'époque précédente, mais peut-être d'une manière moins sensible.

L'époque dont nous allons faire connaître la végétation, réunit les terrains connus en Angleterre sous les noms d'*old* et de *new-pliocène*. Elle embrasse un grand nombre de couches marines et fluviatiles, et doit par conséquent avoir eu une durée assez considérable. La variété des espèces végétales qu'elle contient, ne peut qu'avoir été assez grande. En effet, de toutes les flores de l'ancien monde, celles des terrains *pliocène* et *pleistocène* ont le plus d'analogies avec la végétation actuelle, dont le principal caractère est une grande diversité dans les espèces. Cette diversité anime le paysage et lui donne un aspect aussi piquant qu'agréable, tandis qu'à l'origine des choses, son uniformité devait lui imprimer un cachet particulier de tristesse et de monotonie.

La première classe de cette époque se rapporte aux cryptogames cellulaires aphylles ou agames. Cette classe comprend deux familles, les algues et les conferves. La première est composée de deux genres, les *Oscillatoria* et les *Fucus*, et la seconde d'un seul, les *Confervites*.

La seconde, ou les cryptogames cellulaires foliacées ou amphigames, n'a qu'une seule famille, les mousses, et deux genres particuliers : les *Muscites* et les *Bryum* ou du moins un type générique analogue à celui qui existe maintenant.

Cette classe complète la série végétale qui est ici la même que dans la nature actuelle, où elles sont au nombre de six

A ces cryptogames munies de feuilles, viennent se joindre des plantes plus compliquées puisqu'elles ne sont plus bornées à de simples cellules, et qu'elles ont de véritables vaisseaux, du moins pendant une partie de leur vie. Les cryptogames semi-vasculaires ou œthéogames, se composent de deux familles, c'est-à-dire, des fougères et des équisétacées.

Un seul genre appartient à la première de ces familles. Ce genre est celui des *Equisetum*, qui comprend plusieurs espèces. Il en est de même des fougères.

Les phanérogames ont été plus nombreuses à cette époque que les cryptogames, surtout les dicotylédonées, dont les proportions ont été à peu près les mêmes qu'à l'époque actuelle. La première classe de cet embranchement ou les monocotylédonés, est composée de six familles principales, savoir : des characées, des graminées, des alismacées, des asparaginées, des palmiers et des liliacées. Ces familles n'offrent qu'un petit nombre de genres. Ces genres ont du reste les plus grandes analogies avec ceux de notre flore.

Outre ces familles bien déterminées, les terrains de cette époque en renferment quelques autres sur lesquelles on n'est pas encore fixé. Ces végétaux incertains ont été reconnus par des tiges et des fruits que l'on a désignés sous les noms de culmites et de carpolithes. Les gymnospermes n'ont offert à cette époque qu'une seule famille ; mais elle était composée par plusieurs genres. On cite parmi les conifères de la même époque, les genres *Pinus*, *Taxites*, *Thuya*, *Juniperites*, *Podocarpus* et *Abies*.

Les dicotylédonés ont laissé des traces nombreuses de leur ancienne existence ; aussi les végétaux de cette classe présentent un grand nombre de familles. Il en est plusieurs autres dont la position n'est pas encore bien fixée. Nous signalerons la plupart de ces familles, en général composées par plusieurs genres comme ceux-ci par plusieurs espèces. La première de ces familles, ou les amentacées, en comprend un assez grand nombre. On peut, en effet, citer les *Quercus*, les *Carpinus*, les *Alnus*, les *Betula*, les *Populus*, les *Salix*, les *Ulmus*, les *Comptonia* et plusieurs genres sur la place desquels il règne encore de l'incertitude.

Les autres familles n'en offrent pas une aussi grande quantité, à l'exception des légumineuses ; celle-ci contient un nombre de genres à peu près égal à celui des amentacées. Ces familles se rapportent aux juglandées, aux euphorbiacées, aux onagraires, aux nymphéacées, aux malvacées, aux byttnériacées, aux acérinées, aux rosacées, aux solanées, aux myrsinées, aux jasminées, aux asclépiadées, aux polygonées, aux laurinées, aux thymélées, qui ont toutes des représentants dans la nature actuelle. Outre ces familles déterminées, il en est d'incertaines et sur la position desquelles il est difficile, vu l'état de leurs débris, de se former des idées précises.

Nous avons découvert dans les marnes calcaires d'eau douce d'Arnissan dans les environs de Narbonne, de très-grandes feuilles d'un arbre perdu et qui paraîtrait se rapporter à la famille des platanes. On a nommé cette espèce *Platanus hercules*, en raison de ses proportions colossales.

D. *De la quatrième époque de la troisième période.*

Cette époque embrasse l'ensemble des terrains déposés lorsque les mers étaient rentrées dans leurs limites actuelles. Ces terrains comprennent les dernières formations stratifiées qui existent sur le globe, ainsi que les blocs erratiques et le diluvium, dépôts les plus récents des temps géologiques. On n'observe plus à cette époque, de limons et de produits marins ; car la forme et la disposition des cailloux roulés si nombreux au milieu du diluvium, empêchent de le considérer comme le résultat d'une irruption marine.

Les Anglais ont donné à ces terrains le nom de *pleistocènes ;* ils les ont divisés avec raison en deux étages, l'*old* et le *new-pleistocène.* Les géologues français les ont désignés sous le nom de terrains quaternaires, sans y comprendre, comme l'a fait sans motifs suffisants M. Agassiz, les formations marines coquillières de la Sicile, qui appartiennent à l'étage supérieur des terrains sub-apennins.

Ce qui nous reste de la végétation de cette époque est peu considérable ; car on ne saurait en rencontrer le moindre vestige dans l'étage le plus récent de ces dépôts, entièrement composés de terrain de transport. On en découvre seulement des traces dans le groupe inférieur où ils sont ensevelis au milieu des couches quaternaires.

La plupart des débris de cette flore, la plus récente des temps géologiques, se borne à des empreintes. On ne doit donc pas juger du développement de la végétation de cette époque par le peu de débris qui nous en restent.

En effet, presque aucun débris organique de cette époque n'est pétrifié, circonstance que présentent seuls les restes des animaux composés en partie de portions solides et par conséquent susceptibles de se conserver. Tels sont les ossements des vertébrés et les coquilles, les tuyaux et les polypiers des invertébrés. Quant aux transformations des végétaux en matière calcaire ou siliceuse, elles n'ont pas eu lieu davantage à cette époque ; ces végétaux ne s'étant pas probablement trouvés sous de grandes masses d'eau propres à faciliter la conversion de la matière organique qui les composait, en une matière brute et inerte.

Aussi, les végétaux des terrains quaternaires paraissent s'être presque entièrement décomposés ; il en a été de même des restes des animaux, à l'exception de ceux qui ont été à l'abri des agents et des milieux extérieurs. Cette circonstance rend raison de la quantité d'ossements qui se trouve dans le *diluvium* entraîné dans les cavités souterraines, en comparaison de ceux qui ont été déposés sur le sol avec les mêmes limons et les mêmes cailloux roulés. Si ces derniers sont en petit nombre, cela tient à ce que, subissant l'action des agents extérieurs, ils n'ont pas pu se conserver comme ceux qui n'en éprouvaient pas l'influence.

La flore des terrains quaternaires est bornée à des plantes terrestres d'un seul embranchement, c'est à dire aux phanérogames, êtres les plus compliqués du règne végétal. Elle est donc uniquement composée des trois classes qui en font partie, des monocotylédonés, des gymnospermes et des dicotylédonés.

La première y est représentée par une famille assez rare parmi celles des temps géologiques, quoiqu'elle ait été trouvée dans plusieurs formations où elle a constamment offert

un petit nombre d'individus. Cette famille (les graminées), n'y est signalée que par un seul genre, celui des
roseaux (*Arundo*). Les naturalistes qui, comme M. Buckland,
supposent que tout a été fait en vue de l'homme, peuvent
voir dans la tardive apparition de cette famille, une confir-
mation de ce fait; car personne n'ignore que les plantes
qui en font partie, fournissent à l'homme les principaux
matériaux de son alimentation.

Les graminées sont la seule famille des monocotylédonés
sur laquelle il n'existe pas de doute, relativement à sa détermination. Les autres qui appartiennent à la même classe,
n'ont pas laissé de restes assez complets pour les rapporter avec quelque certitude à une famille connue.

Les gymnospermes uniquement représentés par les conifères, ont presque constamment persisté dans la flore de
l'ancien monde. Ils ne comprennent qu'un seul genre, celui
des Pins (*Pinus*), le plus persistant des temps géologiques.
Les pins y ont été reconnus par des troncs et des empreintes de feuilles et de fruits.

Enfin, les dicotylédonés y sont en excès sur les autres phanérogames, ainsi que dans la flore actuelle. Cette classe
comprend au moins sept familles : les laurinées, les jasminées, les convolvulacées, les apocynées, les ampélidées,
les ulmacées et les amentacées. Quelques empreintes parai-
traient en signaler d'autres, mais elles sont trop incomplètes pour être certain de leur détermination. Ces familles
n'offrent, du reste, qu'un petit nombre de genres et par
conséquent d'espèces. Si les familles et les genres de ces
terrains paraissent analogues à ceux qui composent la flore
actuelle, il n'en est pas de même des espèces que l'on peut
reconnaître.

Tel est l'aperçu de la végétation des temps géologiques,
à laquelle a succédé la flore actuelle. Cette végétation, de-

puis l'époque de son apparition, a tendu vers une plus grande
complication ; non pas pourtant sous le rapport des classes
et espèces inférieures, car les plus anciennes de cet ordre
ont acquis tout d'abord leur *summum* de perfectionnement.
Cette tendance a eu lieu seulement chez les classes supérieures ; celles-ci n'ont paru en effet que par degrés, et ne
sont arrivées que très-tard à des proportions analogues à
celles qui caractérisent notre végétation.

La classe la plus avancée du règne végétal n'a commencé
à prendre un développement marqué, que dans la plus récente des périodes géologiques, c'est-à-dire, lors des dépôts
crétacés supérieurs. C'est seulement lors des terrains tertiaires et quaternaires qu'elle a acquis tout son perfectionnement,

Sans doute, les dicotylédonés ont paru à la dernière époque de la seconde période, vers la fin des formations crétacées; mais ils n'ont jamais présenté la même importance que
celle qu'ils ont acquise dès les plus anciens dépôts tertiaires,
lors de la précipitation de l'argile plastique et du calcaire
grossier. Cette particularité mérite d'autant plus d'être signalée, que les deux dépôts appartiennent aux bassins immergés et ont été précipités dans ces mers anciennes. Les
dicotylédonés se rencontrent en quelque sorte à l'état nais-
sant dans les dépôts secondaires. On peut leur comparer
sous ce rapport, les quelques individus des mammifères didelphes de Stonesfield, ébauches imparfaites de la classe
la plus avancée du règne animal.

Les uns et les autres ont été les précurseurs d'organisations qui ne pouvaient se développer et prendre un certain
essor que sous des conditions différentes de celles qui ont
constamment régné pendant les premières et secondes périodes. Ainsi les organisations supérieures ont succédé aux
organismes les plus simples, et les êtres construits d'après

un type plus composé, ont couronné l'œuvre de la création,
à la tête de laquelle se place l'homme qui en est le degré
supérieur et le plus éminent.

Le perfectionnement a eu lieu chez les classes élevées ;
du moins, les moins avancées sont arrivées tout d'abord
à une complication que leurs analogues actuels n'ont jamais dépassée. Il ne faut donc pas chercher chez elles, des
traces du progrès vers lequel elles auraient tendu ; car loin
d'en découvrir chez les animaux ou chez les végétaux, les
anciennes espèces des classes inférieures se montrent aussi
développées et aussi avancées en organisation que celles du
monde dont nous sommes les témoins.

Il ne faut donc pas rejeter parmi les hypothèses douteuses et qui ne résistent pas à un examen rigoureux, celles
d'un progrès réel dans les organismes de l'ancien monde, à
moins qu'on veuille le trouver dans le type spécifique constamment immuable. Les divisions supérieures à l'espèce
ont seules subi un perfectionnement dans les diverses parties de l'organisme. Le progrès d'une classe à une autre
est d'autant plus sensible, qu'on porte son attention sur les
plus avancées en organisation. On dirait que la nature a eu
des efforts à faire pour les produire, car elle n'y est arrivée
que par une suite d'essais et de tâtonnements, tandis qu'elle
a créé tout d'un coup les végétaux et les animaux les plus
compliqués des classes inférieures.

Ce point de fait est plus évident chez les derniers, peut-
être, en raison de la variété de leurs tissus et de la plus
grande influence que leur font éprouver les milieux extérieurs. Les observations que nous allons soumettre à l'attention des physiciens sur l'apparition successive des animaux, mettront probablement ces faits en évidence.

Il serait du reste téméraire, dans l'état actuel de nos
connaissances sur les anciennes générations, d'admettre

d'une manière absolue qu'il y a eu un perfectionnement graduel dans l'organisation générale des êtres. Les exceptions, à cet égard, sont très-nombreuses et trop précises pour adopter une pareille conclusion. Ces exceptions se rapportent non seulement aux espèces, aux genres, aux familles, mais aux classes. En effet, certains genres, certaines familles, certaines classes ont constamment persisté sur la scène de l'ancien monde; tandis que d'autres ont paru seulement lors des dernières époques géologiques. Il en est même, et c'est le plus grand nombre, d'uniquement propres aux temps historiques. Les végétaux confirment dans leur appariton successive, la loi de complication, qui est la plus générale dans les anciennes créations. En effet, la végétation de l'ancien monde se divise naturellement en trois grandes périodes, que caractérisent des plantes particulières, différentes de celles qui les ont précédées comme de celles qui les ont suivies. Cette végétation a eu lieu d'une manière ascendante, en sorte que la flore des premiers âges a été composée de végétaux moins avancés en organisation que la flore la plus rapprochée des temps actuels.

Ainsi, la première période a vu apparaître des cryptogames de l'ordre des agames ou des œthéogames, les plantes les plus simples de l'organisme végétal. Quoiqu'elles soient arrivées dès leur apparition au *summum* de leur complication, elles n'en sont pas moins au plus bas degré de l'échelle.

Les différences qui ont existé entre cette flore et celle qui l'a suivie, ne se sont pas bornées à de légères modifications du type spécifique, mais elles ont porté sur des variations profondes dans les genres, les familles, les ordres et les classes. Ainsi, pendant cette période, les divisions du règne végétal qui se rapportent aux cryptogames cellulaires aphylles et aux œthéogames, ont essentiellement dominé.

surtout les familles des fougères et des lycopodiacées. Le
nombre considérable des espèces de la première de ces familles, le grand développement des végétaux de la seconde
et la forme arborescente des Lépidodendron, sont un des
caractères les plus saillants de cette époque

Cette végétation a été toutefois accompagnée par des
plantes de l'ordre des gymnospermes, mais appartenant à
des familles tout-à-fait anormales et qui diffèrent essentiellement des familles existantes de cet embranchement.
Ces singuliers végétaux ont cessé de vivre à la fin de cette
période; ils ont été remplacés par d'autres espèces plus
analogues aux gymnospermes actuels. Enfin, l'on n'observe
à cette époque aucune plante dicotylédone angiosperme, et
les monocotylédonés y sont tout au plus représentés par des
familles incertaines et que l'on ne rapporte à cet ordre
qu'avec le plus grand doute.

En un mot, la première flore qui a embelli la surface de
la terre s'est fait remarquer par la prédominance des cryptogames et œthéogames, à formes insolites et actuellement
détruites. Ces cryptogames se rapportent aux familles des
fougères, des lycopodiacées et des équisétacées.

La seconde période végétale a été caractérisée par le développement qu'ont acquis les végétaux gymnospermes pendant sa durée. Les gymnospermes de cette période n'ont
plus offert les formes anormales qui rendaient si incertaine
la classification des plantes du même ordre qui les avaient
précédés. Leurs dispositions et leur structure sont devenues
analogues à celles de nos espèces actuelles. Leurs caractères
les font rentrer dans des familles maintenant existantes;
seulement leurs formes génériques ne sont pas les mêmes
que celles que présentent les gymnospermes vivants.

Les cryptogames œthéogames de la seconde période ont
réuni de pareilles particularités, en même temps qu'on les

voit diminuer d'une manière sensible , en comparaison de ce qu'ils étaient lors des premiers âges. Pour compenser une pareille perte , deux familles des végétaux gymnospermes, les conifères et les cycadées, ont singulièrement augmenté , en individus et en espèces. Elles sont venues embellir une flore qu'avaient en quelque sorte désertée les fougères , les lycopodes et les prèles arborescentes.

Ces végétaux ont constitué par suite de leur développement et de leur ordre d'apparition , deux zones principales qui ont correspondu à deux âges et à des dépôts d'ordre différent. Ainsi, la première de ces zônes ou la plus ancienne, a vu les conifères singulièrement en excès sur les autres végétaux et particulièrement sur les cycadées encore fort rares. La seconde a offert cette dernière famille en grand nombre , et les cycadées qui l'ont embellie , se font remarquer par la variété et le nombre de leurs genres et de leurs espèces.

Les plantes angiospermes (c'est-à-dire dont les semences sont recouvertes ou entourées par un péricarpe plus ou moins complet et endurci), n'ont point animé la flore des premières époques de la seconde période; mais elles ont paru vers la fin, comme pour annoncer la transformation qui allait avoir lieu dans le monde végétal. Les classes qui en font partie , n'ont cependant présenté qu'un très-petit nombre d'espèces ; il en a été de même des monocotylédonés , qui généralement y ont été peu nombreux.

La troisième période végétale , ou la dernière des temps géologiques , a réuni les végétaux les plus compliqués et les plus variés. Elle a vu , pour la première fois , les dicotylédonés angiospermes dominer sur la scène du monde et arriver peu à peu à des proportions analogues à celles de la flore actuelle. Ainsi , les dicotylédonés à fruits pluriovulés composent maintenant à eux seuls à peu près les trois-quarts de la végétation de notre monde , et c'est à peu près à ce nombre que se rapportent ceux qui ont embelli la flore de la fin de dernière période tertiaire. Sans doute, ces végétaux, les plus compliqués de toute la série végétale, avaient bien signalé le commencement de cette période, mais ils n'y avaient pas encore acquis un grand développement. Ils étaient même bornés à cette époque à quelques régions particulières de l'Europe, comme à l'Allemagne et à la Suède, et manquaient entièrement à la France et à l'Angleterre.

L'époque crétacée est en quelque sorte une époque de transition entre les deux premières périodes et celle où ont été produites les formations tertiaires, les seuls dépôts des temps géologiques où ont dominé les végétaux angiospermes. Mais l'essor remarquable qu'ont pris pour lors ces végétaux, a été partagé par les conifères et les monocotylédonés. Leurs espèces ont même présenté de grandes analogies avec les plantes de notre flore, en même temps que les palmiers ont décoré de leur beau feuillage le sol des derniers dépôts des terrains tertiaires. Les palmiers ont même pour lors présenté un assez grand nombre d'individus et d'espèces particulières, totalement différentes de toutes celles qui avaient jusqu'alors existé.

Le développement que les conifères ont acquis à cette époque, a rapproché les genres de cette famille de ceux qui vivent maintenant dans les régions tempérées; mais les cycadées dont les espèces ne se trouvent plus aujourd'hui que dans les climats les plus chauds, ont tout-à-fait disparu de la flore de cette époque géologique.

L'époque tertiaire a donc vu pour la première fois les végétaux monocotylédonés et dicotylédonés dominer sur la scène de l'ancien monde. Leur abondance a été d'autant plus grande, que ces végétaux se rapportent aux derniers temps géologiques. Quant à la flore des terrains crétacés, qui a précédé celle des formations tertiaires, on peut la considérer comme une sorte de transition entre les formes des végétaux de la période secondaire et les dispositions des plantes de la période tertiaire.

En effet, les angiospermes y dépassent de beaucoup les gymnospermes, tandis qu'à l'époque crétacée, la flore se compose encore d'un grand nombre de cycadées et de conifères voisins des genres qui habitent aujourd'hui les régions tropicales. La première de ces familles paraît manquer complètement en Europe pendant l'époque tertiaire, et les conifères qui font partie de cette flore appartiennent à des genres des régions tempérées.

Du reste, la flore de cette dernière époque éprouve de notables modifications suivant les différents âges des dépôts qui en recèlent les débris. Ainsi les terrains *eocènes*, les plus anciens dépôts tertiaires, se font remarquer par la rareté des palmiers que l'on y découvre, palmiers qui y sont bornés à un petit nombre d'espèces. Les algues et les monocotylédonés des eaux salées, par suite de la grande étendue que les dépôts marins occupent à cette époque, y dominent au contraire d'une manière marquée.

L'époque qui lui a succédé a présenté au contraire un assez grand nombre de végétaux de cette famille, et cela dans la plupart des couches qui en font partie. On y voit également plusieurs formes végétales non européennes, particulièrement de la famille des apocynées. La flore des terrains *pliocènes*, plus jeune que celle des formations *miocènes* dont nous venons de parler, se distingue par la variété et le nombre des végétaux dicotylédonés. Les monocotylédonés en ont presque entièrement disparu, surtout ceux qui appartiennent à la famille des palmiers. Enfin, les formes des plantes de l'époque *pliocène*, ont les plus grandes analogies avec celles des végétaux des régions tempérées de l'Europe, de l'Amérique septentrionale et du Japon.

Cependant, malgré les analogies générales des formes des végétaux des terrains pliocènes et celles des plantes qui vivent maintenant dans les régions tempérées, aucune espèce fossile de ces terrains même les plus récents, ne paraît identique avec les végétaux qui croissent encore en Europe. Si dans quelques cas très-rares, il paraît exister de grandes analogies entre les plantes fossiles de cette époque et certaines espèces vivantes, c'est parmi les végétaux américains qu'on les découvre. La flore de l'Europe, même à l'époque géologique la plus récente, différait donc de la flore européenne actuelle. Ce fait qui résulte de l'examen des végétaux de cette époque, coïncide très-bien avec celui tiré de l'observation des animaux ; les deux règnes offrent en effet bien peu d'espèces communes entre les générations de l'ancien monde, et celles dont nous sommes les contemporains et les témoins.

DES DIVERS DEGRÉS DE L'ORGANISATION ANIMALE.

Observations générales.

Pour s'assurer si l'apparition des espèces animales a eu lieu en vertu d'une loi quelconque, il faut en étudier l'organisation, afin de reconnaître si ces espèces ont réellement suivi une voie progressive. Nous adopterons pour les animaux la marche que nous avons préférée dans l'examen des plantes de l'ancien monde.

Les animaux, comme les végétaux, se groupent en deux principaux embranchements.

Le plus simple réunit les espèces dont le système nerveux libre, n'est point enfermé dans une colonne osseuse particulière. Ce système, comme les autres organes, y est disséminé dans la masse du corps ; il s'efface par degrés au point que chez les animaux inférieurs il n'est plus discernable. On a donné aux animaux qui offrent ces dispositions générales, le nom d'invertébrés, en raison de ce qu'ils n'offrent pas de traces des vertèbres qui caractérisent les espèces supérieures.

Ces dernières en sont donc seules pourvues, et leur cerveau, ainsi que la moëlle épinière, y sont généralement contenus. Cette disposition de l'organisme a entraîné une foule d'autres perfectionnements dont le plus important a été un progrès manifeste dans les détails qui en font partie, et notamment dans les sens supérieurs.

Cet aperçu suffit pour faire saisir que les vertébrés atteignent seuls le *summum* de la complication de l'organisation.

Le règne animal se divise naturellement en deux séries ou deux embranchements : les invertébrés ou les plus simples ; les vertébrés ou les plus compliqués.

Examinons ces deux séries et voyons si les espèces animales ont tendu, dans leur apparition successive, vers une organisation plus avancée. Nous nous assurerons par là, si l'ensemble du règne animal de l'ancien monde, ou du nouveau, constitue une série continue des êtres les plus simples aux êtres les plus compliqués, ou si au contraire cette série se montre interrompue par des démarcations plus ou moins tranchées.

Les faits nous disent que la gradation d'un ordre à un autre, ou d'une famille à une autre famille, s'opère tantôt sur une partie, tantôt sur une autre, en sorte que telle espèce est plus perfectionnée sous un point de vue, et l'est moins, si on l'envisage sous le rapport d'un organe différent. Ainsi les espèces vivantes n'ont jamais, à aucune phase de la terre, passé les unes dans les autres ; on n'a jamais vu non plus les monades se transformer en insectes ou en mollusques, et ceux-ci arriver par degrés aux poissons, et encore moins aux animaux plus avancés en organisation.

Il existe toutefois une série et une certaine gradation dans l'échelle animale ; mais cetté série, loin d'être continue est souvent interrompue et manque des degrés qui pourraient la rendre complète. Voyons ce que l'observation nous apprend sur un des points les plus délicats de l'histoire des êtres qui tour à tour ont habité la surface du globe et en ont disparu à jamais pour céder la place à des générations nouvelles, enfin à la création dont nous sommes les contemporains et les témoins.

A. *Des animaux invertébrés*

Ces animaux, étudiés des plus simples aux plus composés, peuvent être compris sous cinq classes principales :

La première comprend les monadés, qui se divisent en deux ordres, 1.º les simples ou homogènes ; 2.º les composés ou hétérogènes.

La seconde réunit les animaux qui, en raison de la forme étoilée qu'affecte leur système nerveux, ont reçu le nom de rayonnés. Cette classe offre deux ordres : les rayonnés proprement dits, qui comprennent tous les polypes ; 2.º les radiaires composés des échinodermes et des oursins.

La troisième classe, celle des elminthes embrasse les vers intestinaux, parenchymateux ou cavitaires, c'est-à-dire ceux qui demeurent constamment dans le corps des autres animaux.

La quatrième classe ou les articulés, comprend les animaux dont le corps est formé par des anneaux mobiles disposés à la suite les uns des autres. Ils se divisent : 1.º en annélides ou vers à sang rouge ; 2.º en crustacés ; 3.º en arachnides ; 4.º en insectes.

Cette classe prouve à elle seule, qu'il n'existe pas de série continue dans l'échelle animale ; car on ne voit pas la moindre gradation des annélides aux crustacés, pas plus qu'il n'y en a de ceux-ci aux arachnides et aux insectes.

Les derniers ordres, plus perfectionnés sous le rapport de leur système nerveux, de leurs sens, de leur appareil de locomotion et par suite de leur instinct, le sont moins sous celui de leurs autres organes que les crutacés, et même que certains annélides. Cependant, l'importance du développement du système nerveux les place avant eux dans l'échelle des êtres ; peut-être devraient-ils être rangés avant les mollusques, si certaines espèces pourvues d'une tête, n'arrivaient quelquefois jusqu'à un *summum* de complication analogue à celui des vertébrés supérieurs. Ainsi, les insectes et même les arachnides, évidemment plus perfectionnés que les huîtres et la plupart des mollusques acéphales, le sont moins cependant que les céphalopodes. Ces derniers, pourvus de tête et de sens comme les insectes, et plus avancés sous le rapport de leur organisation en général, ne sont ni moins agiles, ni moins industrieux.

Il résulte de ces faits, qu'il y a souvent autant de différence entre les animaux d'une même classe qu'il y en a entre les espèces de classes différentes. La difficulté que l'on éprouve pour distribuer d'une manière naturelle, les animaux en série linéaire, prouve qu'il n'existe pas de gradation marquée entre les classes des deux grandes coupes du règne animal, les invertébrés et les vertébrés.

Nous sommes entré dans ces détails, afin de faire apprécier les motifs qui nous ont guidé dans le système de classification que nous avons adopté, et dont nous sommes loin de nous dissimuler les imperfections.

La cinquième classe est consacrée aux mollusques, revêtus généralement d'une peau molle dans laquelle sont logés leurs organes. Ces invertébrés se divisent ; 1.° En acéphales ; 2.° en céphalés. Les mollusques ont ou n'ont pas de tête. Cette particularité suffit pour faire juger quels progrès ont pu avoir lieu d'un ordre à un autre. Ainsi, entre

certains acéphales et les céphalopodes pourvus d'une véritable tête, et que l'on voit arriver jusqu'à un *summum* de
complication analogue à celui des animaux vertébrés inférieurs, la distance est immense. Cependant ils appartiennent à la même classe et sont les uns et les autres des mollusques, mais dont le perfectionnement a été différent,
puisqu'ils sont aux extrêmes dans un même système d'organisation.

Les mollusques les plus simples ou les acéphales se divisent, 1.º en acéphales nus ou agrégés ; 2." en acéphales
conchifères ou simples. Les céphalés, comprennent huit
ordres, dont les cirrhopodes sont les plus simples et les
céphalopodes les plus compliqués.

Ces divisions sont peut-être les plus naturelles que l'on
puisse adopter ; mais pour nous en assurer, il est essentiel d'entrer dans quelques détails sur leur organisation.

Les animaux considérés en général, offrent plusieurs
sortes d'organes, du moins les espèces un peu perfectionnées ; il en est peu de réduits à un simple tissu cellulaire.
Les monadés homogènes en sont peut-être l'unique exemple. La substance ponctiforme primitive dont ils sont composés, n'est point encore assez organisée pour y faire apparaître le moindre système d'organes distincts, soit nerveux
soit de tout autre genre.

On peut considérer la substance cellulaire et gélatineuse
qui compose ces animaux, comme la matière nerveuse du
plus bas degré, de laquelle ne se sont point séparés les autres organes qui entrent dans la composition des animaux
plus compliqués.

Les monadés homogènes, le premier degré de l'animalité, se rencontrent à la fois dans les terrains les plus anciens et dans le monde actuel, où leur nombre est réellement prodigieux. Nous avons également aperçu ces infini-

ment petits au milieu des sels gemmes des terrains secondaires. M. Ehrenberg en a découvert des quantités innombrables dans les terrains de craie, où ils sont accompagnés
par des coquilles microscopiques dont le nombre n'est pas
moins considérable.

Le second ordre des monadés, les hétérogènes ou composés, est plus compliqué que le premier, ainsi que leur
nom l'indique. On y observe, en effet, des traces de l'appareil nerveux. Avec lui, apparaissent des organes locomoteurs
et un tube digestif assez perfectionné. Ces animaux ont une
bouche simple ou multiple, un estomac, des intestins et un
anus. Il y a plus, chez quelques espèces, comme les hyda-
tines, par exemple, on observe des lamelles internes analogues à des branchies et qui probablement en remplissent
les fonctions.

On a cru y avoir aperçu quelques traces incertaines de
l'appareil circulatoire, ce qui ne serait pas extraordinaire,
d'après la présence dans ces animaux d'une sorte d'appareil
respiratoire. Si cet appareil y existe réellement, il doit être
lié d'une manière quelconque à un organe de circulation.
Il n'est pas nécessaire, pour cela, d'admettre que l'organisation des infusoires est aussi complète que celle des animaux supérieurs ; car il faudrait prétendre en même temps
que les invertébrés, dont les monadés commencent la
série, sont aussi compliqués que les vertébrés, ce qu'aucun fait ne rend vraisemblable.

Les monadés les plus composés paraissent avoir un appareil digestif assez perfectionné. Il présenterait, en effet, des
vésicules destinées à renfermer les aliments. Ces vésicules,
indépendantes les unes des autres, ne paraîtraient pas com-
muniquer entr'elles ni avec l'intestin, sauf le cas où elles
se soudent mutuellement Tel est cet appareil qui, d'après
ce simple aperçu, est loin de pouvoir être assimilé à un sys-

tème viscéral complet. Aussi John, Dujardin et Peltier pensent que les monadés les plus perfectionnés sont ce qu'ils doivent être dans la série animale

A partir des monadés composés, l'appareil nerveux commence à apparaître. Le système médullaire, dont l'influence est si grande sur tous les autres, se complique de plus en plus et se met en harmonie avec les autres organes. Le perfectionnement du système nerveux semble avoir suivi, dans sa marche ascensionnelle, quatre principaux degrés, ou avoir parcouru en quelque sorte quatre phases chez les animaux invertébrés.

Le premier degré, le moins compliqué, est celui où la moëlle nerveuse disséminée dans la masse générale du corps, n'en est nullement distincte. On peut comprendre dans cette catégorie, les monadés simples ou homogènes et les elminthes de l'ordre des dragonneaux.

Le second comprend les invertébrés qui, comme les monadés composés et les rayonnés, n'ont qu'une seule chaine ganglionnaire distribuant des filets nerveux plus ou moins distincts aux différentes parties, et particulièrement aux organes digestifs. La portion ganglionnaire qui fournit des nerfs aux viscères, est en quelque sorte analogue au grand sympathique des animaux supérieurs. Plus les ganglions de cette chaine sont nombreux, et moins l'organisation des animaux est avancée : la centralisation du système nerveux ne s'étant point encore opérée.

Un certain nombre d'elminthes offrent des traces du système ganglionnaire. Cet appareil nerveux y est principalement développé du côté ventral, vers le point destiné à l'exercice des fonctions les plus décidemment végétatives. Envisagés sous le rapport de leur système médullaire, les elminthes sont en quelque sorte les embryons permanents des articulés supérieurs.

Ces derniers rentrent dans le troisième degré de complication. La chaîne ganglionnaire paraît, chez les articulés, plus décidément double. Le système cérébral y prend un développement d'autant plus marqué sur le viscéral ou l'analogue du grand sympathique, que l'instinct est plus développé, les mouvements plus agiles et plus variés, enfin les organes des sens plus perfectionnés. C'est ce que l'on observe particulièrement chez les insectes, où le système cérébro-spinal prend une importance marquée sur le viscéral ou abdominal, en même temps que certains organes des sens, surtout celui de la vue, prennent un développement qu'on ne leur avait pas vu atteindre jusqu'alors.

La masse cérébrale et la moëlle nerveuse acquièrent, dans le quatrième degré, une prépondérance marquée sur le système ganglionnaire, par l'entremise des commissures, ou autrement. Ce progrès a lieu chez les mollusques, principalement dans les ordres supérieurs. Il en amène une foule d'autres, quoiqu'il ne s'opère d'une manière complète que chez les vertébrés.

Le système osseux destiné à envelopper l'encéphale et la moëlle nerveuse, ainsi qu'à leur servir d'abri et de protecteur, n'a été nécessaire que lorsque l'appareil nerveux est parvenu à une centralisation assez grande pour être isolé des autres organes. Cette circonstance ne s'est manifestée d'une manière marquée que chez les vertébrés. On voit cependant chez les plus perfectionnés des invertébrés, les céphalopodes, une sorte d'ébauche de boîte cranienne. Elle revêt seulement en partie l'encéphale, sans se continuer comme celle des vertébrés, par une colonne osseuse destinée à servir d'enveloppe et d'appui à la moëlle nerveuse.

Si l'on étudie sous le même point de vue les organes des sens supérieurs, on ne voit cette centralisation se manifester par des organes localisés, que chez les invertébrés, dont la masse cérébrale a acquis une prépondérance marquée sur la moëlle nerveuse. Les insectes présentent une pareille disposition ; il en est du moins ainsi de l'organe de la vue, très-développé et dont les nerfs optiques ont une importance plus grande que les autres nerfs des organes sensoriaux.

Le même effet a lieu pour les appareils de l'ouïe et de l'odorat chez les crustacés. Les nerfs olfactifs et auditifs, à peu près inconnus chez les insectes, prennent au contraire chez les premiers un certain développement. Enfin les trois sens deviennent simultanément compliqués chez les mollusques supérieurs ou les céphalopodes, à tel point que ces animaux ont sous ce rapport quelques analogies avec les vertébrés. On observe également dans l'ensemble de l'organisme de ces animaux, certains perfectionnements analogues à ceux que présentent les genres inférieurs ou les moins compliqués des vertébrés.

L'appareil respiratoire des animaux invertébrés offre quatre principaux degrés de complication. L'ordre le plus inférieur n'en a pas la moindre trace ; tels sont les monadés simples et les elminthés, qui respirent par toute la surface de leur corps. L'organe cutané, au moyen des cellules nombreuses dont il est composé, soutire l'air des milieux extérieurs. Quant aux monadés composés, on croit y avoir aperçu quelques ébauches d'organe respiratoire, en même temps qu'un vestige de l'appareil de la circulation.

Les animaux rayonnés, qui composent le second degré de complication du système respiratoire, reçoivent l'air au moyen de leurs branchies ou des poches vésiculaires dont ils sont munis. Ces poches communiquent immédiatement avec ce fluide et le tube alimentaire. On peut comprendre dans la même catégorie, les annélides tubicolés ou marins, ainsi que les annélides abranches , particulièrement les sangsues. Ces annélides ont aussi des poches vésiculaires ou des branchies ; seulement, leurs formes diffèrent de celles des organes branchiaux des animaux rayonnés ; mais au fond , leurs fonctions sont les mêmes.

La plupart des animaux articulés respirent par un seul , ou par deux ordres de trachées : les pulmonaires et les arté- rielles. Ces trachées chargées de distribuer l'air dans toutes les parties du corps, peuvent être considérées comme le troisième degré de complication de l'appareil respiratoire. Au moyen de ce double système de trachées , les insectes et les arachnides ont une sorte de circulation d'air qui en vivifie tous les organes.

L'air soutiré à l'atmosphère par les trachées pulmonaires , est porté dans des espèces de vésicules ou poches pneuma- tiques d'où le prennent les trachées artérielles , au moyen de leurs nombreuses ramifications. Celles-ci le répandent dans toutes les parties du corps. C'est à ce degré supérieur qu'appartiennent plusieurs arachnides , qui respirent à la fois par des trachées et des sacs pulmonaires , sorte d'or- ganes circonscrits dont les insectes ne nous offrent pas d'exemples. Les Dystères et les Ségestries , les principaux genres de cet ordre d'invertébrés, ont donc des stigmates. Les uns communiquent à des trachées , et les autres à des espèces de sacs pulmonaires ou à des poumons.

Le quatrième degré comprend les animaux invertébrés où les organes respiratoires circonscrits et limités sont formés par des branchies ou des poumons. Ce cas , le plus élevé parmi les progrès qui s'opèrent chez les organes res- piratoires des invertébrés , se fait remarquer chez plusieurs arachnides et crustacés. Il est surtout particulier aux mollusques , principalement aux céphalés. Il acquiert le maximum de complication qu'on lui voit prendre, chez les céphalopodes, êtres les plus perfectionnés de toute la série des animaux sans vertèbres.

La respiration qui s'opère au moyen de branchies, indique que les animaux pourvus de pareils organes doivent avoir des mœurs et des habitudes aquatiques. Les branchies ne pourraient servir à des espèces terrestres, à moins que la nature n'eût, par des moyens particuliers, empêché ces organes de se dessécher lorsqu'ils sont en contact avec l'air. Ce cas exceptionnel se présente rarement; on ne l'observe que chez un petit nombre de crustacés.

Les poumons signalent toujours une respiration aérienne; aussi les animaux chez lesquels ces organes se trouvent, respirent l'air en nature et d'une manière immédiate. Quant aux trachées et aux cellules, les unes et les autres servent aussi bien à la respiration aérienne qu'au mode de respiration qui soutire l'air en dissolution dans l'eau. Ces organes, dont l'un est de la plus grande simplicité, remplissent, selon que les êtres où ils se rencontrent sont plongés dans l'air ou dans l'eau, des fonctions analogues aux poumons ou aux branchies.

On peut comprendre dans quatre degrés différents les divers perfectionnements que subissent chez les animaux invertébrés, les organes de la reproduction, sur lesquels reposent en définitive, la durée et la perpétuité des espèces. Le degré inférieur est celui où, comme chez les monadés homogènes et certains vers instestinaux, tels que les cystiformes, ces animaux produisent au dehors de leur corps des globules qui deviennent bientôt des êtres semblables à ceux dont ils sont provenus. Il en est de même de ceux qui se perpétuent par une sorte de scission ou par de simples germes, par suite d'une surabondance de matière organisée.

Il existe du reste chez les animaux inférieurs comme chez les supérieurs, une relation sensible entreles organes de la nutrition et ceux de la reproduction. L'excès d'alimentation, chez les uns comme chez les autres, est toujours favorable à la production de l'espèce. Lorsque les monadés les plus simples sont gorgés de nourriture, ils expulsent au-dehors une infinité de corpuscules qui deviennent bientôt de nouveaux individus semblables à ceux dont ils proviennent.

Lorsque ces monadés ne reçoivent pas une quantité suffisante d'aliments, ils restent pour ainsi dire stériles; du moins il ne s'en sépare plus de corpuscules propres à assurer la perpétuité de l'espèce. Il en est d'eux comme des enfants et des vieillards, chez lesquels la stérilité dépend jusqu'à un certain point de la manière dont la nutrition s'y accomplit. Il est remarquable de retrouver des analogies, sous ce point de vue, entre l'être supérieur et les animaux les plus bas placés dans la série.

On voit peu de traces d'organes de reproduction chez les monadés même les plus compliqués. Tout au plus chez les rotifères, ainsi que chez quelques rayonnés comme les lithophytes, distingue-t-on une sorte d'organe femelle. On ne peut pas cependant y reconnaître la moindre ébauche d'organes mâles ou reproducteurs. Les appareils de la reproduction sont si simples chez les *Alcyonium*, que l'estomac y tient lieu de matrice et de vagin.

Les méduses qui font partie du groupe des rayonnés, offrent cependant un système reproducteur composé d'organes distincts et séparés. On y voit jusqu'à quatre ovaires, et un sac ovifère dans lequel les œufs opèrent leur développement et leurs métamorphoses. Mais ces organes femelles n'y sont point accompagnés par des appareils générateurs mâles; du moins, on ne voit rien que l'on puisse supposer en tenir lieu.

Le troisième degré de complication des organes de la reproduction, est celui où les sexes différents sont réunis sur le même individu , en sorte que ceux-ci peuvent se féconder eux-mêmes. Cette particularité constitue l'hermaphrodisme complet; elle paraît avoir été nécessaire chez les espèces qui , par leur genre de vie, ne pouvaient aller chercher un autre individu pour se reproduire ; ils devaient dèslors avoir en eux les moyens propres d'assurer la perpétuité de leurs races. Ainsi, l'huître constamment fixée sur le rocher qui l'a vue naître , est hermaphrodite et se féconde elle-même (1).

Tels sont , parmi les elminthés, les cestoïdes et les trématoïdes , qui ont aussi des organes mâles et femelles réunis sur le même individu. Un grand nombre de mollusques de divers ordres, soit des acéphales , soit des nudibranches, soit enfin des cyclobranches , sont dans le même cas.

Quoique certaines espèces aient les deux sortes d'appareils réunis sur le même individu, comme on l'observe chez les gastéropodes, elles ont besoin cependant d'un accouplement réciproque pour se reproduire. Chacun remplit à la fois avec l'individu auquel il se réunit, le rôle de mâle et de femelle. Cette circonstance à peu près générale chez les annélides, est évidemment moins parfaite que celle où les sexes sont répartis sur deux individus différents.

La nature n'est arrivée au degré le plus élevé de ce genre de progrès que par de nombreux essais ; ce n'est qu'après bien des tâtonnements qu'elle a produit les deux sexes complètement distincts et séparés. Le premier exemple de ce mode de reproduction nous est fourni dans la série ascendante par les elminthés cavitaires ou vers intestinaux, qui vivent dans l'intérieur du corps d'autres animaux On le revoit plus tard, chez des classes plus élevées dans la série

---

(1) Des observations récentes ont toutefois contesté ces faits. Elles ont cependant besoin d'être refaites avec soin , pour être admises.

animale. On peut citer comme exemple de ce genre de progrès, les insectes, les arachnides et les crustacés, qui ont tous des sexes distincts et séparés.

Plusieurs mollusques de divers ordres, particulièrement les pectinibranches, les céphalopodes, et même quelques acéphales offrent aussi les sexes placés sur des individus différents. Certains n'ont que des organes mâles et d'autres des organes femelles. On ne voit pas cependant que ces individus se réunissent et s'accouplent. La fécondation semble s'opérer chez les mollusques qui appartiennent à des espèces aquatiques par un simple arrosement, comme chez le plus grand nombre des poissons.

Telle est la marche que les organes reproducteurs ont suivie dans leurs progrès successifs. Ce que nous avons fait observer des mollusques, suffit pour juger par quels perfectionnnements ces animaux auraient dû passer pour arriver au dernier terme de complication que les vertébrés supérieurs ont atteint. Lorsqu'on envisage d'une manière générale l'organisation des invertébrés et en particulier celle des classes inférieures, et qu'on les compare aux classes les plus élevées, il est facile de reconnaître :

1.° Que la complication des appareils qui forment les principaux systèmes de l'organisme, ne marche pas d'une manière parallèle et simultanée, les uns avec les autres ;

2.° Que tel organe se perfectionne plutôt que tel autre, et presque jamais d'un seul coup, mais d'une manière graduée et successive ;

3.° Que la classe la moins élevée des invertébrés peut être considérée comme un centre duquel émanent plusieurs séries divergentes, plus ou moins compliquées et se perfectionnant de plus en plus ;

4.° Qu'à mesure que l'on s'éloigne de ce centre, l'organisation se complique et s'achève peu à peu afin , d'être en harmonie avec les nouvelles conditions d'existence.

Les animaux ont du reste atteint le *summum* de la perfection , sans qu'il y ait eu pour cela un passage d'une espèce à une autre. Rien n'annonce , ni dans les organisations passées , ni dans les organisations présentes , de pareilles transformations , ni de métamorphose complète d'un être d'une organisation simple à un plus composé.

Les monadés homogènes ne deviennent jamais des monadés composés , et les uns et les autres restent ce qu'ils ont été depuis l'origine des choses. Les autres invertébrés ne passent pas davantage par des nuances insensibles , pour devenir de plus en plus compliqués et se rapprocher des classes supérieures. On ne voit pas enfin les mollusques devenir poissons , pas plus que les insectes acquérir par degrés les formes des reptiles , et les oiseaux prendre celle des mammifères. Toutefois certaines espèces , par suite de leurs métamorphoses , passent d'une disposition à une autre; mais ces cas exceptionnels dont les grenouilles nous présentent des exemples , sont réglées d'avance et sont des modifications que ces reptiles , d'abord poissons , doivent subir par suite des desseins de la nature.

Ces métamorphoses si nombreuses chez les invertébrés et si rares chez les vertébrés , sont uniquement destinées à faire arriver l'espèce qui les éprouve , à un plus grand degré de complication et à son état normal. Il y a loin de ces états divers , à ces transformations successives qui déplaceraient les conditions d'existence et changeraient le plan de la création. Les premières modifications qui se renouvellent constamment chez les êtres où elles doivent avoir lieu , prouvent par leur fixité qu'elles ne vont pas au-delà , et qu'elles ne sont pas assez puissantes pour faire d'une monade un animal vertébré , même des classes inférieures.

Si de pareils passages avaient pu s'effectuer, on en trouverait des traces dans les anciennes générations. On rencontrerait également, parmi les espèces actuelles, des individus intermédiaires entre telle ou telle classe, ou du moins entre telle ou telle famille ou tel et tel genre. Rien de semblable n'a été cependant observé à aucune des phases de la terre ; en effet, les nouvelles générations ne nous en fournissent pas le moindre exemple. Il est donc naturel d'en conclure que de pareils passages ne sont pas possibles, ou du moins qu'il n'existe aucun fait positif, duquel on puisse induire qu'ils aient jamais eu lieu.

B. *Des animaux vertébrés.*

Nous venons de suivre pas à pas les divers degrés de perfectionnement qui se sont succédé chez les invertébrés, à mesure qu'ils apparaissaient à la surface du globe. Les faits nous ont prouvé, que plusieurs ordres de ces animaux les plus simples des deux grands embranchements, étaient arrivés sur la scène de l'ancien monde, avec un degré de complication dans leur organisation, tout au moins égal à celui que présentent leurs analogues actuels.

Les invertébrés n'ont donc pas suivi dans leur apparition une marche constamment progressive ; car ils n'ont pas commencé par les monadés ou les infusoires, les plus simples des invertébrés, pour s'élever par degrés jusqu'aux céphalopodes, les plus perfectionnés des mollusques. Ceux-ci ont paru, au contraire, les premiers sur la scène de la vie et ont animé la population peu nombreuse et peu perfectionnée des anciens âges.

Ainsi, malgré la distance qui sépare les zoophytes des mollusques céphalopodes sous le rapport de la complication de leur organisation, ces deux ordres d'invertébrés ont paru ensemble, et ont présenté tout d'abord, le *summum* de leur perfectionnement.

S'il existe une assez grande distance entre les invertébrés les plus simples et les plus perfectionnés, elle est encore plus considérable entre ces derniers et ces moins avancés des vertébrés. Aussi, ceux-ci ont été uniquement représentés pendant toute la période de transition par une seule classe, celle des poissons, la plus simple des vertébrés. C'est en effet seulement à l'époque houillère, que les reptiles ont eu quelques représentants; leurs débris alors fort rares, ne sont pas sous le rapport de leur détermination, sans quelques incertitudes.

Le genre de sauriens aperçu dans les formations carbonifères de l'Angleterre par M. Dechen et qui est intermédiaire entre les crocodiles et les lézards, est peut-être la seule espèce de reptiles de ces terrains. Ces animaux et particulièrement ceux de l'ordre des sauriens, ne deviennent nombreux qu'à partir des dépôts pénéens, et ne prennent leur plus grand développement que lors des formations jurassiques.

Nous avons vu les divers degrés de perfectionnement que présente l'organisation des invertébrés, étudiée dans ses divers ordres; il ne nous reste plus qu'à nous assurer s'il en est de même des vertébrés.

Les animaux supérieurs ou les vertébrés, étudiés des plus simples aux composés, se divisent naturellement en quatre grandes classes. Les espèces qui en font partie, se distinguent aussi facilement les unes des autres par leurs formes extérieures que par l'ensemble de leur organisation. Ces classes sont celles des poissons, des reptiles, des oiseaux et des mammifères, en procédant du simple au composé, loi suivie par la nature dans la production des anciennes générations qui ont précédé les générations actuelles.

1.º DE L'ORGANISATION DES POISSONS.

La classe la moins compliquée des vertébrés est celle des poissons ; elle a aussi le plus d'analogie avec les invertébrés. Ainsi les poissons ont bien tous un squelette, mais il n'est pas constamment osseux ; un grand nombre le présentent purement cartilagineux et inarticulé. Les vertèbres, chez les poissons cartilagineux, y sont à peine distinctes, souvent même on n'y observe pas d'appendices latéraux. Par suite de cette infériorité, la portion cranienne, si développée chez les animaux supérieurs, n'est encore qu'une simple boite sans articulation, analogue à celle des céphalopodes les plus perfectionnés.

Le squelette des poissons osseux, déjà plus avancé, offre des articulations distinctes. On n'en voit point de traces chez les espèces à squelette cartilagineux. La boite cranienne y est également mieux dessinée et plus distincte. On la voit même percée de trous propres à la sortie des nerfs destinés aux sens. Le tronc est enfin muni de membres impairs et de plusieurs pairs, qui affectent spécialement la forme de nageoires.

Les organes locomoteurs sont à peine distincts ou même n'existent pas du tout chez les poissons les plus inférieurs, tels que les cyclostomes et les suceurs ; mais ces organes se développent et se compliquent de plus en plus sous la forme de nageoires chez les ordres les plus élevés. Ils s'allongent quelquefois, au point de permettre aux poissons de se soutenir au moins quelques instants dans les airs.

Cette diversité dans la forme du squelette et le développement des organes locomoteurs, en prépare et en annonce de non moins considérables dans le système nerveux. Il est peu perfectionué chez les ordres inférieurs ; aussi la moëlle épinière y est-elle soixante fois plus volumineuse que le cerveau. Cet organe , dont le perfectionnement entraîne d'une manière nécessaire celui des organes des sens , loin d'être prédominant sur la masse nerveuse , est formé par une série de ganglions accouplés les uns à la suite des autres.

Le cerveau n'est donc pas encore centralisé ; la masse cérébrale ne se localise et ne devient prépondérante que chez les ordres supérieurs. Le cervelet, quoique distinct, reste constamment imparfait. Réduit à sa partie médiane , il est généralement dépourvu des commissures analogues à celles du pont de Varoles. Le grand sympathique encore peu développé , se termine sur la paire nerveuse qui entoure le canal alimentaire, rappelant ainsi le collier encéphalique des animaux inférieurs.

Tel est le plus grand perfectionnement qu'acquiert le système nerveux des poissons. La simplicité de cet appareil dont l'influence est si grande sur l'organisation , et le peu de complication qu'il présente chez les plus perfectionnés, annonce la faiblesse de l'instinct , et l'on peut dire même la stupidité de ces animaux. Aussi sont-ils parmi les vertébrés , les moins avancés sous le rapport de leur capacité instinctive.

Leurs sens ne peuvent être , par cela même , que peu perfectionnés. Le tact qui s'exerce souvent sans organe spécial et par toutes les parties extérieures, n'a une certaine délicatesse que chez les espèces dont la peau est nue et muqueuse. Il ne peut être que très-imparfait chez les poissons dont la peau est recouverte par des écailles dures et résistantes. Ce sens ne paraît s'exercer , ici, qu'au moyen des lèvres ou des barbillons plus ou moins étendus dont ces espèces sont pourvues.

Le sens du goût, généralement obtus, n'existe pas chez les poissons qui n'ont point de langue ni d'organe analogue ; elle est chez eux osseuse , immobile ou couverte de parties dures que l'on pourrait comparer aux dents, ce qui la rend peu propre à l'exercice de cette sensation.

La vue, quoique distincte chez cet ordre d'animaux, éprouve de nombreuses variations dans le volume, la forme et la situation des organes qui en sont le siége. Par suite du milieu que les poissons habitent, leurs yeux offrent généralement une cornée très-aplatie, l'humeur aqueuse peu abondante et le cristallin globuleux et dur.

L'ouïe dont jouissent la plupart des animaux inférieurs s'y exerce par des organes peu distincts; il règne les plus grandes incertitudes sur leur place et leur position chez les animaux invertébrés. L'appareil auditif ne se perfectionne et ne prend un certain développement que chez les poissons les plus avancés sous le rapport de leur organisation. Chez ceux-ci, outre le sac membraneux des cyclostomes, il existe trois canaux semi-circulaires et un labyrinthe qui contient assez constamment un ou plusieurs corps pierreux flottant constamment au milieu d'une matière gélatineuse. On n'y voit pas de traces de la trompe d'Eustache, ni osselet ni fenêtre ronde. Les sélaciens seuls ont une fenêtre ovale. Aussi, sous le rapport de leurs organes de la vue et de l'ouïe, les poissons ont de grandes analogies avec les invertébrés les plus perfectionnés, les céphalopodes.

L'organe de l'odorat des poissons, très-simple chez les ordres inférieurs, ne se complique que chez les plus élevés. Il y est formé par deux petites fosses qui varient par leurs formes et leurs dimensions. Ces fosses sont situées à l'extrémité du museau. Ce dernier organe s'étend parfois au point de devenir semblable au nez des animaux supérieurs, ce que l'on observe chez les Chimères.

L'appareil de l'absorption alimentaire éprouve chez les divers ordres des poissons, de nombreuses modifications. Il est d'autant plus compliqué qu'on l'observe chez les espèces supérieures. Constamment court et droit, il égale à peine la longueur du corps. Ainsi, chez les espèces qui ont besoin d'une grande quantité de nourriture, l'intestin est garni de lames en spirale, destinées à prolonger le séjour des aliments, afin d'en séparer de la manière la plus complète, la partie nutritive. De même, quoique l'intestin soit le plus généralement simple, il est parfois partagé en plusieurs compartiments. Il paraît en quelque sorte double par l'effet de cette division, ce qui est surtout sensible chez les squales, les véritables tigres des mers.

On observe assez souvent dans le voisinage du pylore, de nombreux cœcums analogues à ceux des insectes et des mollusques. Lorsque ces organes n'existent pas, ils sont remplacés par des membranes plissées en spirale, qui produisent des effets analogues aux cœcums. A l'aide de ces moyens, la nature supplée à ce que des intestins courts auraient pu avoir d'imparfait pour des espèces qui exigent une nourriture abondante et substantielle.

Considérés sous le rapport de leurs organes respiratoires, les poissons constituent la première tribu des animaux vertébrés. Eux seuls respirent à toutes les époques de leur vie par des branchies, à l'aide desquelles ces animaux soutirent la portion d'air en dissolution dans l'eau. Ils sont donc parmi les vertébrés, les animaux aquatiques par excellence ; aussi leurs organes de respiration ont été appropriés à cette condition impérieuse de leur existence.

Les organes de l'absorption aérienne suivent, chez les poissons, différents degrés de perfectionnement, analogues à ceux qu'éprouvent les autres organes, dont les premiers suivent les progrès. Ces animaux respirent principalement au moyen de l'air en dissolution dans l'eau. Ils l'en séparent à l'aide d'appareils particuliers, nommés branchies. Ces organes placés des deux côtés de la tête, protégés par

des opercules analogues aux valves des coquilles des mollusques acéphales, ne concourent pas seuls à cette fonction.
Un sac membraneux, pourvu de nombreux vaisseaux analogues aux poches aériennes de certaines espèces de méduses, est chargé de ce soin.

Ce sac ou vessie natatoire ne doit pas être indispensable
à l'acte de la respiration ; car un grand nombre de poissons
n'en offrent aucune trace. Quelquefois, cet organe existe
chez plusieurs espèces d'un genre, et manque entièrement
chez toutes les autres, ce qui annonce le peu d'influence
qu'il doit exercer pour l'absorption aérienne. Ainsi, sous ce
rapport comme sous beaucoup d'autres, cet organe ne
peut être assimilé à des poumons, dont il ne paraît pas
remplir les usages.

En résultat, quoique les poissons aient une respiration
simple et complète, ils respirent peut-être encore moins
que les reptiles. Il paraît en être de même chez les espèces
qui ne se contentent pas de l'oxigène en dissolution dans
l'eau et qui viennent, à la surface, humer l'air en nature.
Plusieurs poissons avalent des quantités plus ou moins considérables d'air atmosphérique, et en convertissent l'oxigène en acide carbonique en le faisant passer au travers de
leur intestin. Malgré ces circonstances plus ou moins favorables à l'absorption aérienne, l'un des actes les plus essentiels
à la vie, les plus simples des vertébrés sont peut-être au-
dessous des reptiles sous ce rapport, quoique ceux-ci aient
une respiration incomplète, c'est-à-dire qu'une partie de
leur sang éprouve seule l'impression de l'air.

Par suite de la manière imparfaite dont s'accomplit la
respiration chez ces deux ordres d'animaux, ils n'ont les
uns et les autres qu'un faible degré de chaleur et peu d'énergie dans leurs forces motrices.

Les poissons considérés sous le rapport de leurs appareils de circulation , sont inférieurs aux autres vertébrés, quoiqu'en progrès relativement aux invertébrés. Cette fonction , aussi essentielle à la vie que la respiration avec laquelle elle est liée d'une manière intime, s'exerce déjà ici par un cœur à deux loges. Cet organe reçoit le sang par deux gros troncs logés sur la colonne vertébrale. Peu développé, son volume est le plus généralement peu considérable. Le cœur est ainsi en rapport avec les faibles progrès qu'a faits chez cet ordre d'animaux le système nerveux, particulièrement la masse encéphalique. Les poissons ont toutefois un système artériel et veineux, nettement séparés l'un de l'autre.

Le sang de ces animaux est composé de globules elliptiques et rougeâtres. Leur grosseur paraît supérieure à celle des globules du sang humain. En parcourant le cercle circulatoire, le fluide sanguin traverse en entier l'appareil de la respiration, même chez les mammifères et les oiseaux. Mais comme il ne passe qu'une seule fois dans le cœur, sa marche en est singulièrement retardée. Cet organe correspond à la moitié droite du cœur des vertébrés supérieurs. D'après les conditions auxquelles le moteur du sang est soumis, la circulation des poissons est en quelque sorte double, mais incomplète; tandis que leur respiration est complète , ainsi que nous l'avons déjà fait observer.

Envisagés sous le rapport de leurs organes de reproduction, les poissons offrent tous sans distinction , comme les autres vertébrés, des sexes séparés sur des individus différents. Le mode de fécondation éprouve de grandes variations chez ces animaux , soit dans leurs organes mâles, soit dans leurs organes femelles. Chez ceux où cet appareil n'est pas complet, le mâle se contente de répandre la liqueur séminale sur le frai de la femelle. Cet arrosement suffit pour la fécondation des œufs. Mais chez les espèces où il y a accouplement, le mâle est pourvu d'un organe particulier, destiné à remplir cette fonction : la femelle a pour lors une véritable matrice.

Les poissons offrent d'assez grandes différences dans leurs modes de gestation ; chez les uns, les petits éclosent dans l'ovaire, d'où ils sortent par un canal très-court, tandis que chez les autres, les petits éclosent en dehors de l'utérus.

Les animaux les plus simples des vertébrés, ont aussi l'organisation la moins avancée. Ils sont les premiers vertébrés qui aient apparu sur la scène de l'ancien monde. On peut voir une preuve de leur moindre complication eu égard aux reptiles, dans la transformation du têtard en grenouille.

L'œuf de la grenouille donne naissance au têtard, véritable poisson, pourvu d'une nageoire caudale et de branchies propres à respirer l'air en dissolution dans l'eau. Ce poisson devient reptile ou grenouille en perdant sa queue et ses branchies et en acquérant des poumons et des pattes. Une pareille transformation est, en réalité, le passage d'un animal à forme et à organisation zoologique inférieure, à une supérieure dans laquelle le nouvel être doit vivre et engendrer.

Il ne faut pas conclure de ces états transitoires par lesquels passent certains reptiles, que les espèces les plus différentes aient jamais joui de la faculté de se transformer les unes dans les autres par suite des variations de l'organisation.

2.º DE L'ORGANISATION DES REPTILES.

Le second degré de perfectionnement des vertébrés est celui des reptiles qui rampent plutôt qu'ils ne marchent.

Cet embranchement comprend les vertébrés à sang froid, dont la respiration, dans l'état parfait mais non dans le jeune âge, est aérienne et incomplète. Les reptiles parvenus à leur état normal et non transitoire, ont constamment des poumons comme les oiseaux et les mammifères. Les branchies existent seulement chez ceux qui n'ont point encore achevé leurs métamorphoses. Néanmoins, leur appareil respiratoire est toujours disposé de manière à ce qu'une partie du sang veineux se mêle au sang artériel, sans avoir traversé l'organe respiratoire. En général, ce mélange s'opère dans le cœur, qui ne présente qu'un seul ventricule dans lequel s'ouvrent les deux oreillettes.

Les reptiles ont un squelette osseux; il offre toutefois cette particularité de ne pas être toujours interne et de prendre dans certains ordres un développement à l'extérieur, comme cela arrive chez les chéloniens. D'un autre côté, la boîte crânienne, quoique généralement osseuse, est souvent peu solide, formée par des os à peine consistants, rappelant ainsi celle des poissons cartilagineux.

Le squelette présente dans sa structure, des variations plus grandes que chez les vertébrés à sang chaud : aussi est-il difficile de le ramener à une loi générale. Toutes les parties qui le composent, peuvent tour à tour manquer, à l'exception pourtant de la tête et de la colonne vertébrale. Cependant les os du squelette des reptiles conservent assez constamment une grande ressemblance avec ceux des oiseaux et des mammifères. Il n'en est pas ainsi des os qui forment la charpente solide des poissons. Les premiers se reconnaissent sans difficulté chez les analogues des autres classes supérieures des vertébrés.

Les organes locomoteurs offrent de nombreuses variations dans leurs formes et leur disposition, en raison des différents usages qu'ils remplissent. Il est même des ordres entiers de reptiles qui n'en ont pas du tout; tels sont les ophidiens. Les espèces pourvues de membres distincts, les ont construits pour la marche, les autres pour la nage, les deux principaux genres de mouvement qu'exécutent les reptiles. La motilité de ces animaux est en général moins grande et moins soutenue que celle des vertébrés à sang chaud.

Leurs membres sont souvent si courts, que leur ventre traîne à terre, circonstance très-défavorable à une progression rapide. Au lieu d'être dirigés parallèlement à l'axe du corps et de se mouvoir dans ce sens, ils se portent en général de côté et se meuvent de dehors en dedans, perpendiculairement au même axe du corps, disposition tout-à-fait désavantageuse à une locomotion prompte et facile.

Aussi la plupart des reptiles rampent plutôt qu'ils ne marchent. Ces animaux ne peuvent pas plus que les poissons se soutenir dans les airs. Le grand repli de la peau, qui s'étend et se déploie chez les Dragons, de chaque côté de leur corps, sert uniquement à ces reptiles, de parachute. Ce repli de l'organe cutané n'est pas soutenu ni mis en mouvement par les membres, mais uniquement par les six premières fausses côtes.

Le système nerveux des reptiles a les plus grandes analogies avec celui des poissons. Le cerveau encore peu développé, est formé par une série de ganglions placés les uns à côté des autres. Sa surface est constamment lisse et sans circonvolutions. La moëlle épinière, généralement plus développée que l'encéphale, envoie aux diverses parties du corps des nerfs très-gros, surtout relativement au volume du cerveau.

Le cervelet ne présente qu'une bande étroite, médullaire, du moins chez les poissons, les salamandres, les grenouilles et les serpents. Il n'est guère plissé que chez les ordres supérieurs, où il rappelle la forme du cervelet des squales. Néanmoins, les nerfs cérébraux et rachidiens s'y distribuent à peu près comme chez l'homme. Mais chez les ser-

pents, qui manquent de membres, de diaphragme et de
bassin, les nerfs correspondants n'y sont point développés.
Le grand sympathique apparaît chez les tortues et les grenouilles. A part ces deux ordres de reptiles, l'existence
de ce nerf dont l'influence est si grande sur les viscères et
les membres postérieurs, est fort douteuse.

Considérés sous le rapport de leurs sens inférieurs, les
reptiles ne sont pas en progrès sur les poissons. Leur tact
est peu délicat, en raison de la nature de leurs téguments.
Leur solidité souvent considérable est encore parfois rendue
plus grande par des écailles plus ou moins résistantes. Alors
la langue qui, dans certaines circonstances, sert d'organe de
préhension lorsqu'elle est mobile, devient le principal organe du tact. Les espèces dont la peau est complètement
nue et l'épiderme à peine distinct, offrent seules une certaine délicatesse dans l'organe du toucher.

Le goût est un sens peu développé chez les reptiles, surtout chez les espèces où la langue immobile, comme chez
plusieurs sauriens ou chéloniens. On peut citer à cet égard,
les salamandres, les crocodiles et les tortues, et quelques
batraciens. Du moins, la langue est à peu près nulle chez
les *Pipa*. Cet organe se complique chez d'autres reptiles et
devient pour lors un instrument de préhension, dont le jeu
est des plus remarquables. A l'aide de leur langue mobile
et parfois fort longue, plusieurs reptiles à la tête desquels
on peut citer le Caméléon, peuvent saisir une proie éloignée
et même la déguster au moyen des papilles nerveuses distinctes qui garnissent cet organe.

Cette circonstance se présente uniquement chez les reptiles où l'organe du goût, mince, allongé, est en même
temps sec et protractile ; quelquefois, il se divise en deux et
devient alors bifide. Comme la plupart des animaux de cette

classe, qui avalent leurs aliments sans les mâcher, ils ne peuvent pas avoir un goût bien délicat.

L'organe de la vue n'a pas acquis non plus de grands perfectionnements chez cet ordre d'animaux. Il forme une série de transition entre les poissons et les oiseaux, les premiers chez lesquels cet appareil est des plus simples, et les derniers chez lesquels il atteint un haut degré de perfection.

Ainsi le globe oculaire, quoique assez gros en comparaison du cerveau, l'est beaucoup moins que chez les poissons. Il est plus sphérique que chez ces derniers, par la différence du milieu que les uns et les autres habitent. L'iris y est plus mobile et les procès ciliaires plus développés ou tout-à-fait nuls.

Les paupières existent chez quelques-uns ; elles sont remplacées chez d'autres par des replis particuliers de la peau. La principale particularité des yeux des reptiles tient au croisement de leurs nerfs optiques, traversés les uns par les autres.

Quelques-uns des ordres de ces animaux ont un cercle osseux très-distinct placé autour de la sclérotique, cercle qui existe notamment chez les sauriens. On n'en voit pourtant pas de traces chez les batraciens et la plupart des ophidiens, tandis que l'on rencontre à peu près chez tous les ordres un rudiment de peigne rachidien.

Ce que nous venons de dire de l'imperfection de l'organe de la vue des reptiles, peut s'appliquer également aux organes de l'ouïe et de l'odorat. Ainsi, pour le second de ces deux sens, on ne voit chez aucun de ces animaux les nerfs olfactifs traverser la lame criblée, comme chez les vertébrés supérieurs. Les reptiles ont des cornets simples, quelquefois nuls, en sorte que la fosse nasale ne représente plus qu'une sorte de boîte ou un canal très-court tapissé par une membrane pituitaire colorée ordinairement en noir.

Si l'on en excepte les Crocodiles, un peu plus avancés sous ce rapport, les arrière-narines s'ouvrent au palais, et ne permettent pas aux fosses nasales de se prolonger aussi loin en arrière que chez les mammifères et même que chez les oiseaux. Le nerf olfactif, véritable lobe, souvent de moitié aussi volumineux que l'hémisphère cérébral, suppose des sensations assez variées; mais nous manquons à cet égard d'observations précises.

Les larves de batriciens (têtards), espèces de poissons tant qu'ils restent dans cet état, aspirent l'eau comme ces derniers et respirent au moyen de l'air qu'elle contient. Il en est de même des batraciens à branchies permanentes, et en quelque sorte des Protées. Il n'est pas inutile de rappeler que les nerfs olfactifs et nasaux donnent une grande sensibilité aux narines des reptiles.

L'organe de l'ouïe, assez simple chez cet ordre d'animaux, est borné chez les branchiés et chez quelques batraciens, à un petit labyrinthe composé d'un vestibule et de canaux semi-circulaires, à peu près comme chez les poissons cartilagineux supérieurs. D'autres batraciens ont cependant une fenêtre ovale, et à l'extérieur une caisse du tympan en grande partie membraneuse, des osselets de l'ouïe et une véritable trompe d'Eustache.

On voit pour la première fois une oreille externe chez les crocodiles, quoique l'on n'y rencontre pas encore de conque auditive. Il existe néanmoins chez ces animaux comme chez les lézards, une fosse cochléenne qui disparaît chez la plupart des batraciens, tels que les grenouilles, les crapauds et les rainettes. On n'observe pas non plus de cavité et de membrane tympanique chez les serpents.

Cet aperçu de la conformation de l'organe de l'ouïe chez les reptiles, prouve combien elle est imparfaite en comparaison de celle des oiseaux et des mammifères, et combien elle appelle les progrès qui n'ont guère lieu que chez les plus élevés des vertébrés.

L'appareil de l'absorption alimentaire des reptiles a les plus grands rapports avec celui des poissons. La plupart des premiers animaux se nourrissent de proie vivante ou de matières animales, qu'ils avalent sans les diviser ni les mâcher. Du moins les dents qui garnissent leurs mâchoires, surtout celles des sauriens, ne servent point à la mastication. Destinées à retenir leur proie, elles ne peuvent la déchirer pour en faciliter la déglutition.

De pareilles habitudes leur sont communes avec les poissons. Aussi leur canal intestinal est semblable ; il ne fait aucune circonvolution, ni aucun détour de la bouche à l'anus. D'un autre côté, l'ampleur de leur œsophage est égale à celle de l'estomac, d'autant plus musculeux que le système dentaire est plus imparfait. Quelquefois, on le voit armé de petites pièces cornées analogues aux dents linguales et pharyngiennes des poissons. L'intestin se termine dans un cloaque où viennent aboutir les organes urinaires et de la génération. — Il est soutenu par un mésentère délicat et peu membraneux. Comme les animaux supérieurs, les reptiles ont généralement un foie assez volumineux, divisé en un ou trois lobes. Comme eux encore, ils ont des vaisseaux lymphatiques destinés à pomper les produits de la digestion et à les verser dans le torrent de la circulation.

Les organes de l'absorption gazeuse ont fait un assez grand progrès chez les reptiles. Les poissons qui les précèdent dans la série, ne montrent pour tout organe respiratoire, que des branchies, appareils à l'aide desquels ces animaux s'approprient l'air en dissolution dans l'eau. Il serait difficile de considérer leur vessie natatoire comme analogue à des poumons, quand on ne ferait attention qu'à cette circonstance du peu de constance de cet organe, qui est loin de se trouver chez tous les animaux de cet ordre de vertébrés.

Ce progrès consiste en ce que les reptiles, comme les oiseaux et les mammifères, ont des poumons, aussi bien ceux qui vivent dans l'eau, que les espèces qui, comme les batraciens pérennibranches, respirent l'air en nature et ont à la fois des branchies et des poumons. Il n'y a d'exceptions que pour les reptiles qui ne sont point parvenus à leur état normal ou parfait ; tels sont les têtards qui, avant de devenir reptiles, se présentent avec les formes et l'organisation des poissons. Du moins dans leur jeune âge, les grenouilles ont deux branchies plus ou moins analogues à celles des poissons. Elles sont portées aux deux côtés du col par deux arceaux cartilagineux qui tiennent à l'os hyoïde.

Les poumons des reptiles propres à respirer l'air en nature, sont analogues à ceux des vertébrés à sang chaud. Ils offrent constamment de grandes cellules ; mais le tissu vasculaire de ces organes, destiné à recevoir l'air, y est généralement peu étendu et peu développé.

Ainsi, les reptiles sont tous des animaux à sang froid ; comme ils consomment peu d'oxigène, ils n'ont pas assez de chaleur, pour avoir une température sensiblement supérieure à celle de l'atmosphère. Ils doivent à cette circonstance de n'exiger qu'une faible quantité d'air. Ils peuvent aussi en être longtemps privés, sans tomber pour cela en asphyxie. On peut encore signaler parmi les conditions défavorables à l'activité de leur respiration, celle qui empêche l'air de se renouveler aussi fréquemment dans l'intérieur de leurs poumons que chez les animaux supérieurs. Ces organes ne sont point, chez les reptiles, logés dans une cavité particulière ; leur thorax n'y est point séparé de la portion abdominale, par un muscle analogue au diaphragme.

Ces animaux sont les premiers des vertébrés où il existe un organe vocal ; il est plus compliqué chez les batraciens que chez les autres ordres de reptiles où l'on voit un appareil de ce genre.

La circulation des reptiles, au lieu d'être simple et complète, est au contraire double et incomplète. Le cœur n'envoie au poumon qu'une certaine portion du sang qu'il a reçu des diverses parties du corps. Ce fluide ne respire donc pas en totalité. Au milieu des variations de l'appareil circulatoire, il y a toujours une communication entre le système vasculaire à sang rouge et le système vasculaire à sang noir. Comme ces deux liquides se confondent, les organes reçoivent un sang imparfaitement artérialisé par le travail de la respiration.

Cette circonstance explique très-bien la basse température des reptiles et le peu d'énergie de leurs mouvements. Leur cœur, le plus souvent à trois loges, se fait remarquer par sa petitesse. Cet organe formé chez les batraciens par deux oreillettes et un ventricule, se complique chez les crocodiliens où existent deux ventricules et deux oreillettes. Quant à la disposition de cet organe chez les autres sauriens et les sphidiens, elle est à peu près la même que chez les premiers.

Cette conformation particulière aux reptiles, rend encore raison du peu de chaleur et de la faible activité de ces animaux. Elle tient au petit diamètre de leurs veines et de leurs artères. On peut encore signaler parmi les dispositions qui y contribuent, le petit nombre des globules de leur sang et leur volume plus considérable comparativement aux globules sanguins des oiseaux et des mammifères. Leur forme est constamment elliptique.

Les organes de la reproduction des reptiles ont les plus grandes analogies avec ceux des poissons, surtout chez les espèces pourvues de branchies et dont la respiration est aquatique. Chez ceux-ci, particulièrement chez les ovipares, le mâle ne féconde les œufs qu'après leur sortie de l'utérus, et il n'y a jamais incubation. Seulement chez les ophidiens, les chéloniens et les sauriens, où la génération est ovo-vivipare, il y a un véritable accouplement.

Les appareils de la reproduction offrent de nombreuses variations dans leurs formes et leurs dispositions d'un ordre à l'autre, et souvent dans le même ordre, ainsi que les batraciens nous en offrent des exemples. A la vérité, plusieurs naturalistes modernes ne regardent pas les batraciens comme de véritables reptiles, mais comme une classe particulière de vertébrés, intermédiaire entre les poissons et les reptiles.

Ces appareils sont composés chez les femelles, de deux ovaires accompagnés par deux oviductes flexueux qui s'ouvrent dans le cloaque. Les testicules des mâles occupent la même place que les ovaires des femelles, et tiennent à l'extrémité antérieure des vésicules pulmonaires. Les mâles se distinguent des femelles par des couleurs plus vives, une taille sensiblement moindre, disposition tout-à-fait contraire à ce qui a lieu chez la plupart des autres animaux. On est moins étonné de les voir caractérisés par des membres plus longs, parfois armés d'un pouce renflé et verruqueux aux pattes de devant, et par une voix plus éclatante.

Les grandes variations que les appareils reproducteurs éprouvent chez les divers ordres de reptiles, indiquent qu'il n'y a pas chez ces animaux de plan fixe ni bien arrêté. Ces différences qui ont aussi leur importance dans le système de l'organisation de ces animaux, annoncent que, comme les poissons, les reptiles ont un grand nombre de progrès à recevoir pour atteindre à certain degré de perfection. Ces progrès ne se manifestent pas encore, d'une manière com-

plète, chez les oiseaux ; ils n'arrivent à leur *summum* de perfectionnement que chez les plus compliqués des mammifères.

3.º DE L'ORGANISATION DES OISEAUX.

Le troisième degré de perfectionnement qu'éprouvent les
animaux vertébrés dans leurs formes et l'ensemble de leur
organisation, nous est fourni par les oiseaux. Ceux-ci, essentiellement organisés pour le vol, se montrent plus avancés
que ceux qui les précèdent dans la série. Leur circulation
double et complète, s'y trouve liée à une respiration aérienne également double. Au lieu de s'effectuer uniquement
dans les poumons comme chez les autres vertébrés, elle
s'opère dans ces organes ainsi que dans toute la profondeur
des parties du corps et jusque dans l'intérieur des os. Le
sang des oiseaux, plus chaud que celui des autres animaux,
leur donne une grande agilité et des passions plus vives.

Le squelette, quoique constamment osseux, offre cependant la plupart des os qui en font partie, percés de trous
plus ou moins nombreux ; ces ouvertures servent à intro-
duire et à faire pénétrer l'air dans l'intérieur des os, à peu
près constamment dépourvus de moëlle. Elles sont du reste
d'autant plus nombreuses que les oiseaux sont meilleurs
voiliers.

Une pareille organisation n'existe pourtant pas chez les
espèces dont les membres antérieurs, quoiqu'ils aient la
forme d'ailes, ne servent pas au vol. Elle est constante
dans les os des membres postérieurs ; ceux-ci devant sup-
pléer à la privation du vol, sorte de mouvement qu'ils ne
peuvent exécuter d'après la briéveté et le peu de développement des ailes. Ainsi les oiseaux qui ne s'élèvent pas
dans les airs, courent avec la plus grande rapidité. Les autruches sont des exemples de cette double circonstance. En

effet, les mammifères les plus rapides, tels que les tigres, les lions, les antilopes et les cerfs ne sauraient les dépasser dans leurs courses vagabondes. On dirait que les autruches nommées par Aristote « oiseaux mammifères », ont des ailes aux pieds, tant est grande leur vitesse. Quelques oiseaux qui ne volent pas sont favorisés d'une toute autre manière; ce sont ceux qui courent le plus vite et le plus longtemps. Il en est cependant d'autres, en quelque sorte fixés au sol qui les a vus naître, dont les mouvements sont des plus lents, lorsqu'ils sont sortis de l'eau qui est aussi leur habitation.

Généralement, ces animaux ont quatre principaux organes du mouvement; les antérieurs consacrés le plus ordinairement au vol, et les postérieurs destinés à la progression; ceux-ci leur servent également à la préhension, du moins chez certains ordres. Ces organes éprouvent d'assez grandes variations dans leurs formes, leur disposition et leur structure; on les voit toujours en rapport avec les mœurs et les habitudes des diverses espèces.

Ainsi plus l'oiseau est bon voilier, plus ses ailes et sa queue sont développées. Leurs pattes subissent également de nombreuses modifications suivant les habitudes et le genre de nourriture de ces animaux. Vigoureuses et fortes chez les espèces qui se nourrissent de proie vivante, elles deviennent, ainsi que le bec, moins robustes chez celles qui vivent de substances végétales.

Les pattes grêles et longues des oiseaux de rivage sont palmées et munies de membranes particulières chez ceux qui se livrent à la nage. Les oiseaux coureurs se font remarquer par la longueur ou la grosseur de leurs membres postérieurs, la force et le volume des muscles qui les font mouvoir et y prennent leurs attaches. Chaque disposition particulière annonce de nouvelles conditions d'existence;

elle montre les relations qui existent entre elles et les moindres détails de l'organisation.

Les oiseaux bon voiliers ont non-seulement leur sternum,
mais surtout leur crête sternale très-développée. La partie
dorsale de leur colonne vertébrale est, pour lors, à peu
près immobile ; elle donne par là un appui plus solide à là
crête saillante du sternum, chez eux tellement prononcée
qu'on lui a donné le nom de *bréchet*.

Les espèces peu favorisées sous le rapport des organes
du vol et qui courent avec rapidité, offrent la partie dorsale de leur colonne vertébrale mobile et leur crête sternale
moins saillante. Pour rendre leurs mouvements plus prompts
et plus faciles que chez les poissons et les reptiles, la nature a doué les oiseaux de muscles forts et puissants, ce
qu'annonce leur couleur rouge très-intense.

Les oiseaux qui ne volent pas, ont leur corps plus dé-
garni de plumes. Leurs dimensions sont également plus
considérables. L'autruche, la *girafe* des oiseaux actuellement
vivants, surpasse de beaucoup en grandeur les espèces qui
dans leur vol rapide parcourent les vastes plaines de l'air.
Il paraît en être de même des *Dinormis*, oiseaux encore plus
gigantesques qui paraissent avoir vécu depuis les temps
historiques dans la Nouvelle-Zélande.

Le système nerveux est très-compliqué comparativement
à ce qu'il est chez les poissons et les reptiles. Le cerveau
est le centre où viennent aboutir les nerfs sensitifs de la
vie animale ou de relation, et d'où partent les nerfs moteurs soumis à la volonté. Les circonvolutions, la coque du
noyau encéphalique de Treviranus, ou les portions qui recouvrent les renflements ganglionnaires nommés corps
striés, couches optiques, tubercules quadri-jumeaux ou bi-
jumeaux, le noyau du cervelet, sont formés par l'épanouis-

sement des nerfs sensoriels et par l'extrémité centrale des nerfs moteurs soumis à la volonté.

La substance grise de l'encéphale paraît intermédiaire entre les extrémités des nerfs sensitifs et celle des nerfs du mouvement. Aussi n'existe-t-il point de ganglions sans substance grise. Les renflements nerveux où elle manque, sont uniquement des plexus destinés à changer la direction des filets nerveux. La moëlle épinière, singulièrement surpassée en volume, chez les oiseaux, par l'encéphale, peut être considérée comme un tronc formé par la réunion des nerfs de la vie animale et de quelques filets des nerfs végétatifs des membres et du tronc de l'animal. Elle se compose de quatre cordons principaux; deux supérieurs appartenant aux nerfs sensitifs, et deux inférieurs dépendant des nerfs du mouvement.

L'ensemble de ce système éprouve de nombreux perfectionnements chez les habitants des airs, particulièrement leur cerveau. Quoique composé de deux hémisphères, cet organe n'offre pas encore de circonvolutions; les hémisphères n'y sont pas non plus réunis par le corps calleux. Le cervelet, dont la forme est analogue à celle d'une lame plissée, n'est point recouvert par les hémisphères cérébraux, comme cela a lieu chez les mammifères les plus compliqués. La principale particularité de l'encéphale des oiseaux, tient au développement marqué qu'y prennent les lobes optiques; ils sont à découvert et en dehors des lobes cérébraux. Les premiers, creux comme ceux-ci, ne sont jamais entièrement solides.

Les nerfs cérébraux et rachidiens sont distribués chez les oiseaux à peu près comme chez les mammifères. Le grand sympathique, placé des deux côtés de la colonne vertébrale, offre à chaque vertèbre un ganglion qui s'unit au ganglion voisin.

Malgré ces perfectionnements de leur appareil nerveux, les oiseaux n'ont que deux sens complets. Le toucher est nécessairement obtus chez des animaux dont la peau est couverte d'une grande quantité de plumes, organes peu impressionnables à l'action des agents extérieurs. Il en est de même du goût ; leur langue garnie de substance cornée, ou quelquefois de portions dures, osseuses, analogues aux dents, ne peut guère avoir une grande sensibilité. Ce sens a seulement quelque délicatesse chez les espèces dont la langue est molle et charnue. Du reste, cet organe leur sert plutôt d'organe de préhension et surtout de déglutition que de goût.

L'odorat est également peu développé chez les oiseaux, particulièrement chez les espèces qui n'ont pas besoin d'une grande finesse dans l'exercice de ce sens. Les narines y sont réduites à de simples fentes ; elles n'acquièrent jamais une certaine mobilité. On pourrait croire d'après l'ampleur des cavités nasales, que ces animaux devraient avoir une certaine délicatesse dans le sens de l'odorat, si l'on ne faisait pas attention que leurs cornets cartilagineux sont loin d'avoir la même étendue que chez les mammifères et particulièrement chez les carnassiers. A la vérité, leur nerf olfactif est très-volumineux, d'où l'on pourrait induire une certaine finesse dans le sens de l'ouïe.

La vue le plus ordidairement perçante chez ces animaux, les aide dans la découverte des substances alimentaires dont ils font usage. Probablement, il faut attribuer à cette circonstance, la prétendue subtilité attribuée à l'odorat des oiseaux rapaces et particulièrement des corbeaux. La vue seule et une défiance naturelle sont les causes qui les font fuir devant le chasseur, et non l'odeur de la poudre, comme on l'a gratuitement supposé. Cela n'empêche pas que la finesse de l'odorat des oiseaux ne soit généralement proportionnelle à la grandeur du nerf olfactif et à l'étendue du cornet supérieur, qui seul en reçoit les rameaux. Les galliinacés, chez lesquels ces conditions sont peu prononcées, ont l'odorat le moins développé. Les échassiers, par des raisons contraires, paraissent avoir une sensibilité olfactive supérieure aux autres oiseaux.

Le sens de la vue est très-perfectionné chez les espèces carnassières. Le globe oculaire, outre les parties qui composent celui de l'homme, offre plusieurs appareils nécessaires qui en font un organe de vision des plus parfaits. Au-dessus du globe oculaire, existe une troisième paupière très-développée chez les espèces rapaces diurnes ou nocturnes. Cette paupière clignotante est fort étendue et très-mobile ; l'œil des oiseaux, grand, large, aplati, est protégé à l'extérieur par un cercle de pièces cornées presque osseuses. Ces pièces entourent le bord antérieur de la sclérotique, en forme d'anneau.

Quelquefois le globe oculaire est contenu tout entier, excepté sa partie antérieure, dans une boite formée également de pièces cornées. Une membrane particulière, nommée la bourse ou le peigne, sert à l'oiseau pour augmenter ou diminuer l'étendue de son rayon visuel. Ces animaux, ont en outre, une choroïde remarquable par sa consistance gélatineuse, une cornée et un cristallin proportionnellement petits, mais à réfraction puissante. Leurs yeux se composent encore d'un éventail ou peigne rachidien, des procès ciliaires peu saillants, enfin d'une rétine souvent large et plissée.

Les espèces nocturnes offrent des différences assez grandes dans la structure de leurs yeux comparée aux oiseaux de haut vol. Leurs yeux sont très-grands dans le premier cas, dirigés en avant et bien ouverts. Leur cornée est proportionnellement fort large. le cristallin volumineux et, par une conséquence en quelque sorte nécessaire, le vitré peu abondant. La ruyschienne y est pourvue d'un tapis brillant ; les procès ciliaires très-grands et la rétine d'une étendue médiocre. Aussi offre-t-elle une sensibilité exquise, la masse restant la même. Les espèces qui peuvent voir les objets pendant que le soleil brille de tout son éclat, ont leur pupille allongée et susceptible d'un mouvement facile et fort étendu.

Les oiseaux de haut vol ont la cornée saillante, le cristallin petit et d'une certaine épaisseur. Ils ont, de plus, une rétine dont la force est au moins triplée par les plis imbriqués qu'on y remarque. Cette circonstance explique suffisamment la puissance et l'étendue de la vue du condor, de l'aigle, du faucon et des vautours.

L'ouïe est également très-fine chez les oiseaux, quoiqu'ils n'aient point de véritable oreille externe. Leur oreille interne est plus enfoncée dans le crâne que celle des mammifères, moins cependant que chez les reptiles. Ces animaux ont pourtant l'ouïe assez délicate, les sons arrivant aux nerfs auditifs, lorsqu'ils sont forts, par les parties latérales du crâne, même couvertes par les chairs et la peau. La perception des sons est favorisée par une augmentation d'élasticité, de sonorité dans les os du crâne, surtout au voisinage de l'oreille. L'homogénéité, la compacité du rocher entièrement dépourvu de moëlle, et surtout le développement des cellules dites mastoïdiennes, qui dans les oiseaux de nuit en particulier, envahissent la périphérie du crâne, y contribuent encore.

Quoique certaines parties de l'appareil acoustique manquent chez les oiseaux, ils n'en ont pas moins un véritable conduit auditif, cutané, court, large et ressemblant assez à la fossette des lézards, mais avec plus de profondeur. Il est en partie tapissé de petites plumes qui n'empêchent pas le passage des sons ; elles ne sauraient pourtant le favoriser. Il en est de même de celles disposées en rayons, au pourtour de l'œil chez les oiseaux de proie nocturnes, des aigrettes en forme d'oreilles, qu'on voit chez plusieurs genres. Le large *tragus* situé au devant de l'oreille, chez l'effraie, parait destiné à un tout autre usage, c'est-à-dire à fermer, au besoin, les abords d'un organe trop sensible.

Les oiseaux se distinguent donc par la finesse de leur ouïe et l'excellence de leur vue ; ils n'ont cependant qu'un limaçon rudimentaire. Il arrive au tiers de celui de l'homme chez les gallinacés, et se montre plus allongé chez les oiseaux chanteurs que chez les espèces silencieuses. Il est donc plus perfectionné que chez les reptiles.

L'appareil de l'absorption alimentaire a reçu quelques perfectionnements chez cet ordre d'animaux. On y voit apparaitre pour la première fois un pancréas assez volumineux. Le foie y est composé de deux lobes réunis en un isthme souvent fort étroit. Une vésicule biliaire y reçoit la bile sécrétée par cette glande.

Cet appareil est précédé par une bouche armée d'un bec, dans laquelle on aperçoit chez le perroquet, par exemple, des bulbes sécréteurs et une substance cornée qui rappellent les dents des mammifères. Des glandes salivaires volumineuses versent dans l'intérieur de la bouche, ou sur la langue plus ou moins charnue, une humeur propre à favoriser la digestion des aliments. L'œsophage très-dilatable y est suivi de plusieurs estomacs, connus sous les noms de jabot, de ventricule succenturié et de gésier. Ce dernier est d'autant plus musculeux, que l'oiseau se nourrit plus exclusivement de substances végétales. L'étendue du tube intestinal est ici, comme ailleurs, en rapport avec le genre de nourriture. Il est plus long chez les granivores que chez les espèces qui se nourrissent de proie vivante.

Il se compose d'un intestin grêle plusieurs fois replié sur lui-même et d'un gros intestin généralement court, qui vient aboutir à chaque cloaque. Deux cœcums très-longs marquent constamment la limite des deux sections intestinales. Un mésentère qui n'a rien de particulier, maintient les intestins dans leur position naturelle.

Des animaux destinés à fendre l'air devaient être bien organisés sous le rapport de leurs appareils respiratoires. Aussi les oiseaux sont relativement aux animaux vertébrés, ce que les insectes sont aux invertébrés. Ils respirent par toutes les parties de leurs corps ; la grande quantité d'air qui s'y répand, outre qu'il diminue leur densité, a aussi l'avantage d'augmenter leur chaleur et leur force motrice.

Leur appareil respiratoire se compose d'un double larynx, d'une trachée artère, et de deux poumons. Le larynx supérieur presque osseux, est muni à sa partie antérieure, d'une grande plaque de la même nature, qui paraît analogue au cartilage thyroïde des mammifères. L'inférieur est bronchial, situé à l'extrémité antérieure de la trachée artère, et constitue l'organe de la voix. Cette trachée est proportionnellement plus longue que chez les autres vertébrés. Ses anneaux ossifiés forment des cercles complets à l'exception des deux supérieurs.

Les poumons des oiseaux adhèrent à la partie osseuse correspondante. Formés par deux masses aplaties, spongieuses, d'un rouge foncé, ils ne se montrent point enveloppés par une plèvre. On les voit percés en différents endroits, d'orifices qui permettent à l'air de se répandre dans toutes les parties du corps, même jusque dans les os.

Ils sont donc perforés, dans toute leur substance, par des troncs destinés essentiellement à l'introduction de l'air dans leur intérieur.

L'appareil de la circulation a suivi dans les oiseaux les progrès de l'organe respiratoire, et s'est mis en rapport avec lui. Il se compose d'un cœur pulmonaire et d'un cœur aortique, réunis en un seul organe, enveloppé d'un péricarde non adhérent. On y remarque deux oreillettes et deux ventricules. Son volume est plus considérable que chez les autres animaux, sans même en excepter les mammifères, quoique la distribution des veines et des artères soit la même chez les uns et chez les autres. Ce n'est pas à la grandeur proportionnelle de leur cœur, que les oiseaux doivent leur activité et la violence de leurs passions, mais à sa puissance musculaire et à l'énergie de ses contractions.

Ce n'est pas uniquement parce que le cœur des poissons et des reptiles est plus petit que celui des mammifères, qu'ils ont leurs mouvements plus lents et en général peu d'activité, mais à toutes les circonstances qui donnent au moteur du sang une moindre influence dans le système général de leur organisme. Ces circonstances ne font pas que le cœur des poissons et des reptiles ne soit, comme celui des autres vertébrés, le régulateur si non unique, du moins principal de la circulation générale.

Le sang des oiseaux est plus riche en globules que celui des mammifères. Ces globules, au lieu d'être circulaires, sont encore ici elliptiques. Cette circonstance, jointe à leur nombre, contribue peut-être à la facilité de la circulation. On ne peut pas du moins en trouver la cause dans la forme et la structure de leur cœur, dont la position aussi bien que les enveloppes, sont les mêmes que chez les mammifères.

Les oiseaux ont une circulation complète et une respiration aérienne double, respirant par d'autres organes que par leurs poumons, l'air pénétrant ainsi par tout le corps. Ces conditions expliquent la haute température dont ils jouissent, l'énergie de leur force motrice, la vivacité de leurs mouvements, comme l'énergie et la violence de leurs passions.

Considérés sous le rapport des organes de la reproduction, les oiseaux sont plus avancés que les poissons et les reptiles ; ils ont de commun avec eux d'avoir des sexes distincts, séparés, et des organes générateurs complets. Leurs organes mâles consistent en deux testicules ; le gauche plus gros que le droit. Situés sur les côtés de l'aorte au-dessus des reins, et formés par un parenchyme assez épais, il en part des vaisseaux séminifères qui se réunissent pour former les canaux déférents. Ces canaux se terminent dans le cloaque ; ils vont aboutir à une élévation papilliforme qui rappelle le double membre fécondateur des reptiles Sauriens.

Les organes femelles diffèrent de ceux des autres vertébrés ; ils se composent d'un seul ovaire placé sur la ligne médiane du corps et situé au-dessous du foie. On n'y remarque qu'un seul oviducte où s'arrêtent les œufs, pour se revêtir d'une membrane adventive, dont la plus extérieure est une coque dure et calcaire. Cet oviducte se termine dans le cloaque, comme les canaux déférents des mâles.

4.° DE L'ORGANISATION DES MAMMIFÈRES.

On a enfin séparé des mammifères un ordre entier d'animaux auxquels on a donné le nom de *Monotrèmes*, à raison de ce qu'ils n'ont qu'une ouverture extérieure pour la semence, l'urine et les autres excréments. Cette classe fait en quelque sorte le passage des mammifères aux oiseaux ; elle offre du moins des caractères communs des uns aux autres. Extrêmement restreinte dans son habitation, on n'en a encore rencontré des exemples que dans le seul continent de la Nouvelle-Hollande. Toutes les recherches ont été vaines jusqu'à présent pour découvrir des débris de monotrèmes parmi les espèces de l'ancien monde.

Ces animaux diffèrent essentiellement des carnassiers par les anomalies de leurs organes de génération. En effet, quoiqu'ils n'aient point de poche sous le ventre, analogue à celle des marsupiaux, ils ont comme ces derniers, les mêmes os surnuméraires sur leur pubis. Leurs canaux déférents se rendent dans l'urètre qui s'ouvre dans le cloaque ; quant à la verge, elle se retire dans un fourreau. La matrice y est bornée à deux canaux ou trompes qui s'ouvrent séparément, chacun par un double orifice, dans l'urètre. Les monotrèmes ont des mamelles et paraissent pondre des œufs comme les oiseaux. A la vérité, il règne encore de grandes incertitudes sur ce dernier fait, quoique les habitants de la Nouvelle-Hollande prétendent qu'il est constant. En adoptant leur opinion, MM. Everard Home et Owen ont considéré les monotrèmes comme ovo-vivipares.

Cette classe des monotrèmes présente des particularités non moins grandes dans l'ensemble de leur squelette. La disposition des os de l'épaule est plus semblable à ce qui existe chez les oiseaux et les lézards, qu'avec les mammifères. Un os en forme d'Y s'appuie sur l'extrémité antérieure du sternum, et ses deux branches reposent sur les omoplates, de la même manière que chez les oiseaux. Les deux pièces situées en-dessous de cette cavité furculaire, représentent l'os coracoïde des oiseaux et des lézards. L'omoplate elle-même, au lieu de se terminer par la fossette destinée à loger la tête de l'humérus , se prolonge au delà et vient s'unir directement au sternum.

Les monotrèmes n'ont point de conque auditive, et les Ornithorhynques qui ont seuls des dents , offrent ces parties d'une structure très-différente de celle des dents ordinaires. En effet, ces pièces dures ne sont pas enchâssées dans les mâchoires , mais plutôt appliquées à leur surface. Elles ressemblent assez bien à de la corne qui serait encroutée d'une petite quantité de phosphate calcaire.

Les pieds de ces animaux ont tous cinq doigts ; il en est du moins ainsi chez les deux seuls genres que nous connaissons , les Échidnés et les Ornithorhynques. Les premiers sont moins anormaux que les derniers , dont la bouche se prolonge en une espèce de bec corné très-large , aplati et sur les bords de petites lamelles transversales , analogues à celles que l'on voit sur le bec des oiseaux.

Les mammifères considérés d'une manière générale , sont des animaux à sang chaud , à respiration simple et aérienne , à circulation double et complète , à cœur à quatre loges. Vivipares, ils ont tous des mamelles ainsi que l'indique leur nom.

Ils constituent deux grandes tribus ; la plus simple a paru la première sur la scène de l'ancien monde. Celle-ci comprend les mammifères pisciformes ou marins , nommés aussi cétacés. Les mammifères pisciformes n'ont qu'une seule paire de membres ; les postérieurs sont remplacés par une nageoire horizontale , disposée à l'extrémité de la queue. La peau qui recouvre le corps de ces animaux est à peu près nue.

La seconde tribu des mammifères , ou les espèces terrestres , se distinguent de la première , en ce que les animaux qui en font partie , ont constamment deux sortes de membres, et jamais une nageoire à l'extrémité de leur queue. Cette disposition n'existe même pas chez les races qui vivent habituellement dans l'eau ; seulement, leur queue devient pour lors fort élargie, comme les castors nous en offrent un exemple.

La peau n'est jamais complètement nue chez cet ordre d'animaux, même chez le plus parfait, l'homme. Le plus souvent couverte de poils, elle est aussi revêtue d'écailles ou de squames osseuses, ou de piquants durs et aigus, sorte de développement qu'acquiert parfois l'appareil piliforme.

Les mammifères terrestres se sous-divisent en deux ordres principaux, d'après la disposition de leurs organes du mouvement.

1.° Les ongulés, dont les extrémités des doigts sont enveloppés par l'ongle ou le sabot qui les recouvre presqu'entièrement. Les pachydermes et les ruminants qui en font partie, ne peuvent se servir de leurs doigts pour palper ou saisir les objets.

2.° Les onguiculés ont des ongles qui ne recouvrent jamais en entier la totalité des doigts : ils ne constituent donc pas de véritables sabots. La partie des doigts qui touche à terre n'étant point enveloppée par les ongles, peut leur servir d'organes du tact, dont la perfection dépend du nombre et du développement des papilles nerveuses qui s'y épanouissent. Les doigts plus ou moins flexibles, peuvent ainsi se ployer autour des objets que ces animaux veulent saisir.

Les mammifères les plus perfectionnés se rapportent à cet ordre. Ils comprennent des familles qui, en procédant à peu près du simple au composé sont : 1.° les marsupiaux ; 2.° les édentés ; 3.° les rongeurs ; 4.° les carnassiers ; 5.° les quadrumanes ; 6.° les bimanes.

Les mammifères terrestres ont été divisés d'une tout autre manière, considérés sous le rapport de leurs organes de reproduction. Les plus simples ou les didelphes ont paru les premiers sur la scène de l'ancien monde. Outre les caractères principaux tirés de la forme de l'utérus, de l'existence des os marsupiaux et de l'étroitesse du bassin, ils se distinguent par un crâne plus étroit et moins développé que cet organe ne l'est chez les monodelphes, et les petits de ces animaux naissent à une époque peu avancée de leur développement ; ils le prennent dans une poche située sous le ventre de leur mère, poche dans laquelle se trouvent les mamelles.

Les mammifères didelphes comprennent l'ordre entier des marsupiaux, parmi lesquels se trouvent les Kanguroos, les Sarigues et plusieurs autres genres.

Les mammifères monodelphes réunissent la plupart des mammifères terrestres. Ils renferment, du moins, tous ceux de ces animaux qui, au moment de leur naissance, n'ont besoin que de leur mère et d'être allaités par elle. Aussi cet ordre, le plus compliqué des mammifères, en raison de cette circonstance, a apparu uniquement lors de la période tertiaire. Les familles dont nous avons déjà parlé, à l'exception des marsupiaux qui appartiennent aux mammifères didelphes, sont comprises dans cet ordre.

Les cétacés ou mammifères marins, sont sous le rapport de leur encéphale, au-dessous des mammifères terrestres, du moins des monodelphes. Leur système nerveux est par cela même fort imparfait, excepté chez quelques Dauphins. Aussi, ces animaux n'ont pas des organes, des sens bien délicats et particulièrement celui du goût. L'odorat existe à la vérité chez les Baleines, mais il paraît manquer chez les Dauphins, les Narvals et les Cachalots. Leurs formes extérieures les rapprochent des poissons. Leur tronc est en apparence confondu avec la tête. Ce tronc se continue sans interruption et se termine par une queue épaisse, dont l'extrémité forme une nageoire, non verticale comme chez les poissons, mais horizontale. Néanmoins, comme leur squelette est très-développé, ces animaux atteignent les dimensions les plus considérables et comprennent les plus grandes espèces, surtout les cétacés à grosse tête.

Le squelette des mammifères est plus perfectionné et plus complètement osseux que chez les autres vertébrés. La boîte crânienne, composée de plusieurs os réunis entre eux par des sutures qui s'engrènent les unes dans les autres, est d'une solidité d'autant plus grande, que le cerveau qu'elle renferme a plus d'importance. Elle se montre percée à sa partie postérieure par un trou destiné à livrer passage à la moëlle allongée. Ce trou est d'autant plus éloigné de la partie centrale ou basilaire du crâne, que l'espèce occupe un rang moins élevé dans la chaîne des êtres.

Cette boîte crânienne est suivie d'une série de vertèbres variables pour le nombre et la figure. Elles forment par leur réunion, un canal dans lequel est logée la moëlle épinière. Cette colonne vertébrale se divise en cinq régions principales : 1.º la région cervicale ; 2.º la région thoracique ou pectorale ; 3.º la région lombaire ; 4.º la région sacrée ; 5.º la région caudale.

Des os solides, servant de points d'appui à des muscles nombreux, sont articulés à la colonne vertébrale. Ils forment les membres antérieurs ou supérieurs, ainsi que les postérieurs ou inférieurs. Les membres des mammifères sont en général au nombre de quatre, à l'exception des cétacés, où ils sont réduits à deux. Ils servent à la progression ; quelquefois les antérieurs n'ont d'autre usage que celui de la préhension, ou de former en quelque sorte des ailes, qui soutiennent plus ou moins longtemps dans les airs, les mammifères qui en sont pourvus.

Telles sont les chauve-souris ; quoique privées de plumes, que l'on ne rencontre que chez les oiseaux, elles n'en volent pas moins à l'aide de leurs membranes étendues, soutenues par les membres antérieurs. La nage n'est habituelle que chez les mammifères marins, où les membres postérieurs ont été remplacé par une nageoire horizontale. Cependant quelques espèces ont leurs pieds palmés, circonstance à l'aide de laquelle elles peuvent nager avec facilité, ainsi que les amphibies, les Castors et les Loutres nous en fournissent des exemples.

Les membres postérieurs prennent un grand développement relativement aux antérieurs, chez les espèces qui se livrent au saut ou à la course ; alors ces membres offrent des dispositions particulières, toutes favorables au but qu'ils doivent remplir.

La plupart des mammifères terrestres se livrent à la marche ; leur organisation leur en donne les moyens, mais dans des degrés divers. Quelques-uns ne le font qu'avec peine ; ils se traînent plutôt qu'ils ne marchent ; d'autres sont réduits à une sorte de reptation.

Si chez un grand nombre de ces animaux, les pattes servent à fuir, il en est où elles servent à bâtir ou à nager, ou enfin à tout autre but. Ces organes éprouvent sous le rapport de leurs fonctions et de leurs usages, les plus grandes variations. Ils n'arrivent, toutefois, à leur *summum* de perfection comme organes de préhension, que chez les quadrumanes et surtout chez les bimanes.

On peut, enfin, considérer comme un organe de préhension le prolongement des narines, qui chez quelques pachydermes se développent au point de former une trompe souvent fort étendue, comme chez les Éléphants, trompe dont ces animaux se servent comme de mains. On sait avec quelle adresse les éléphants font usage de cet organe, qui n'est très-développé que chez les espèces de ce genre. Les temps géologiques nous en ont offert un autre exemple dans les mastodontes.

Le système nerveux, cause du perfectionnement que les mammifères ont éprouvé dans leur organisation, présente aussi une prédominance marquée sur le cervelet et la moëlle épinière. Cette prédominance indique à la fois sa perfection et l'influence qu'elle a exercée sur l'organisme.

Le cerveau composé de deux hémisphères réunis par une lame médullaire, renferme deux ventricules qui servent d'enveloppe à quatre paires de tubercules appelés corps cannelés, couches optiques, *nates* et *testes*. Les hémisphères présentent généralement des circonvolutions plus nombreuses et des sillons plus profonds que chez les autres vertébrés. Ces dispositions importantes pour la perfection de l'encéphale, sont surtout manifestes chez l'homme bien supérieur par son intelligence aux animaux.

Un troisième ventricule communique avec le quatrième situé sous le cervelet. Celui-ci se distingue chez les mammifères, en ce que les hémisphères cérébraux ne le recouvrent pas en entier comme chez l'homme, signe de leur infériorité sous le rapport de leur organisme. On observe cependant chez les mammifères, ainsi que chez l'espèce humaine, une proéminence transverse et annulaire, sorte de commissure des hémisphères cérébraux, située à leur partie postérieure et nommée *pont de Varolles*. Les corps olivaires manquent chez la plupart des mammifères ; du moins ils n'offrent pas les arborisations de substance grise ou blanche, qu'on aperçoit chez l'homme.

Les nerfs volumineux des organes des sens partent des différents points du cerveau pour se rendre aux appareils

auxquels ils donnent la sensibilité. De la moëlle épinière,
naissent des faisceaux 'de nerfs plus ou moins nombreux
qui impriment le mouvement et l'activité aux organes locomoteurs. Le système du grand sympathique acquiert son
plus haut degré de perfection chez cet ordre d'animaux. Il
distribue de nombreux filets nerveux aux organes intérieurs
et à ceux affectés à la vie végétative.

Les organes des sens ont suivi chez ces animaux le perfectionnement du système nerveux. Généralement, ils se
montrent plus compliqués que chez les ordres qui les précèdent dans la série animale , sauf les exceptions que nous
avons signalées en parlant des oiseaux et celles qui déri-
vent de la conformation de plusieurs d'entr'eux. Le toucher
ne peut être parfait chez les cétacés , les pachydermes, les
solipèdes et les ruminants. Il en est de même des onguiculés couverts d'écailles ou enveloppés dans une boîte dure,
solide , analogue à la carapace des tortues.

Ce sens réside principalement dans les lèvres , la trompe,
la langue et les doigts ; aussi n'est-il perfectionné que chez
les rongeurs , les marsupiaux , les carnassiers , et chez les
pachydermes qui, comme les éléphants , sont munis d'une
trompe mobile et allongée , dont ils se servent comme d'une
main. Le sens du tact devient de plus en plus excellent à
mesure que des cheiroptères ou des chauve-souris , on
s'élève jusqu'aux quadrumanes , enfin jusqu'à l'homme , où
cet organe acquiert le maximum de sa perfection.

Ces observations s'appliquent au sens du goût : il ne peut
acquérir une certaine délicatesse chez les espèces où la
langue est immobile , ni chez celles où elle est garnie de
substance cornée plus ou moins dure. Les mammifères
dont la langue est mobile et charnue et où viennent s'épanouir de nombreuses ramifications ou fibrilles nerveuses ,
ont en général ce sens perfectionné. Ces diverses circons-

tances se présentent chez l'homme ; aussi avons-nous été plus favorisés sous ce rapport que relativement aux organes de l'odorat, de l'ouïe et de la vue.

L'espèce humaine le cède, sous le rapport de l'odorat, à plusieurs mammifères, particulièrement aux carnassiers, chez lesquels ce sens a une si haute importance. L'organe qui en est le siége présente des modifications remarquables chez les divers ordres des animaux pourvus de mamelles.

Ainsi le nez de l'Ornithorhynque a beaucoup d'analogie avec celui des oiseaux et même avec celui des reptiles. Il se compose de deux narines fermées par de petites ouvertures simples, arrondies, auxquelles correspondent deux orifices percés dans l'organe olfactif.

Cet organe se compose chez la plupart des mammifères de deux narines, quelquefois mobiles, séparées par une lame osseuse nommée *vomer*. Il y existe une membrane pituitaire, à la surface de laquelle viennent s'épanouir des filets nerveux roulés autour de plusieurs cornets contournés sur eux-mêmes. Cette membrane peut être considérée comme le siége principal de ce sens.

Les sinus frontaux et maxillaires simples, et les cellules ethmoïdales multipliées, augmentent singulièrement la finesse de l'odorat. Ces particularités et d'autres encore, se remarquent particulièrement chez les carnassiers, animaux distingués par la délicatesse et la perfection de l'odorat.

L'ouïe paraît plus perfectionnée chez les mammifères que chez les oiseaux. On peut distinguer trois parties principales dans l'organe qui en est le siége.

1.º L'oreille externe qui manque chez quelques mammifères est formée, lorsqu'elle existe, par une conque dont les dimensions sont variables et la mobilité plus ou moins grande.

2.º L'oreille moyenne se compose d'un conduit plus ou

moins long , appelé *conduit externe*, et d'une membrane nommée *tympan*, qui recouvre la caisse du tympan. On y observe également une chaine d'osselets , destinés à transmettre l'impression reçue par le tympan à l'oreille interne.

Un autre conduit nommé *auditif interne* ou *trompe d'Eustache*, établit une communication directe entre cette caisse et l'intérieur de la bouche.

3.º L'oreille interne est formée par les canaux semicirculaires toujours au nombre de trois, ainsi que du labyrinthe et du limaçon.

Cet organe offre , de même que celui de la vue , de nombreuses variations dans les divers ordres de cet embranchement. Ces variations sont , du reste , constamment en harmonie avec les mœurs et les habitudes des espèces.

L'appareil de la vision se compose d'un globe oculaire plus ou moins sphérique ; il présente deux membranes distinctes servant d'enveloppe aux autres parties de l'œil. La sclérotique, la cornée opaque et la cornée transparente, sont percées dans leur partie antérieure par un trou circulaire. La première de ces membranes est tapissée dans son intérieur par la choroïde ; celle-ci , garnie d'un pigment noir chez l'homme , est colorée en partie , chez les autres mammifères, en bleu ou en jaune. Sur la choroïde , s'applique une troisième membrane produite par l'expansion du nerf optique ; elle a reçu le nom de *rétine*.

Entre la cornée transparente et la rétine , on observe plusieurs parties intermédiaires ou liquides, destinées à modifier la marche des rayons lumineux. C'est l'humeur aqueuse placée entre la cornée transparente et un repli adhérent de la choroïde nommée *Iris*. Ce repli est percé d'un trou ou pupille, derrière lequel se trouve placée une lentille transparente appelée *cristallin*.

Le reste du globe oculaire est rempli par un liquide transparent et de consistance gélatineuse ; c'est l'humeur vitrée. Des paupières garnies de cils sont destinées à protéger les yeux. Une glande lacrymale plus ou moins considérable sécrète en abondance les larmes qui doivent lubréfier l'organe de la vision. Enfin, des muscles particuliers se dirigent dans tous les sens au gré de la volonté et des besoins. Telle est la conformation de l'appareil visuel chez les mammifères terrestres, sauf quelques autres modifications.

Les mammifères offrent une paupière interne ou clignotante et une sclérotique plus épaisse, plus ferme et en même temps plus ou moins élargie. Leur globe oculaire moins profond, est muni d'appareils de réfraction appropriés aux effets de convergence. On y voit également un tapis ruyschien. L'insertion du nerf optique et le centre visuel encore plus en dehors, produisent un strabisme divergent qu'on peut appeler normal. Telles sont les différences qui existent entre l'organe de la vue des mammifères, des singes et de l'homme.

Les espèces nocturnes, comme les chauves-souris chez lesquelles l'ouïe et le toucher suppléent à l'imperfection de la vue, ont l'organe qui en remplit les fonctions à peu près analogue aux yeux des oiseaux qui ont les mêmes habitudes. D'un autre côté, quelques mammifères marins ou cétacés manquent souvent de paupières et de glandes lacrymales. Leur globe oculaire est plat en avant, comme celui des poissons, par suite de l'aplatissement de leur cornée. Leur cristallin est plus sphérique que chez les espèces aériennes, disposition qui diminue le pouvoir réfringent de l'œil.

Enfin, chez quelques mammifères terrestres, les yeux ont de petites dimensions comparativement au volume du corps. Cette disposition est surtout manifeste chez les pachydermes, particulièrement chez les éléphants. L'œil est parfois caché sous la peau, à tel point, qu'on l'aperçoit à peine , chez les espèces qui passent leur vie sous terre , comme les Taupes , les Chrysoclores et les Zemnis.

L'appareil de l'absorption alimentaire est plus rigoureusement localisé chez les mammifères que chez les autres vertébrés. Il y est plus complet sous le rapport glanduleux. Il en est ainsi des vaisseaux lymphatiques , dont le développement est plus grand chez ces animaux que chez ceux des autres classes.

Cet appareil se compose de trois sections d'une longueur variable. La mastication ne s'y opère plus que dans la bouche , presque toujours munie de dents Les aliments, après avoir été broyés par ces corps d'apparence osseuse, sont ensuite introduits dans un canal nommé œsophage, dont l'extrémité inférieure aboutit dans un estomac généralement membraneux. Ils passent de là dans les intestins plus ou moins longs, plus ou moins repliés sur eux-mêmes, suivant le régime de l'animal.

Ce canal unique a reçu différents noms, suivant les portions qu'on en considère. A partir de l'estomac , on trouve le duodénum , puis l'intestin grêle ; ils composent à eux deux la plus grande longueur du tube digestif. Le colon et le gros intestin viennent ensuite, après lesquels on trouve le rectum qui se termine à l'anus.

Le système glanduleux, lié chez les mammifères à l'appareil digestif, y est plus développé que chez les autres vertébrés. Il se compose; 1.º de glandes salivaires ; 2.º du foie; 3.º du pancréas ; 4.º de la rate ; 5.º des reins, organes destinés à sécreter divers liquides nécessaires au maintien de l'économie vivante.

Les vaisseaux lymphatiques , en grand nombre chez les mammifères , s'y montrent plus développés que chez les classes inférieures. Ceux d'entre eux qui portent spécialement le nom de chylifères , se réunissent en un seul tronc assez considérable qui débouche dans la veine sous-clavière gauche.

La respiration des mammifères n'est pas aussi active que celle des oiseaux, quoique leur circulation soit double et complète. C'est une suite des habitudes de ces animaux qui vivent essentiellement sur la terre ferme et qui ne s'élèvent pas comme les premiers dans les plaines de l'air. Ces deux systèmes, celui de la respiration et de la circulation, ont acquis tous les perfectionnements qui leur étaient nécessaires eu égard à la manière de vivre des mammifères. L'appareil de la reproduction a reçu, chez ces animaux, une supériorité marquée, relativement aux autres classes. Cette supériorité est une conséquence de leur viviparité.

Ce progrès a lieu non-seulement dans la manière dont s'exécute cette fonction, mais dans les organes au moyen desquels elle s'accomplit. La complication des organes femelles est arrivée au point, que l'oviducte ne se termine plus chez les mammifères par un cloaque, comme cela a lieu non-seulement chez les reptiles, mais encore chez les oiseaux. La mère nourrit dans son sein le petit qu'elle doit mettre au monde, jusqu'à ce que les organes de ce dernier soient assez développés pour lui permettre une nourriture en harmonie avec sa faiblesse. Avant cette époque, les petits éclos reçoivent leur alimentation par des glandes particulières nommées mamelles, et dont on n'observe pas de traces chez les autres animaux.

Tels sont les progrès que l'organisation des animaux a subis depuis les plus simples jusqu'aux plus composés. Les détails précédents suffisent pour faire saisir, si les êtres organisés se sont succédé en raison de la complication de leur organisation ou du simple au composé.

La revue des divers embranchements prouve que chacun d'entr'eux présente à un degré éminent, le développement de quelques-unes des fonctions essentielles à la vie. On reconnaît par un examen comparatif, que depuis l'être le plus simple jusqu'au plus perfectionné, il y a une tendance constante vers une organisation supérieure : ce que démontrent les nombreux changements qui lient les plus simples aux plus composés. Cette tendance vers un développement progressif, est non-seulement prononcé d'une classe à une autre, mais souvent entre différentes espèces d'un même genre naturel.

Sans doute, le progrès est moins manifeste et ne porte pas d'une manière aussi essentielle sur l'ensemble de l'organisation, chez les différentes espèces d'un même genre que d'un genre à un autre, et encore plus entre les diverses classes des embranchements. C'est surtout d'une classe à une autre que le perfectionnement de l'organisation se montre sensible ; car il n'a jamais eu lieu dans une même espèce, et rarement entre les espèces du même genre.

En considérant dans son ensemble le règne animal, on reconnaît que les vertébrés l'emportent sous le rapport de leur perfectionnement sur les invertébrés. La plus grande complication des premiers tient au développement du système nerveux, dont l'influence est si grande sur l'organisme, indépendamment de celle qu'il exerce sur les organes des sens. Ses progrès ont nécessairement entraîné tous les autres, lorsqu'ils sont parvenus à leur *summum* de complication. Il en a été surtout ainsi des appareils qui sont essentiels à la vie.

Sous ce point de vue, les vertébrés diffèrent des invertébrés, chez lesquels le perfectionnement porte en général non pas sur tout le système de l'organisme, mais sur un seul de ces systèmes.

En examinant l'organisation des diverses classes du dernier de ces embranchements, on voit que les espèces les plus simples , telles que les monadés , les rayonnés et même les elminthés se distinguent par leur système de nutrition : les premiers ne sont en quelque sorte que des êtres digérants , cette fonction étant à peu près la seule qu'ils peuvent exercer à l'aide de simples cellules dont ils sont composés. D'un autre côté , les insectes se font remarquer par la complication et le nombre de leurs organes respiratoires ; les crustacés , par leurs appareils de circulation et les mollusques par la variété de leurs organes de reproduction , le plus souvent doubles dans le même individu.

De même , chaque classe des animaux vertébrés emprunte un caractère particulier à quelques-uns des éléments de l'économie animale. Cet élément prédominant est l'apparition du squelette intérieur chez les poissons , comme le perfectionnement qu'acquiert, pour la première fois , l'appareil musculaire chez les reptiles. On peut encore signaler l'activité et l'énergie de la force motrice des oiseaux , et la perfection des sens et la sensibilité du système nerveux chez les mammifères , qui reproduisent les caractères distinctifs des vertébrés dont ils sont le type , et l'homme le modèle.

Chacune des classes de ce degré supérieur de l'animalité est représentée , avec des conditions essentielles et particulières , dans le groupe des mammifères. Ceux-ci forment plusieurs séries distinguées par des caractères nombreux et tranchés. Le premier de ces ordres chez lequel la vraie canine manque le plus souvent , ou n'est jamais développée , se compose des pachydermes , des ruminants , des rongeurs , des édentés et des marsupiaux herbivores. Ils ont toujours les analogies les plus manifestes.

La présence de cette dent comme instrument de nutrition et non pas seulement comme défense , constitue un autre groupe ; il comprend les marsupiaux carnivores , les carnassiers , enfin les quadrumanes.

Les mammifères marins composeraient un ordre différent, et de l'autre côté, il en serait de même de l'homme.

En adoptant ce mode de groupement et comparant entre
elles les classes des verbébrés, on pourrait en quelque
sorte rapprocher :

1.º Les cétacés des poissons ;

2.º Les pachydermes, les ruminants et les rongeurs des
reptiles ;

3.º Les monotrèmes, les édentés et les marsupiaux herbivores, des oiseaux qui ont les mêmes habitudes, tout
comme les marsupiaux carnivores et les carnasssiers, des
oiseaux de proie.

Le principe de la classification à l'aide duquel nous venons d'établir l'ordre et la succession des différentes familles
chez les mammifères, est non-seulement utile pour montrer
les relations qui les unissent, comme les différences qui les
distinguent, mais il a encore un avantage ; il peut jeter
quelque jour sur l'ordre et la succession des débris fossiles
et humatiles des vertébrés dans les couches stratifiées, les
dépôts diluviens et les limons meubles (*Lehm* ou *lœss*).

Les premiers vertébrés que l'on rencontre dans les couches stratifiées du globe sont les poissons, comme parmi
les mammifères les marsupiaux, et après eux les espèces
marines et aquatiques, les cétacés et les pachydermes, auxquels succèdent les mammifères des terres sèches et découvertes, c'est-à-dire le plus grand nombre des monodelphes.

Après les poissons, paraissent les reptiles, puis les didelphes, les mammifères marins et les pachydermes. Ces
derniers animaux ont été précédés par les oiseaux, comme
parmi les races terrestres, les édentés, les rongeurs, les
ruminants ont apparu sur la scène de l'ancien monde avant
la plupart des carnassiers.

Les oiseaux, comme les **mammifères** terrestres, ne se

montrent donc que longtemps après les reptiles et les poissons. Les derniers deviennent d'autant plus variés, que des terrains secondaires on s'élève vers les dépôts tertiaires. Lorsque le nombre des races carnassières s'est considérablement accru, l'homme a apparu Ses dépouilles ne se trouvent en effet que dans les dépôts quaternaires les plus récents, les dépôts diluviens.

Les mêmes considérations d'analogie se montrent également entre la manière dont apparaissent les divers groupes des vertébrés et la complication de l'organisation. Les poissons, les plus anciens des animaux à colonne vertébrale, sont aussi les plus simples; après eux, viennent dans l'ordre du perfectionnement de l'organisation, d'abord les reptiles, puis les oiseaux, les mammifères didelphes, les cétacés et les mammifères monodelphes, à la tête desquels l'homme est placé. Il a aussi apparu le dernier, et par ces deux circonstances remarquables, il est devenu le point culminant de la création.

Les anciennes générations, considérées sous le double rapport de la manière dont elles ont apparu sur la terre, et de la complication de leur organisation, amènent toujours à la même série, soit qu'on l'établisse en partant du premier point de vue, soit qu'on suive pas à pas les progrès de l'organisme, pour arriver au *summum* de complication représenté par l'homme, l'être le plus perfectionné au physique comme au moral.

C. Des animaux de l'ancien monde.

§ Ier. — DES DIVERSES PÉRIODES ANIMALES.

La terre n'a donc pas été constamment animée par des êtres vivants. Elle en a été longtemps privée, en raison de l'élévation de la température ou parce que les milieux ambiants n'en permettaient pas encore l'existence. On peut montrer dans le sein du globe, le point où la vie a commencé et le distinguer de celui où il n'en existait pas de trace. Mais ce que l'on n'aurait pas deviné, si l'observation n'était venue nous l'apprendre, c'est que les êtres de l'ancien monde diffèrent pour la plupart de ceux-ci du monde actuel.

La création des êtres vivants n'a pas eu lieu d'un seul jet et par explosion. Produits graduellement par intervalles inégaux, ces êtres ont apparu, en général, en raison directe de la complication de l'organisation. En effet, les classes les plus simples ont précédé les plus compliquées. La loi du progrès ne s'est pourtant jamais manifestée dans la même espèce, et rarement dans les espèces d'un même genre.Elle s'est seulement exercée d'une famille à l'autre, et surtout d'une classe à une autre classe.

Le perfectionnement dans l'organisme, quoique la loi la plus constante et la plus générale des anciennes générations, n'a été sensible que chez les végétaux et les animaux les plus compliqués. Ainsi les espèces végétales de la classe des œthéogames ont tout d'abord apparu avec une organisation aussi avancée que les plantes actuelles de la même classe. De même, les céphalopodes, sorte de mollusques placés à la tête des invertébrés, ont néanmoins brillé dès les plus anciens âges, avec toute leur complication et même le perfectionnement qui caractérise leurs genres vivants les plus avancés en organisation.

Ces exceptions ne sont pas les seules que les anciennes générations présentent; elles sont seulement les plus remarquables et les plus importantes. Elles annoncent que l'organisation supérieure a eu beaucoup plus de peine à s'établir, que celle des organismes peu avancés. Ceux-ci sont arrivés de suite sur la scène de l'ancien monde, avec les détails les plus avancés de l'organisation et une entière perfection dans les divers systèmes qui en font partie. Les végétaux et les animaux les plus compliqués n'en ont acquis de pareils qu'après des temps d'autant plus longs, qu'ils appartenaient aux ordres les plus avancés dans la série.

Nous ferons connaitre ces diverses exceptions, à mesure qu'elles se présenteront, lorsque nous étudierons les flores et les faunes qui ont brillé aux diverses phases de la terre. Nous verrons que si, pour certaines familles des cryptogames, ou des invertébrés il n'y a pas eu de progrès, il n'en est pas ainsi des vertébrés, et des diverses classes des végétaux phanérogames, chez lesquels ce progrès a été aussi manifeste que lent à s'établir.

Malgré ces exceptions, l'ensemble des anciennes générations ne s'est pas moins succédé en se perfectionnant de plus en plus, et en se maintenant constamment en harmonie avec les conditions nouvelles et les changements qui s'opéraient graduellement à la surface de la terre.

La succession des êtres vivants, qui a eu lieu dans l'ancien monde en raison directe de la complication de l'organisation, du moins chez les êtres les plus compliqués, est non-seulement intéressante à étudier en elle-même, mais elle a une utilité directe, puisqu'elle marque en quelque sorte les divers progrès de l'organisme, et par suite les âges divers où ces progrès ont eu lieu.

Ce dernier fait donne une grande importance à l'étude des végétaux et des animaux des temps géologiques, puisque leurs débris servent à déterminer l'âge des couches terrestres. En effet, il existe une relation évidente entre leur nature, l'époque à laquelle elles ont été précipitées et les classes, les familles, les genres et les espèces dont les restes se trouvent ensevelis au milieu de leurs masses. On peut arriver à l'âge des diverses formations de sédiment qui contiennent dans leur sein des espèces fossiles, par l'observation de leurs races, tout comme on peut le faire par leur position dans l'intérieur de la terre Ceci est une suite des relations qui existent entre la nature des couches et les espèces qu'elles ont saisies au moment de leur dépôt.

Cette observation avait été sentie à une époque où la paléontologie était à peine connue et lorsqu'elle ne possédait encore aucune observation précise et certaine. Elle avait été pressentie par Saussure qui disait, dans ses *Voyages dans les Alpes* (chap. XVII), « qu'il fallait constater s'il y avait » des coquillages fossiles dans les montagnes les plus an-» ciennes, et non dans celles d'une formation plus récente, » et classer ainsi, s'il était possible, les âges relatifs et les » époques de l'apparition des différentes espèces ». Ainsi Saussure avait compris qu'on pourrait arriver un jour à des lois générales de la distribution des débris organiques, par époques distinctes, et que la connaissance de ces lois servirait de base à l'histoire des terrains de sédiment, les seuls où il en existe et qui constituent l'écorce la plus superficielle du globe.

C'est à la détermination des divers âges que présentent les couches terrestres, et à la reconnaissance de ces époques au moyen des débris fossiles qu'elles contiennent, que nous allons consacrer les observations suivantes. Nous étudierons en même temps les progrès que peut avoir fait l'organisation à ces différentes époques, afin de nous assurer s'ils ont été constants dans toutes classes, dans toutes les familles des végétaux et des animaux, ou si au contraire, elles n'ont pas été particulières à certaines d'entr'elles, et non générales à toutes.

Cet examen nous amènera à reconnaître si réellement il y a eu un perfectionnement graduel dans l'apparition des êtres organisés qui se sont succédé tour à tour à la surface du globe. A son aide, nous pourrons reconnaître si les espèces de l'ancien monde ne diffèrent pas d'autant plus des races actuelles, qu'ils appartiennent à des temps plus éloignés de nous. Les espèces animales ont, sous ce rapport, une importance plus grande que les végétales, parce que la corrélation de leurs formes est soumise à des lois fixes et invariables, ce qui donne à leur détermination un caractère de certitude que l'on ne peut pas obtenir avec les végétaux qui se font remarquer, au contraire, par la simplicité et l'homogénéité de leurs tissus.

§ II. — DES ANIMAUX DE LA PREMIÈRE PÉRIODE.

Les dépôts de cette période ont été précipités avant la séparation des mers intérieures d'avec l'Océan

La période la plus ancienne où l'on découvre des restes de la vie, embrasse la totalité des terrains de sédiment, désignés sous les noms des formations de transition et houillères. La plus ancienne se rapporte aux dépôts de transition, et la plus récente comprend le calcaire carbonifère et le terrain houiller.

Ce sont là les plus vieilles couches de sédiment où l'on découvre des débris de végétaux et d'animaux. Du moins, jusqu'à présent, on n'a pas rencontré la moindre trace de ces corps organisés au-dessous des terrains intermédiaires, malgré les recherches dont ces terrains ont été l'objet.

La simplicité de la première période n'est pas moins remarquable, relativement aux animaux, qu'elle l'est par rapport aux végétaux dont elle recèle les restes ; seulement, cette simplicité ne porte point dans les deux règnes sur des espèces des mêmes stations.

Cette période a vu à peine quelques animaux terrestres à respiration aérienne animer la scène de la vie, tandis que les plantes qui vivent sur les terres sèches et découvertes, déjà assez nombreuses, ont déployé une vigueur égale si ce n'est supérieure à celle de la plus brillante végétation des temps historiques. D'un autre côté, les plantes maritimes réduites pour lors à une seule famille et à un petit nombre de genres, ont été accompagnées par des animaux extrêmement variés dans leurs formes et leurs espèces, et nombreux sous le rapport des individus qui en faisaient partie.

Par suite de la loi de complication, les végétaux terrestres et les animaux marins des terrains de transition et houillers, ne se rapportent qu'à un petit nombre de classes et aux plus simples. Les végétaux appartiennent pour la plupart aux cryptogames semi-vasculaires ; c'est uniquement d'une manière fugitive, qu'on y distingue quelques monocotylédons et gymnospermes. Toutefois, ces derniers pourraient bien avoir composé une partie essentielle de la végétation de cette époque. Les œthéogames, les plus perfectionnés des cryptogames, l'ont certainement formée en grande partie.

Ce que l'on observe relativement aux végétaux est applicable aux animaux. Ces derniers se rapportent à la vérité aux invertébrés et aux vertébrés. Mais tandis que les premiers y sont représentés par les espèces les plus compliquées ou les mollusques céphalopodes, les seconds l'ont été par les poissons, êtres placés au degré inférieur des vertébrés.

Si les principaux types des terrains de transition et houillers ont été assez variés, d'abord pour les plantes terrestres, et en second lieu pour les animaux marins, les espèces qu'ils comprennent ont été d'autant moins nombreuses, qu'elles se rapportaient à des êtres plus compliqués. L'observation prouve encore que les végétaux et les animaux des classes les plus avancées n'ont point apparu pendant cette période, la plus ancienne parmi celles qui ont vu arriver sur la scène du monde, des êtres organisés.

L'époque de transition, la plus ancienne de celles où des êtres vivants ont apparu, a été remarquable par cette circonstance, qu'un certain nombre des genres qui en ont fait partie, se trouvent maintenant parmi ceux de la création actuelle. Ces genres communs aux deux créations, se rapportent aussi bien aux végétaux qu'aux animaux. Mais avec ces genres identiques, une foule d'autres semblent n'avoir plus de représentants et être tout-à-fait perdus; on n'en découvre du moins aucune trace parmi les genres actuels.

Il est donc parmi les formes des anciennes créations, des genres qui ont constamment persisté sur la scène de la vie. Ce fait est d'autant plus remarquable, qu'au milieu de la simplicité des formes génériques des vieilles générations, il s'est peu présenté. C'est en quelque sorte un phénomène particulier parmi les formes des types génériques des temps géologiques.

On peut signaler, parmi les genres communs aux deux créations, d'abord parmi ceux qui appartiennent aux végétaux, plusieurs genres de la famille des fougères, des équisétacées et des algues. Nous citerons parmi ceux fournis par les animaux, les *Astrea*, les *Caryophyllia*, les *Meandrina*, les *Serpula*, les *Ongulina*, les *Terebratula* et les *Serpula*, genres auxquels il nous serait facile d'ajouter un certain nombre d'autres non moins remarquables. Ces formes identiques ne se représentent que parmi les animaux invertébrés; car pour celles des vertébrés, elles n'ont rien d'analogue aux types qui caractérisent les races actuelles. Non-seulement elles n'ont aucune sorte d'affinité avec ces dernières, mais elles en diffèrent de la manière la plus essentielle par l'ensemble de leurs caractères, et parfois par l'originalité de leur organisation.

Tels sont les poissons des anciens âges. Tels ont été encore les premiers reptiles qui ont paru sur la scène de l'ancien monde. Les uns et les autres n'ont rien de commun avec nos races vivantes, si ce n'est les caractères généraux propres aux poissons et aux reptiles.

Toutefois, les premiers vertébrés ou les poissons ont des formes tellement paradoxales, qu'elles présentent souvent dans la même espèce, des caractères particuliers aux deux classes les plus simples de ce grand embranchement. Aussi, loin que les poissons et les reptiles des anciens âges rappellent nos races vivantes, les traits qui les distinguent sont si anormaux, que ce n'est qu'après le plus sérieux examen que l'on peut leur assigner leur véritable place dans la chaîne des êtres. Les uns sont en quelque sorte des poissons sauriens, comme les autres des reptiles poissons : les uns et les autres réunissant dans la même espèce, des caractères propres à ces deux classes.

Dès-lors, puisqu'on a de la peine à circonscrire dans leur véritable rang les poissons et les reptiles des anciens âges, ce n'est pas chez eux que l'on peut espérer de rencontrer des races analogues à celles qui vivent encore. Comparées entr'elles, les deux créations des vertébrés sont aux extrêmes des différences, lorsqu'on les examine aux plus anciens âges de la terre, et en même temps dans l'époque actuelle. Il en est tout autrement des invertébrés, puisqu'ils sont arrivés à la surface du globe avec le *summum* de la perfection de leur organisation.

1.º DES ANIMAUX DE LA PREMIÈRE ÉPOQUE DE LA PREMIÈRE PÉRIODE.

(Animaux des terrains de transition).

Les terrains de transition comprennent trois groupes, ou si l'on veut, trois étages : le premier, le plus ancien, ou groupe *cambrien;* le groupe moyen ou *silurien ;* le groupe supérieur ou *devonien*.

Cette époque, la plus ancienne de la première période,

embrasse les terrains fossilifères inférieurs au groupe houiller. Les systèmes cambrien, silurien et dévonien en font partie.

Les animaux de cette époque se rapportent aux deux embranchements de la série animale. Les vertébrés y sont représentés par les poissons. Ils ont appartenu à des espèces dont il n'existe plus de représentants sur la terre, et à des genres tout-à-fait inconnus dans la nature vivante.

Il n'en est pas de même des invertébrés ; ceux-ci diffèrent bien des espèces vivantes ; mais un grand nombre des genres auxquels ils se rapportent, se sont perpétués depuis la première apparition des êtres organisés jusqu'à nos jours. Chose remarquable, pendant cette longue série de siècles, où tant de générations ont été anéanties, les types principaux des formes n'ont pas été altérées, ni même modifiées d'une manière sensible. Ils sont restés les mêmes, malgré la diversité que les milieux intérieurs, ont éprouvée dans un aussi long intervalle, et dont l'influence a dû être manifeste sur leur organisation.

La presque totalité des animaux dont les terrains de transition nous ont révélé l'existence, se rapportent à des habitants des eaux, et la plupart à des espèces qui devaient vivre dans les eaux salées. Il en a été ainsi des vertébrés et des invertébrés. Du moins, aucun caractère appréciable ne rapproche les poissons de cette époque, des espèces qui vivent aujourd'hui dans les eaux douces.

Des animaux à respiration aérienne auraient existé à ces anciennes époques, si l'on pouvait ajouter foi aux observations des naturalistes qui nous les ont fait connaître. Ceux à qui elles sont dues, ne se doutaient pas le moins du monde qu'il y eût quelques rapports entre l'époque du dépôt des terrains où pouvaient se rencontrer des êtres organisés, et leur degré de complication. Aussi règne-t-il les plus grandes incertitudes sur la présence de ces animaux aux premières époques où la vie a apparu à la surface du globe. Il ne parait pas qu'elle soit antérieure au dépôt des terrains houillers.

Ces terrains ont offert deux genres de coléoptères que nous retrouvons dans notre monde : les *Curculio* et les *Brachycères*. L'ordre des névroptères y est également représenté ; une seule aile a permis de reconnaître un insecte de cette classe et dont le genre paraîtrait se rapprocher des genres Hémérobe, Semblis et surtout des Corysdales.

Ces insectes y sont accompagnés par un articulé de la famille des scorpionides qui respire aussi l'air en nature. L'on observe également au milieu des terrains de transition, d'autres familles d'articulés ; celles-ci vivent dans le sein des eaux. Telles sont les annélides et les crustacés. Cette dernière est composée d'un ordre inconnu dans la nature actuelle et de genres complètement perdus. Les annélides, au contraire, des terrains de transition et houillers, ne comprennent qu'un seul genre dont les formes se sont perpétuées jusqu'à nos jours.

La présence de ces insectes et de ces arachnides annonce que déjà, à ces anciens âges, des terres avaient surgi au-dessus des eaux et pouvaient nourrir des animaux respirant l'air en nature. On pourrait supposer que les circonstances atmosphériques ne devaient pas être très-différentes de celles des temps actuels, si l'état de la primitive végétation ne semblait prouver le contraire. Ne trouvant pas assez de terreau pour son développement, elle a dû rencontrer ailleurs les matériaux de son accroissement. Elle les puisait dans l'atmosphère, plus chargée d'acide carbonique maintenant Cette hypothèse explique les masses de charbon que ces végétaux ont déposées comme un témoignage irrécusable de leur nombre et de leur grandeur.

Quoiqu'il en soit, les lois de l'organisation des espèces de l'ancien monde étaient analogues à celles du monde actuel. La conformité des êtres de l'une et de l'autre création est si grande, que certaines espèces semblent seules s'y être soustraites, en prenant des caractères propres à plusieurs classes.

Si l'on porte son attention sur les organes exhalants des végétaux des terrains de transition et houillers, on n'y découvre aucune différence appréciable avec ceux de la flore actuelle. De même, les yeux des premiers animaux à respiration aérienne, qui ont paru à la surface du globe, paraissent semblables à ceux des insectes qui volent dans nos champs. Il en est du moins ainsi des organes de la vision des trilobites, quoique rien ne rappelle les formes étranges de ces crustacés parmi les espèces si variées de notre monde. Les yeux des trilobites enfoncés dans les vieilles couches du globe, sont analogues aux organes visuels de nos crustacés. Les uns et les autres ont subi l'influence de la même lumière, et ont été également disposés à en recevoir l'impression.

Seulement, la lumière pouvait être à cette époque, plus intense comme la température était plus élevée, sans que pour cela il fût nécessaire que les êtres qui en éprouvaient les effets, eussent une constitution différente. Si l'on compare la structure et l'organisme des espèces des régions polaires et des contrées équatoriales, on y voit la même analogie, quoique les conditions sous lesquelles elles vivent, soient loin d'être semblables.

La conformité de l'organisation prouve seulement que les relations des appareils nécessaires à la vie des êtres organisés, ont été les mêmes avec les milieux alors ambiants qu'actuellement. Ainsi, à l'époque où les crustacés furent placés au fond des mers, les relations mutuelles de la lumière avec l'œil et de l'œil avec la lumière, étaient les mêmes qu'aujourd'hui. Il paraît, d'après la structure des yeux des trilobites, que pour qu'ils aient pu servir à ces animaux, le liquide au fond duquel ils étaient plongés, devait être assez transparent pour permettre aux rayons lumineux d'arriver jusqu'à leur organe de vision, dont l'état de conservation parfaite a révélé la nature.

Parmi les restes organiques les plus anciens, nous trouvons un instrument d'optique d'une construction merveilleuse, adapté de manière à produire une vision distincte et complète. Une des grandes classes des animaux articulés en a ressenti les avantages. Cependant ces animaux, qui avaient des appareils de vision si perfectionnés, étaient imparfaits sous le rappport de l'ensemble de leur organisation. Du moins, ils ont duré peu de temps et n'ont pu se perpétuer à travers les modifications des différents âges. Ayant commencé lors des plus anciennes époques où la vie s'est manifestée sur la terre, ils n'ont plus reparu après les terrains houillers.

Les trilobites sont les plus anciens animaux articulés dont on trouve les traces dans les couches terrestres. Mais ce qui est non moins particulier, cette famille a été détruite peu après son apparition, et ne s'est pas étendue au-delà des terrains houillers.

On ne retrouve dans les terrains où fourmillent les trilobites, aucun autre débris de crustacés. Ces animaux ont été, pendant toute cette période, les seuls représentants de cette classe qui compose de nos jours tant de genres et d'espèces différentes.

On a cité longtemps, comme une de leurs particularités les plus singulières, l'absence de tout organe de locomotion. Il est vrai que les échantillons connus n'offrent que des portions de la surface supérieure du test. Mais comme quelques crustacés vivants et par exemple les *Branchipus,* les trilobites n'avaient peut-être que des pattes molles, servant en même temps d'organes respiratoires. Ces pattes qui n'ont pu se conserver, se sont décomposées au point qu'il n'en reste plus de traces. Plusieurs espèces du genre *Serolis* de Lamarck ont quelques ressemblances, par leur conformation extérieure, avec les trilobites. Elles en diffèrent, en ce qu'elles ont toutes des pièces crustacées en même temps que des pattes branchiales.

Quelques genres de cette singulière famille n'avaient aucune trace d'antennes; du moins on n'en voit pas le moindre vestige dans les individus les mieux conservés des Calymènes. Ils paraissent avoir eu, comme les Cloportes, une organisation qui leur permettait de se rouler en boule, à l'effet de protéger les parties molles renfermées dans leur abdomen. Lorsque ces animaux prenaient cette position, la saillie du dessous de leur bouclier, s'introduisant dans une cavité de la partie inférieure de la queue, le test entier prenait alors une position fixe. On trouve surtout les individus du *Calymene Bufo* dans cette situation.

Les yeux de ces crustacés n'ont pas passé par degrés à travers une série de tâtonnements pour arriver des formes les plus simples aux formes les plus compliquées. Ces organes furent disposés de manière à s'adapter aux fonctions que devait remplir l'ordre des crustacés, auquel cette espèce d'œil a toujours été et se trouve encore appropriée. Les yeux composés de ces animaux ont été formés par un grand nombre de lentilles microscopiques placées les unes à côté des autres, à l'extrémité d'un égal nombre de tubes ou petits cylindres. Malgré une aussi grande complication, ces lentilles ne venaient peindre qu'un seul objet sur la rétine de ces animaux.

Chaque œil de l'*Amplexus caudatus* de l'ordre des trilobites contient au moins quatre cents lentilles fixées par des

compartiments séparés sur la surface de la cornée. L'exté-
térieur de chaque œil est comme un bastion circulaire, qui
permettait à l'animal de commander les trois-quarts d'un
cercle. Ainsi, là où la vision d'un des yeux venait à cesser,
celle de l'autre commençait de manière à lui donner entre
les deux une perception horizontale complète, sans qu'il y
eut possibilité de mouvement dans cet organe.

Les Serolis actuellement vivants offrent la même conformation. Cette curieuse ressemblance démontre que la nature physiologique des trilobites était analogue à celle des
crustacés vivants, mais que la mer dans laquelle ils vivaient,
devait avoir une nature et une température propre à ce que
la vision pût s'effectuer avec des organes semblables aux
yeux des articulés de nos jours.

Ces yeux font même supposer une certaine intensité dans
les milieux habités par ces crustacés, ce qui n'exclut pas
la possibilité de certaines différences essentielles.

Un pareil instrument d'optique, dont la perfection est des
plus remarquables, a donc traversé tous les âges et a survécu
à toutes les modifications que le globe a éprouvé à partir
des trilobites, depuis si longtemps perdus. C'est à peu
près uniquement dans les terrains de transition que l'on en
découvre les traces ; mais elles disparaissent dès que l'on
parvient aux terrains secondaires même anciens, et à plus
forte raison lorsqu'on s'élève jusqu'aux terrains tertiaires.
Cet appareil de vision est cependant arrivé jusqu'à nous,
comme pour nous en démontrer la merveilleuse contruction
qui est encore à peu près la même chez les crustacés actuels,
et qui caractérise les yeux des armées innombrables d'insectes qui peuplent nos champs et nos bois.

Ces faits ne sont pas, comme on pourrait le supposer,
uniquement importants pour la physiologie animale ; ils ont
encore un plus grand intérêt. A leur aide, on peut juger de

l'état de l'ancien Océan et de l'ancienne atmosphère. Ils nous apprennent que ces crustacés étaient pourvus d'organes de vision dans lesquels les applications les plus délicates des lois de l'optique étaient semblables à celles qui, chez les crustacés vivant au fond de nos mers, servent à transmettre les impressions du fluide lumineux.

Du moins, la forme sphérique des cristallins des anciens trilobites, analogue à celle du cristallin des poissons, annonce combien les organes de leur vision étaient appropriés au milieu dans lequel ils exerçaient leurs fonctions. Une pareille forme ne se reproduit pas chez les autres articulés qui, comme les insectes, devaient vivre dans l'air. Ces organes de vision n'en ont pas moins été modifiés chez les divers genres de cette famille ; mais partout ils se montrent en harmonie avec les habitudes des espèces qui en faisaient partie.

Les premiers organes visuels dont les trilobites nous ont fourni un exemple, présentent la même construction et presque la même perfection que chez les crustacés vivants. Loin d'offrir des ébauches qui devaient se perfectionner peu à peu, ils sont aussi bien appropriés à la perception complète de la lumière que les yeux des insectes et des crustacés actuels. Quoique les conditions des milieux des anciens temps géologiques, aient présenté quelques différences avec celles qui existent maintenant, on trouve une conformité remarquable entre l'organisation des vertébrés d'autrefois et ceux des temps actuels. Les têtes de ces animaux ont été pourvues de cavités destinées à recevoir les yeux. Ces organes offraient également des trous destinés au passage des nerfs optiques. Quelques individus fossiles avaient même certaines parties de l'œil assez bien conservées pour juger de leur analogie avec les mêmes parties des yeux des poissons et des reptiles.

Les organes de la vision des monstrueux sauriens de l'époque jurassique, par exemple, ceux des Ichtyosaures sont assez entiers, pour reconnaître non-seulement la construction des principales parties de ces organes, mais l'ensemble de leur appareil visuel. Appareils admirables ! les yeux de ces reptiles avaient une construction tout aussi merveilleuse que ceux des animaux de haut vol. A l'aide d'un appareil particulier, ils leur permettaient d'apercevoir les objets à de grandes distances et devenaient alors semblables à des télescopes. D'un autre côté, à la volonté et d'après les besoins de ces reptiles, les mêmes appareils, analogues aux microscopes, leur faisaient distinguer les plus petits animaux qui pouvaient, par leur nombre, apaiser leur faim dévorante.

Dès-lors, comment douter que les yeux de ces animaux n'aient été des instruments d'optique, et des instruments des plus parfaits ? Ils avaient été calculés comme ceux des espèces actuelles, pour recevoir les impressions de la lumière, peut-être distribuée avec plus d'intensité que celle qui vivifie maintenant la surface du globe.

Admirable histoire d'un monde si différent de celui qui s'offre à nos yeux, au moyen des restes de la vie conservée dans les couches de la terre ! Nous pouvons connaître non-seulement les mœurs des êtres qui l'ont habitée les premiers ; nous pouvons même savoir quelle était la nature des milieux et des circonstances extérieures sous l'influence desquelles ils ont vécu.

Cette analogie entre les animaux des temps géologiques et ceux de l'époque actuelle, paraît assez générale. On le suppose du moins, d'après l'observation des espèces des terrains de transition. Ainsi, le nombre des zoophytes ou des rayonnés, ou des radiaires y est considérable ; mais les types des formes qui en caractérisent les différents genres, sont semblables à ceux particuliers aux races vivantes ; aussi la plupart de ces types se sont perpétués jusqu'à nos jours.

On observe dans notre monde un certain nombre des genres de l'époque de transition. Les espèces qui les composaient n'ont pas dû éprouver d'assez grands effets des changements qui s'opéraient dans la température, l'humidité et la nature des milieux ambiants, pour perdre les types de leurs formes génériques. Ces caractères ont changé presqu'en entier les espèces qui faisaient partie de ce groupe. Du moins, celles des anciens âges n'ont rien de commun avec les races actuelles, comme avec celles des autres époques géologiques. Restreintes dans des espaces de temps circonscrits, les races des terrains intermédiaires n'ont plus reparu, quoique quelques genres auxquels elles se rapportent, se soient perpétués jusqu'à nos jours.

Plusieurs genres de zoophytes paraissent avoir été communs aux formations de transition et à l'époque historique. Tels sont ceux de l'ordre des coraux ; leur accumulation a formé des masses assez étendues pour faire supposer qu'il existait pour lors des bancs de polypiers formés par des *Astrea*, des *Catenipora* et des *Porites*. Ces genres ont été les principaux architectes des récifs des temps anciens, comme ils le sont de nos jours.

A la vérité, il n'en est pas ainsi de tous les animaux des terrains de transition, et par exemple, des crustacés. Ceux-ci diffèrent des crustacés actuels, non-seulement par leurs espèces, mais encore par leurs genres, dont les formes étranges ont quelque chose de paradoxal. Les trilobites et certains brachiopodes du genre Lingule et les Orthocères, ont été les premiers habitants du globe jusqu'alors inerte et inanimé.

Leurs débris s'y trouvent en si grand nombre, que les feuillets des schistes de diverses localités de l'Angleterre en sont entièrement couverts. Les *Asaphus Buchii* et *caudatus*, si abondants dans le pays de Galles, ne le sont pas moins en Norwège et en Allemagne. Il en est de même des trilobites de Dudley (*Calymene Blumenbachii*). Ce crustacé se trouve non-seulement en Angleterre, mais encore en Allemagne, en Suède et jusque dans l'Amérique Septentrionale. Les formes de cette famille sont plus variées qu'on ne serait tenté de le supposer, surtout lorsqu'on fait attention à leur peu de durée. Ces premières formes animales ont si peu persisté, qu'à l'exception des terrains de transition et houillers, on n'en découvre plus de traces dans les formations suivantes.

Ces crustacés signalent aussi bien les groupes cambriens et siluriens que les *Lituites giganteus*, les *Productus depressus*, les *Pentamerus depressus* et *Knigthii*, les *Terebratula Wibsonii*, ainsi qu'une foule d'autres mollusques. On peut encore citer comme caractéristique de ces groupes le *Catenipora escharites*.

Le groupe dévonien est signalé par une grande quantité de polypiers plus ou moins analogues aux caryophyllées, ainsi que par des mollusques acéphales, tels que la *Calceola sandalina* et la *Terebratula perversa*, enfin par des céphalopodes, telles que le *Clymenia linearis*.

Ces faits prouvent l'habitation commune des mêmes espèces dans les climats les plus divers, comme l'Europe et l'Amérique. Ils annoncent que les lois de la distribution des animaux ne devaient pas être les mêmes dans l'ancien monde que dans le monde actuel. Maintenant, on voit peu de races identiques dans les deux continents. Chacun a sa création particulière et distincte, comme les formations de deux époques différentes. Cette communauté des anciennes espèces dans les deux continents, est propre aux végétaux et aux animaux de l'ancien continent.

Le plus grand nombre des types génériques des mollusques des terrains de transition se retrouvent dans la nature
vivante , quoique leurs espèces se maintiennent différentes
des races actuelles. Contrairement à la loi de complication,
les céphalopodes, les plus perfectionnés des mollusques, n'y
sont pas les moins abondants. Cette famille y est représentée par les Nautiles , dont les races y sont assez nombreuses, surtout les individus qui s'y rapportent. Cependant
ce genre appartient aux mollusques les plus élevés et offre
une organisation avancée parmi les animaux de cet ordre.

Ils appartiennent à la tribu des céphalopodes carnivores.
Leur position dans des couches aussi vieilles que celles des
terrains intermédiaires , semble une exception à la loi de
la complication. Des motifs puissants ont, en quelque sorte,
rendu nécessaire la présence des Nautiles à une époque
aussi ancienne. Ils paraissent avoir été déterminés par la
fécondité des trachélipodes herbivores, leurs contemporains.
Sans ces derniers , les mollusques herbivores se seraient
multipliés au point d'être réduits, pour la plupart, à mourir
de faim.

Pour établir une juste compensation entre la carnivorité
des uns et la fécondité des autres , la nature avait pourvu
d'un appareil particulier les trachélipodes marins des couches de transition et secondaires. Il les protégeait contre la
voracité des céphalopodes carnivores qui pullulaient à cette
époque. On le suppose, puisque les mollusques herbivores
des couches tertiaires sont pour la plupart dépourvus de cet
appendice.

Un semblable bouclier était inutile à ces derniers , puisqu'après le dépôt de la craie , les Ammonites et le plus
grand nombre des céphalopodes avaient disparu de la scène
de l'ancien monde. Les Nautiles ont persisté pendant le dépôt des terrains tertiaires ; mais ils sont loin de s'y trouver

dans les mêmes proportions que lors du dépôt des formations intermédiaires et secondaires.

L'organisation des anciens Nautiles ne diffère pas de celle qui caractérise les espèces vivantes. Ces mollusques n'étaient pas les seuls genres dont l'organisation fut très-complexe. Les Ammonites, fondement d'un type générique perdu, et qui avaient avec les Nautiles les plus grandes analogies, s'y trouvaient également. A la vérité, leurs formes ne se sont pas perpétuées, comme celle du genre auquel nous venons de les comparer ; elles n'ont pas dépassé la craie. Ils étaient tous deux munis de coquilles destinées à protéger le corps des animaux qui les habitaient ; elles leur permettaient de s'élever et de descendre au fond des eaux, au moyen d'un mécanisme analogue à celui du liége dont le pêcheur garnit sa ligne, ou à celui de la cloche du plongeur.

Leurs habitants logés dans la chambre la plus extérieure de cette coquille formaient derrière eux, à mesure qu'ils s'accroissaient, des espaces qui devenaient successivement autant de chambres à air, destinées à augmenter le pouvoir du flotteur. Celui-ci dont l'action était réglée par le siphon, composait un instrument hydraulique d'une certaine délicatesse ; à son aide, ces animaux pouvaient monter à la surface des eaux, comme la plupart des espèces pélagiennes.

De pareilles combinaisons en annoncent de non moins admirables dans les animaux dont elles sont l'ouvrage. Par conséquent leur organisation devait être très-avancée, quoiqu'ils aient appartenu à la période la plus ancienne des terrains fossilifères. Cette exception à la loi de complication n'est pas la seule que présentent les terrains de transition.

Une coquille parfaitement symétrique, nommée Ungulite, en raison de ses rapports avec un genre vivant analogue, nous en fournit une autre non moins remarquable. Rapprochée, par son bec, du genre Cranie, et par ses moyens d'attache, du genre actuel Onguline, sans appartenir ni à l'un ni à l'autre, cette espèce fait supposer que certains animaux de la période de transition formaient le passage entre les espèces perdues et les races actuelles. On dirait que la nature, avant d'établir des types, y est arrivée par des essais et en quelque sorte par des tâtonnements successifs. On peut entendre du moins de cette manière, les passages dont nous venons de parler ; car on n'a jamais vu dans l'ancien monde, pas plus que dans les temps actuels, des transformations des espèces les unes dans les autres.

La coquille sur laquelle a été établi le genre Ungulite, a été observée dans le Nord de l'Europe, dans des terrains antérieurs à ceux où l'on découvre les trilobites. On en observe de grandes quantités sur toute la côte de Finlande, depuis Revel jusqu'à Saint-Pétersbourg. Elle serait donc un des premiers représentants de la vie sur la terre, ainsi que plusieurs zoophytes ou articulés dont l'organisation est encore plus simple.

On peut également citer comme une exception à la loi de complication, une autre espèce d'Ungulite découverte dans le calcaire à trilobites de l'Esthonie. Celle-ci appartient comme la première à un genre qui, comme tant d'autres de la période intermédiaire, a vécu depuis l'apparition des êtres vivants jusqu'à nos jours. Sa structure est la même que l'espèce actuelle du genre Onguline; elle se rapporte, comme cette dernière, à l'ordre des mollusques brachiopodes et se rapproche jusqu'à un certain point, sous le rapport de ses caractères spécifiques, de l'Onguline vivante : fait géologique du plus haut intérêt.

Les céphalopodes, les plus compliqués des mollusques, dont le nombre est cependant si considérable dans les ter-

rains de transition, constituent une exception non moins remarquable à la loi de complication. L'apparition de ces animaux à une époque si reculée de l'histoire de la terre, a
peut-être été déterminée par la haute température dont la
surface du globe était pour lors animée. Du moins les mollusques de cet ordre abondent maintenant dans les zônes
les plus chaudes. Ils sont plus rares dans les zônes tempérées, et surtout dans les régions glaciales ou pôlaires.

Les céphalopodes, considérés dans l'état actuel des choses
sous le rapport de leur distribution, constituent trois régions. La première, ou la plus chaude, réunit le plus grand
nombre d'espèces, qui n'est pas moindre de 78 ; la moyenne
ou la région tempérée n'en présente que 35, et la froide 7
seulement. La complication de ces espèces est d'autant plus
grande, que la chaleur est plus élevée, et d'autant moindre
que cette température s'abaisse d'une manière sensible. Le
nombre et la variété des céphalopodes suit la même loi que
celle de la complication de leur organisation.

De semblables rapports existent entre les genres de la
famille des céphalopodes. En effet, sur les 32 qui la composent, 16 se rencontrent dans les régions chaudes, 10 dans
les zônes tempérées et 6 dans les froides. Le dernier chiffre
pourrait paraître encore fort grand, s'il n'était constant,
que le nombre des espèces d'un même genre diminue d'une
manière sensible, dans les basses régions ou dans les
contrées polaires.

Du reste, les formes les plus compliquées sont presque
toutes confinées dans les régions chaudes et brûlantes. Peu
se montrent dans les régions tempérées, et beaucoup moins
s'avancent dans les régions dont la température se maintient à quelques degrés au-dessus de zéro. Ainsi les céphalopodes acétabulifères sont d'autant plus perfectionnés dans
leurs formes, qu'ils habitent les contrées équatoriales.

Les conséquences de ces faits s'appliquent à l'ensemble des genres fossiles. Elles amènent à penser que ces genres ont vécu au milieu de mers chaudes, ou du moins sous l'influence d'une température plus élevée que celle des lieux où l'on découvre leurs débris.

Lorsque les Orthocères et les annélides couvraient les mers de leurs innombrables tribus, il n'existait pas de céphalopodes acétabulifères, pas plus que pendant le dépôt du calcaire conchylien (*muschelkalk*). Leur première apparition a eu lieu lors des terrains jurassiques. Ils s'y sont montrés avec les myriades d'Ammonites, sous la forme de Bélemnites, de Sépioteuthes, de Kelœno. La plupart de ces genres perdus, établis par M. D'Orbigny, ont été remplacés par des Bélemnites de formes différentes dans les terrains crétacés. Ce genre y représente à lui seul les céphalopodes acétabulifères des terrains jurassiques.

Il n'existe pas de traces de Bélemnites dans les terrains tertiaires. L'ensemble de cette série animale y était réduite aux Seiches et aux Béloptères.

Les céphalopodes ont donc existé dès la première époque où l'animalisation s'est manifestée dans les terrains siluriens et dévoniens. Mais lors de la période où les Orthocères, les Nautiles, les Goniatites couvraient les mers de leurs innombrables tribus, il n'y a pas eu de céphalopodes acétabulifères; du moins leurs traces ont totalement disparu. On peut présumer qu'il en est de même pour le *muschelkalk*, où les genres que nous venons de citer ne sont représentés que par des Nautiles auxquels viennent se joindre quelques Ammonites, mais aucune des espèces qui nous occupent.

La première apparition de l'entière famille des céphalopodes acétabulifères a donc eu lieu dans les terrains jurassiques, à l'époque où vivaient des myriades d'Ammonites si variées dans leurs formes. On en observe, en effet, un grand nombre dans les étages inférieurs du lias, avec des Bélemnites coniques et sans siphon et quelques Sépioteuthes.

Les premières, d'après leurs formes allongées, devaient être des animaux pélagiens, tandis que les autres habitaient probablement auprès des côtes. Le nombre des Bélemnites diminue d'une manière sensible vers les couches supérieures (*Oxford clay*) de ces formations. De coniques qu'elles étaient dans le lias, elles deviennent généralement lancéolées ou fusiformes. Les espèces des couches inférieures sont remplacées par d'autres tout-à-fait distinctes. Avec elles, paraissent et pour la première fois, dans les couches supérieures des terrains oolithiques, quatre ou cinq espèces de Seiches et quelques autres espèces inconnues dans la nature vivante, quoique plusieurs appartiennent à des genres actuellement existants.

En résumé, les Bélemnites atteignent leur plus grand dévelopement numérique et spécifique, au milieu des couches inférieures où l'on découvre seulement les Sépioteuthes. Les Teudopsis et les Bélemnites se rencontrent dans les couches moyennes, tandis que dans les supérieures, on observe les genres *Sepia*, *Ommastrephus*, *Evomphalus* et *Kelœno* que l'on revoit encore plus tard.

Les céphalopodes acétabulifères ne changent pas de forme dans les terrains crétacés, ainsi qu'on l'observe des terrains de transition aux formations oolithiques. En effet, dans les couches néocomiennes et dans le gault, on trouve encore des Bélemnites ; mais elles prennent pour la première fois, une forme comprimée propre à ces terrains. Dans les dernières époques ou les plus récentes des formations crétacées, les espèces comprimées ou lancéolées sont remplacées par des Bélemnites pourvues d'une gouttière, et distinctes par leurs formes de celles des terrains inférieurs. Les genres des époques antérieures, ne se trouvent pas dans les formations moyennes, soient qu'elles n'aient pu se conserver, soit que leurs espèces n'aient réellement pas existé.

Les céphalopodes deviennent plus rares dans les terrains tertiaires. On n'y voit plus le moindre représentant de ces myriades de Bélemnites des terrains inférieurs, pas plus que des céphalopodes à coquille cornée. Le seul genre *Sepia* s'y trouve pourtant, mais accompagné des Béloptères jusqu'alors inconnus. Leurs espèces propres aux couches inférieures de l'époque tertiaire, se rencontrent uniquement dans le bassin de Paris. Les couches supérieures, comme celles de la France méridionale et de l'Italie, dont les dernières sont si riches en poissons fossiles, n'ont montré jusqu'ici aucune trace de ces céphalopodes, dont l'organisation est des plus avancée parmi les mollusques.

La plupart des genres des terrains secondaires et tertiaires sont ensevelis pour toujours dans les couches terrestres. Les Bélemnites, les Bélemnitelles, les Teudopsis, les Kelœno et les Béloptères ont disparu à jamais de la surface du globe, tandis que les Sépioteuthes, les Ommastrèphes, les Enopleuteuthes et les Seiches, montrent encore aujourd'hui un grand nombre d'espèces vivant au sein des mers.

Quelques formes génériques ont donc survécu aux diverses révolutions du globe ; elles n'ont pas éprouvé des modifications importantes dans les détails de leur structure, puisqu'elles sont arrivées jusqu'à nous avec les mêmes caractères que celles propres aux genres vivants. Il n'en a pas été ainsi des types spécifiques ; plusieurs d'entre eux ont été si restreints dans leur distribution, que souvent ils ne passent pas d'une couche à une autre et sont remplacés par des types entièrement différents. Quelques-uns traversent bien plusieurs formations ; mais cette circonstance ne se reproduit que pour les espèces des époques récentes.

Les céphalopodes, placés à la tête des mollusques, présentent une exception à la loi de complication. Cette loi n'est pas moins sensible chez les animaux vertébrés, où l'on aperçoit constamment une tendance vers un plus grand perfectionnement. Seulement cette tendance n'est plus sensible, lorsqu'on étudie un groupe naturel d'animaux invertébrés, puisqu'on y découvre souvent un état stationnaire et même rétrograde dans la complication de l'organisation.

On pourrait supposer qu'avec des formes analogues à celles qui existent maintenant, les Sépioteuthes et les Enoploteuthes, on devrait découvrir des Bélemnites, dont les caractères se compliquent de la réunion des parties crétacées et cornées, et qui joignent à un osselet voisin de celui des Ommastrèphes, des loges empilées comme celles des Orthocères. Sous ces rapports, les céphalopodes acétabulifères devraient être plus compliqués que ces espèces ; mais les Spirules et les Argonautes, formes inconnues à l'état fossile, sont là pour démontrer le contraire ; elles prouvent que la nature regagne d'un côté ce qu'elle perd de l'autre.

Les invertébrés des terrains de transition ne sont pas les seuls qui offrent des exceptions à la loi de complication, malgré sa généralité. Les poissons, au lieu de commencer par les plus simples, tels que les cyclostomes ou les suceurs, qui offrent des rapports si nombreux avec les mollusques, sont signalés en premier lieu par des espèces compliquées, dont les analogies avec les reptiles sont manifestes.

Ces poissons se rapportent aux placoïdes et aux ganoïdes. Le premier de ces ordres comprend les singuliers poissons nommés sauroïdes, à raison de leurs rapports avec les reptiles. Ce caractère mixte ne semble s'être perdu qu'après l'apparition d'un grand nombre de reptiles. Les Ichtyosaures et les Plésiosaures de l'époque jurassique partici-

(175)

pent également , par leur ostéologie , aux cartilages des cétacés , et les grands sauriens terrestres à ceux des pachydermes qui n'ont apparu sur la scène de l'ancien monde
que beaucoup plus tard.

Les poissons sauroïdes sont assez compliqués pour se
rapprocher des reptiles ; aussi diffèrent-ils complètement
des genres vivants, et forment pour ainsi dire des êtres à
part. Leur similitude dans leurs types est si grande , qu'il
est souvent difficile de distinguer leurs écailles et leurs
ossements d'avec leurs dents.

Ils rappellent par leurs caractères ostéologiques le squelette des sauriens. Cette analogie est annoncée par les sutures plus intimes des os de leur crâne, et leurs grandes
dents coniques striées longitudinalement. Il en est de même
de la manière dont les apophyses épineuses sont articulées
avec le corps des vertèbres et les côtes , à l'extrémité des
apophyses transverses.

Les poissons de cette première époque sont parfois si
différents des espèces vivantes, que ce n'est qu'après des
preuves positives , que l'on demeure convaincu de leur véritable place dans la série animale. Ces espèces de l'ordre
des lépidoïdes , qui offre un grand nombre de genres , ont
été nommés *Cephalapsis* par M. Agassiz. Elles ressemblent
tellement aux boucliers des trilobites, que généralement elles
ont été considérées comme en faisant partie. On revient
cependant de cette supposition, en observant la portion antérieure de leur corps , couverte d'écailles et munie de nageoires.

Contrairement aux premières espèces , ces poissons se
faisaient remarquer par leur simplicité. Leurs formes étaient
si bizarres , que leur corps était proportionnellement moins
gros que leur tête. Les os de cette partie étaient tous confondus ; leurs écailles se montrent réunies en bandes très-

élevées et les rayons des nageoires comme noyés dans les membranes qui les entourent. Ainsi, tandis que les premiers poissons rappelaient les formes des reptiles, ceux-ci offraient celles des trilobites.

Cet exemple suffirait à lui seul, pour démontrer les lois constantes qui ont régi la succession des êtres et leur développement progressif, si la classe tout entière des poissons n'en était pas une continuelle démonstration.

Les céphalopodes ont été rencontrés dans le vieux grès rouge, qui appartient aux terrains dévoniens. Ce terrain renferme en outre une trentaine d'autres espèces. Ils sont donc plus jeunes que les poissons des terrains à trilobites et que ceux du système silurien.

C'est en effet dans ces derniers, les terrains stratifiés les plus anciens, que l'on découvre les premiers poissons ; les roches de Ludley qui appartiennent à cette époque, en renferment un assez grand nombre. Les genres des *Petadontus* et les *Hylæosaurus* de la famille des placoïdes, et les formes particulières de celle des ganoïdes, appartiennent aux époques les plus anciennes qui ont vu apparaître cet ordre d'animaux.

Les céphalopodes dont on connaît neuf ou dix espèces, perpétuent la première apparition de la longue série d'animaux invertébrés, dont les espèces deviennent de plus en plus nombreuses et diversifiées tant dans leurs formes que dans leur organisation, à mesure que des terrains anciens, on s'élève vers les formations récentes.

Les zoophytes, les articulés, les mollusques, les poissons sauroïdes ont donc paru simultanément aux plus anciennes époques où la vie s'est manifestée sur la terre. Ces animaux se montrent confondus dans les mêmes couches, et descendent tout au moins jusques dans la série inférieure de la Grauwake.

Les poissons de ces terrains se rapportent uniquement aux ordres des ganoïdes et des placoïdes. Ces ordres maintenant peu nombreux, ont existé à peu près seuls durant la période qui s'est écoulée depuis la première apparition des êtres vivants jusqu'à l'époque du grès vert (*green-sand*). Les poissons placés plus haut dans la classe des êtres que les zoophytes, les crustacés, et les mollusques, présentent par cela même, des particularités d'organisation plus nombreuses et sujettes à des différenciations plus grandes que celles qu'offrent ces invertébrés.

On remarque chez eux, dans des limites géographiques plus étroites, des différences plus grandes que chez les animaux inférieurs. On ne voit pas, dans cette classe, des genres et même des familles parcourir toute la série des formations avec des espèces souvent peu différentes, comme cela a lieu pour les zoophytes. Elle est, au contraire, représentée d'une formation à l'autre par de nouveaux genres qui se rapportent à des familles dont les espèces ont peu persisté sur la scène de l'ancien monde.

On dirait que l'appareil compliqué d'une organisation supérieure ne peut pas se perpétuer longtemps sans modifications intimes, et que la vie tend plutôt à se diversifier dans les ordres supérieurs que sur les échelons placés plus bas dans la chaîne des êtres. Il en est des poissons comme des mammifères et des reptiles ; leurs espèces peu étendues, en général, appartiennent, dans la série des terrains, même à peu de distance verticale, à des genres différents, sans passer insensiblement d'une formation à l'autre, comme il en est d'un grand nombre de mollusques.

Du reste, il n'existe presque pas de poisson fossile qui se rencontre dans deux formations différentes avec les mêmes caractères spécifiques. Des espèces semblables ne se montrent jamais dans des couches déposées à des époques différentes. Plusieurs de ces races se montrent cependant sur une étendue horizontale considérable dans la même formation et dans des continents différents.

La classe des poissons offre, sous le rapport de la géologie zoologique, l'immense avantage de s'étendre à travers toutes les formations ; car depuis la première apparition des êtres vivants, cette classe n'a cessé de se perpétuer sur la scène du monde. Par cela même, ces animaux fournissent un point de comparaison pour les différences que peuvent présenter, dans le plus grand laps de temps connu, des animaux construits sur un même plan.

Ce point de comparaison est d'autant plus important, que les poissons fossiles comptent déjà un grand nombre d'espèces. La plupart appartiennent à des types qui n'existent plus et dont les affinités avec les espèces vivantes sont déjà éloignées. Ces affinités ne le sont pas moins que celles qui rattachent les crinoïdes aux échinodermes, les Nautiles, les Poulpes et les Seiches aux Bélemnites et aux Ammonites. Elles sont du même genre que celles qui lient les Ptérodactyles, les Ichthyosaures et les Plésiosaures aux sauriens, enfin les pachydermes vivants à ceux qui habitaient le bord des lacs des environs de Londres, de Paris et de Montpellier, ou les plaines de la Sibérie.

Les poissons fossiles, comme les autres débris des corps organisés, nous indiquent qu'il s'est opéré un développement régulier dans l'ensemble des êtres. Ce développement a cela de particulier, d'être constamment en rapport avec les diverses conditions d'existence qui se sont réalisées à la surface du globe, à la suite des modifications qui y ont eu lieu. En effet, relativement aux poissons, on observe dans la série des formations géologiques, deux grandes divisions qui ont leurs limites aux grès verts.

La première ou la plus ancienne ne comprend que des

ganoïdes et des placoïdes. La seconde, plus intimément liée
avec les poissons vivants, réunit des formes et des organisations plus diversifiées. Ce sont surtout des cténoïdes et des
cycloïdes, avec un petit nombre d'espèces des deux ordres
précédents. Celles-ci disparaissent insensiblement, et leurs
analogues vivants ont été considérablement modifiés, eu
égard aux espèces qui les ont précédés.

Parmi les poissons fossiles du système dévonien, M.
Agassiz a signalé deux genres remarquables. Le premier,
celui des *Pterichthys*, est caractérisé par des appendices en
forme d'ailes. Le second, également nouveau, a ouvert à
la paléontologie comparative un champ de recherches aussi
fertile que la découverte du Plésiosaure et de l'Ichtyosaure
l'a été relativement aux reptiles.

Ils présentent des caractères si différents des poissons
connus, qu'ils ont d'abord été classés parmi les chéloniens, puis parmi les crustacés et même parmi les insectes coléoptères. Toutes les espèces des formations dévoniennes y sont entièrement confinées ; elles ne s'étendent
guère en haut dans la série silurienne.

Les genres qui n'ont pas de représentant dans les autres
formations, renferment le plus grand nombre d'espèces. Ils
ont été désignés sous les noms de *Pterichthys*, de *Dipterus*,
de *Glyptolepis*, de *Platygnathus*, de *Dendrobus*, de *Diplacanthus*, de *Cheiracanthus*, et de *Cheirolepis*.

Les genres que l'on retrouve dans le terrain houiller, tels
que les *Onchus*, les *Ctenacanthus*, les *Ctenophychius*, les
Holoptychius, les *Acanthodes*, les *Ptychacanthus* et les
Diptopterus, ne renferment pas une seule espèce identique
dans les formations appartenant à des âges différents.

Ce résultat s'accorde peu avec celui que présentent les
formations supérieures dans lesquelles les poissons, les
échinodermes supérieurs et les mollusques des formations

séparées , ne s'étendent jamais d'un système ou même d'une sub-division des couches à une autre.

Les poissons trouvés dans ces formations et même dans les roches plus anciennes , sont , quand on les compare aux espèces actuelles, d'une fort petite dimension et d'une grandeur insignifiante. Cette observation prouve que la stature colossale n'est pas particulière aux fossiles de toutes les époques géologiques , tant relativement aux poissons , qu'aux autres classes d'animaux , à l'exception toutefois d'un petit nombre de types particuliers.

Ceci n'empêche pas que , plus tard , les sauriens aient pris des proportions gigantesques ; mais alors il n'existait point de mammifères. Enfin , lors du dépôt des terrains tertiaires , les pachydermes, les édentés , les carnassiers et d'autres mammifères , ont acquis une grandeur démesurée et une stature presque colossale.

Les poissons du vieux grès rouge ont généralement une petite taille ou tout au plus une taille moyenne ; ils ne dépassent pas généralement 33 à 65 centimètres (1 à 2 pieds) en longueur. Quelques genres renferment pourtant des espèces qui avaient jusqu'à 1 mètre ou 1 mètre 30 centimètres (3 ou 4 pieds) ; aucune n'avait les dimensions de l'espadon ou du requin.

Les poissons de ces dépôts offraient de grandes variations dans leur type spécifique ; aussi leurs espèces appartenaient à une grande variété d'ordres et de familles.

Les quatre genres *Ctenacanthus , Onchus , Ctenoptychius* et *Pythacanthus,* de l'ordre des placoïdes pourvus de rayons épineux sur les dorsales , ressemblent jusqu'à un certain point aux grands Ichtyorulithes des formations houillères et oolithiques.

Dans l'ordre des ganoïdes, les genres *Acanthodes, Diplacanthus, Cheiracanthus* et *Cheirolepis,* présentent un groupe séparé, car quoique les espèces qui s'y rapportent, soient couvertes d'écailles, elles sont si petites, qu'elles donnent à la peau l'apparence du chagrin.

La manière dont les nageoires sont soutenues par les supports épineux, ou en l'absence de ces rayons, la position des nageoires elles-mêmes, ont servi de caractères différentiels.

Les genres *Pterichthys*, *Coccosteus* et *Cephalapsis* forment un second groupe. Les dimensions de leur tête, les grandes plaques qui enveloppent une grande partie de leur corps, et les appendices mobiles en forme d'ailes placées des deux côtés de la tête, leur donnent un aspect des plus extraordinaires. Les grandes plaques osseuses granulées les ont fait rapporter au genre *Trionyx*. La tête en forme de croissant des *Cephalapsis* et leurs écailles qui ressemblent aux articulations transverses du corps, ont fait prendre ce poisson pour un crustacé de l'ordre des trilobites.

Cette famille constitue du reste, un type aussi nettement prononcé dans la série des poissons que les Ichtyosaures et les Pélsiosaures parmi les reptiles. Un autre point curieux de la structure de ces genres, c'est l'association de plaques osseuses extérieures avec une colonne vertébrale molle et cartilagineuse, ressemblant à celle des Esturgeons. Ce caractère, commun à la plus grande partie des espèces des couches anciennes, fait concevoir qu'au milieu de ces formes singulières, il serait fort difficile de les rapporter aux types actuels. En effet, les ressemblances ne peuvent être que partielles et bornées à quelques parties de leur structure.

Les têtes armées des Esturgeons et les granulations qui protègent celles des Trigles, des *Dactylopterus*, etc., ressemblent un peu à celles des *Cephalapsis* et des *Coccosteus*. Les appendices du *Pterichthys* pourraient être comparés aux sous-orbitaires mobiles des *Acanthopsis* ou à l'allongement du préopercule de certaines espèces de Trigles et des *Cephalacanthus.*

On peut encore signaler l'analogie entre le développement imparfait de la colonne vertébrale et la position interne de la bouche dans ces genres, avec la forme du cordon dorsal et de la position de la bouche dans l'embryon de ces espèces.

Un troisième groupe de la formation dévonnienne est caractérisé par la structure des nageoires abdominales qui, dans les genres *Dicterus, Osteolepsis, Diplopterus* et *Glyptolepis,* sont doubles et ressemblent à une nageoire caudale. Ces genres diffèrent d'ailleurs entre eux par la structure de leurs dents.

Le quatrième groupe se distingue par ses grandes dents coniques, placées dans les parois de la bouche alternativement avec des dents plus petites. Cette structure se retrouve dans les genres *Holoptychius, Platygnathus* et le genre *Dendrobus* de M. Owen. Cette diversité originale du type dans les poissons d'une formation aussi ancienne, est considérée par M. Agassiz, comme un puissant argument contre la théorie de la transformation successive des espèces et la filiation des êtres organisés, provenant d'un petit nombre de formes primitives. Cette filiation non interrompue est d'autant moins réelle, qu'à chaque formation on voit apparaître de nouvelles espèces qui n'ont rien de commun avec celles qui les ont précédées et celles qui les ont suivies.

Quoique le petit nombre de poissons observés dans les terrains de transition, ne permette pas de leur assigner un caractère particulier, ils paraissent appartenir à des espèces qui, avec le même type, n'arrivent pas jusqu'au terrain houiller.

M. Agassiz à qui nous devons la connaissance de ces dé-

tails , est maintenant en mesure de décrire plus de 1800 espèces de poissons fossiles. Il estime à environ 5,000 , le
nombre des espèces ensevelies dans les couches qui constituent l'universalité du globe. Ce nombre lui paraît cependant au-dessous de la réalité, tant est grande la richesse
du plan de la nature, que nous nous efforçons de recons-
truire par nos recherches , et qui s'étend de plus en plus à
mesure que la science fait des progrès.

Si les terrains de transition ne recèlent aucune espèce
semblable aux races actuelles, certaines formations ont conservé les mêmes formes et les mêmes coupes génériques. Les
animaux invertébrés prouvent que les coupes génériques sont
un jeu de notre esprit et ne sont point fondées par la nature. En effet, elle n'a créé que des espèces ou pour
mieux dire des individus. Cette remarque s'applique surtout
aux animaux supérieurs , dont les genres se montrent pour
la plupart analogues à ceux qui vivent dans les temps actuels. Il en est de même des multiloculaires ou des céphalopodes, qui sont tout-à-fait perdus à l'exception des Nautiles. Quant aux autres genres , tels que les Orthocératites ,
les Ammonites , les Cystocératites et les Lituites, nous n'en
n'en connaissons pas de représentants dans le monde qui
s'offre à nos regards.

Les genres conservés ou détruits offrent des espèces
anéanties, toutes différentes de celles qui vivent de nos jours.
Malgré leurs diversités spécifiques avec les races actuelles ,
les unes et les autres ne sont pas moins comprises dans un
même plan d'organisation et dans le même système d'appareils destinés à des fonctions semblables. Chacune d'elles
peut être considérée comme un anneau de la chaîne commune qui unit les races existantes à celles qui ont subi les
conditions les plus anciennes de la vie à la surface du globe.

Elles attestent toutes l'unité du plan qui a présidé à leur

emploi, pour des fins identiques dans les nombreuses et différentes espèces qui composent les générations actuelles ou qui ont fait partie des générations passées. Cette unité de plan a mis l'organisation de toutes ces espèces en harmonie avec la nature des milieux où les circonstances extérieures sous l'influence desquelles elles devaient vivre. Au milieu des changements que les appareils des êtres vivants ont éprouvés, pour être en rapport avec les nouvelles conditions d'existence qui survenaient successivement, par suite des modifications qui s'opéraient à la surface du globe, on reconnaît toujours dans le même système général de l'organisme, les mêmes lois et les mêmes vues d'ensemble.

L'uniformité des espèces des terrains de transition, dans tous les lieux et dans toutes les classes, indique la plus grande égalité dans la température des milieux ambiants. Il devait en être ainsi, puisque les mêmes espèces végétales et animales se trouvaient alors dans les contrées les plus différentes.

Cette similitude dans la distribution des êtres vivants, annonce qu'il ne devait y avoir à cette époque (les faits nous prouveront qu'il en a été de même longtemps encore) qu'une seule mer, et que les mers intérieures n'avaient pas été séparées de l'Océan. Lorsque les méditerranées se sont formées par l'effet du soulèvement du sol, des climats divers ont été le partage des différentes zônes terrestres, et la loi de la localisation a succédé à la répartition générale des mêmes espèces dans les lieux les plus éloignés. Cet effet a été produit non d'une manière instantanée, ni par explosion, mais peu à peu et par degrés. Ainsi la terre, après avoir subi ces diverses phases, est arrivée à son état actuel, à l'époque de stabilité et de calme qui la caractérise maintenant.

Les animaux des terrains de transition se rapportent aux invertébrés et aux vertébrés. Les premiers, assez variés, comprennent trois classes : les zoophytes, les articulés et les mollusques. Les seconds, ou les vertébrés, y sont représentés par une seule classe, la plus simple de cet embranchement. Quoique les poissons soient les moins avancés des animaux de cette classe, ils sont néanmoins arrivés tout-à-coup à un degré d'organisation très-élevé pour des êtres de cet ordre. Il en a été de même des mollusques, dont les espèces les plus compliquées ont été les premières à apparaître sur la scène de l'ancien monde.

L'ordre inférieur des invertébrés, celui des zoophytes, comprend plusieurs familles composées de plus de soixante-dix genres et d'un grand nombre d'espèces. La seconde classe, celle des animaux articulés, se compose de plusieurs groupes, des annélides et des crustacés. Le premier offre deux genres, les Spirorbes et les Serpules, qui se sont perpétués jusqu'à nos jours.

Les crustacés ont tous appartenu à des genres éteints, et à un assez grand nombre d'espèces dont on n'observe aucune trace sur le globe. Avec ces crustacés, ont vécu des mollusques aussi diversifiés que perfectionnés sous le rapport de leur organisation. Ces mollusques appartiennent à un grand nombre de genres qui s'élèvent à environ quatre-vingt.

Les poissons comprennent peu de genres, qui font partie de deux ordres. Les détails que nous donnerons plus tard sur ces vertébrés nous dispensent d'en dire davantage pour le moment.

Tel est l'ensemble de la première population qui a embelli la surface de la terre. Quoiqu'elle ait eu bien des progrès à faire, pour arriver au *summum* de complication auquel sont parvenues les espèces actuelles, les mollusques les plus perfectionnés y ont apparu tout d'abord, comme les poissons d'une organisation encore plus avancée. Ces animaux signalent à eux seuls les vertébrés : les reptiles n'ayant point encore apparu à cette époque.

Les invertébrés sont représentés, dans les terrains de transition, par un plus grand nombre de classes et par conséquent de familles. Il en est une bien particulière et de complètement perdue ; elle appartient aux mollusques et commence à se montrer dans ces terrains ; nous voulons parler des Goniatites l'un des genres des Ammonéens, que l'on aperçoit non-seulement dans les grauwackes des couches dévoniennes, mais encore dans les dernières couches du système silurien. Les terrains dévoniens qui renferment ces Goniatites à formes inconnues dans la nature actuelle, offrent en même temps les dépôts de combustible, les plus anciens de ceux que l'on découvre dans les couches terrestres.

L'ensemble des terrains de transition renferme jusqu'à cinq ordres de mollusques, les céphalopodes, les ptéropodes, les gastéropodes, les acéphalés et les brachiopodes. Ces invertébrés n'offrent qu'un assez petit nombre de genres et de familles éteintes, et en même temps plusieurs groupes génériques qui se trouvent dans tous les terrains et se rencontrent jusque dans la nature actuelle. Tels sont les Nautiles et les Térébratules, ainsi que la plupart des gastéropodes et des acéphales.

Les genres de mollusques qui ne vivent plus aujourd'hui, ne s'y voient pas en grande majorité, comme on serait tenté de le supposer. La plupart d'entr'eux ont vécu pendant plusieurs époques géologiques, et quelques-uns se retrouvent encore maintenant. Toutefois, la faune jurassique des mollusques, et à plus forte raison la faune crétacée, ont plus de genres communs avec ceux de la création actuelle, que de genres éteints.

Les faunes les plus anciennes sont riches en espèces qui

appartiennent aux classes les plus compliquées : en effet, les terrains siluriens renferment une quantité considérable de céphalopodes. Ces mollusques, comme la plupart des invertébrés, prouvent que cet ordre d'animaux est arrivé tout-à-coup sur la scène de l'ancien monde avec leur *summum* de complication, ce qui n'a pas eu lieu pour les vertébrés.

Aussi, toutes les formes des animaux invertébrés de l'époque des terrains de transition ou primaires, ont une moyenne d'organisation au moins aussi élevée que celle du monde actuel. Dès-lors il semble assez naturel de conclure, d'après l'organisation des mollusques des âges passés, que les circonstances atmosphériques n'ont pas éprouvé d'aussi grands changements que l'on serait tenté de le supposer.

Néanmoins, à l'époque des terrains dévoniens, comme à celle du dépôt des formations siluriennes, il ne devait pas y avoir une grande différence de température due à la latitude, puisque les mêmes êtres vivaient sous la zône torride aussi bien que dans les régions septentrionales. Une pareille uniformité dans la distribution des mêmes espèces et à la même époque, annonce que la chaleur centrale, alors très-grande à la surface de la terre, neutralisait toutes les influences extérieures.

Ainsi, partout, les *Productus* caractérisaient les terrains dévoniens, bien plus que les *Spirifer*, les *Orthis*, les *Terebratula*, les *Trigonia*, les *Pecten*, les *Solarium* et les *Natica*. Les espèces américaines de ce genre, comparées à celles d'Europe, offrent non-seulement les analogies les plus manifestes, mais une similitude et une identité parfaites : ce qui indique une contemporanéité d'existence.

Les mollusques des terrains intermédiaires, aussi bien que ceux des formations secondaires, ont dû vivre dans des eaux peu différentes de celles d'aujourd'hui, du moins quant à leur nature et à leur température. Comme ces animaux sont parmi les fossiles, les plus répandus et les plus abondants, ils jouent un des principaux rôles dans la détermination des terrains.

Ainsi, pour ne pas sortir des formations de transition dont nous nous occupons, nous ferons observer qu'un seul genre des mollusques ptéropodes, les Conulaires de Miller, a déjà présenté quatorze espèces particulières. Il y a cependant peu de temps que M. Sandberger l'a découvert. Cet observateur a recueilli ces espèces dans les terrains siluriens du système du Rhin, ainsi que dans diverses formations houillères.

Si l'on compare ce genre avec les ptéropodes vivants, on voit que c'est du genre Cléodore de Péron qu'il se rapproche le plus. Il a la même forme pyramidale que la *Cleodora pyramidata* de l'océan américain. Seulement, les espèces de ce genre surpassaient en dimension les espèces actuelles; elles étaient en effet cinq fois plus grandes. Les premières avaient 10 centimètres, tandis que la plupart des ptéropodes actuels n'atteignent pas 2 centimètres.

On les découvre depuis les formations de transition les plus anciennes jusque dans les couches carbonifères. Ils semblent manquer aux formations secondaires, pour apparaître de nouveau dans les terrains tertiaires où ils sont représentés par des genres analogues à ceux de nos mers.

Ces anciens ptéropodes, dont M. le docteur Guido a fait un genre sous le nom de *Coleoprion* fort rapproché du genre *Creseis* de Rang, étaient fort répandus; on en a découvert en effet des restes dans les cinq parties du monde.

Les mêmes terrains de transition, particulièrement les siluriens, ont offert un genre de mollusques cyclobranches très-voisin des *Chiton* et qui, à raison de cette circonstance et de ses dispositions vermiformes, a reçu le nom d'*Helmin-*

tochiton. Ce genre est non-seulement remarquable en ce qu'il n'avait pas été rencontré jusqu'ici au-dessous des terrains dévoniens, mais en outre à cause de sa rareté.

2.º DES ANIMAUX DE LA SECONDE ÉPOQUE DE LA PREMIÈRE PÉRIODE.

Animaux du groupe carbonifère ou des terrains houillers.

Cette époque comprend l'entière série du groupe carbonifère, ou les terrains houillers proprement dits. Nous n'y réunissons pas le vieux grès rouge, qui appartient aux terrains dévoniens considérés comme l'étage supérieur ou la plus récente des formations de transition, étage caractérisé par la présence d'un grand nombre de mollusques bivalves connus sous le nom de *Productus*. Le terrain houiller peut être divisé naturellement en plusieurs sections. Ces divisions paraissent très-tranchées en Russie, où l'on en distingue jusqu'à trois.

La plus ancienne offre des roches de couleur foncée, caractérisées par la présence des *Productus giganteus* et *Waldaïcus*.

La masse centrale ou le calcaire blanc de Moscou contient les *Spirifer mosquensis*, *resupinatus* et *glaber*. On y trouve des lits de calcaire magnésien jaune et compacte.

La partie supérieure contient des myriades de *Fusulina* (fossile décrit par Pallas, comme ressemblant à des grains de blé) et l'*Evomphalus pentagulatus*. Ces mêmes foraminifères, reconnus dans les formations houillères de l'Ohio, ont été été décrits par le professeur Fischer sous le nom de *Fusulina cylindrica*. Ils caractérisent, en Russie, la division supérieure des calcaires houillers, de la même manière qu'en Amérique Ils sont même dans l'une et dans l'autre de ces contrées, un des guides les plus certains pour la reconnaissance des terrains qu'ils signalent.

Les *Fusulina* sont, dans l'ancien continent, tout-à-fait spéciaux à la Russie; ils manquent dans les terrains houillers de l'Allemagne et de l'Angleterre. Il est toutefois remarquable de les retrouver si loin du côté occidental (1).

Les espèces fossiles du groupe houiller offrent les plus grands rapports avec celles des terrains de transition. Il en est ainsi de la végétation de ces deux époques. On y voit les mêmes classes des invertébrés et des vertébrés; mais les animaux à respiration aérienne sont, à cette époque, plus abondants qu'à celles qui l'avaient précédée. En effet, les terrains houillers ont été caractérisés par deux classes d'animaux invertébrés respirant l'air en nature, les insectes et les arachnides. Les vertébrés paraissent y avoir été représentés par des reptiles dont la respiration était également aérienne.

A la vérité, les reptiles n'ont été encore reconnus que par les empreintes de leurs pas, aperçues dans une carrière de grès qui plonge au-dessous d'une couche de charbon. Il existe donc des doutes à cet égard, quoique cette découverte soit due à M. Lyell dont l'habileté est bien connue. Si des reptiles ont réellement existé à l'époque houillère, ces animaux seraient arrivés plus tôt sur la scène du monde qu'on ne l'avait supposé. Ainsi au lieu de la classe la plus simple de l'embranchement des vertébrés, les terrains houillers en auraient vu apparaître deux.

Les observations du docteur Hibbert prouvent combien il faut se méfier de ces reconnaissances faites uniquement au moyen d'empreintes, puisque c'était à l'aide de dents que ce docteur avait prétendu que des reptiles sauriens

---

(1) *American journal of scienc.* Septembre 1846.

avaient vécu à l'époque du dépôt des terrains houillers d'Edimbourg. M. Agassiz, en examinant avec plus de soin ces dents, a reconnu qu'elles appartenaient à des poissons sauroïdes ; cet ordre, le plus élevé de cette classe sous le rapport de sa structure, a plus que tous les autres, de grandes analogies avec les vrais sauriens par ses caractères ostéologiques. De même que les céphalopodes, ils sont arrivés tout-à-coup sur la scène du monde avec toute la perfection de leur organisation. De même, les plus anciens poissons, qui appartiennent à un autre embranchement, ont apparu avec un organisme égal, sinon supérieur à celui des poissons vivants.

On avait également rapporté des écailles disséminées dans les schistes bitumineux des Orcades et de Caithness en Ecosse, à des tortues voisines du genre *Trionyx*. Cependant ces écailles, examinées par M. Agassiz, lui ont paru appartenir non à des reptiles, mais à des poissons. Ces faits prouvent combien il faut se prémunir contre de pareilles méprises, puisque celles-ci ont été faites par des hommes habiles et spéciaux.

Il paraîtrait pourtant, d'après M. Goldfuss ainsi que d'après MM. Murchison et Dechen, que les reptiles auraient laissé des traces de leur ancienne existence dans les terrains houillers de l'Allemagne et de l'Angleterre. Le dernier de ces observateurs y a découvert un sphérosidérite renfermant une tête de reptile assez bien conservée, tête que M. Goldfuss a décrite.

Elle paraît avoir appartenu à un saurien d'une longueur d'un mètre 25, dont les caractères étaient intermédiaires entre ceux des crocodiliens et des lézards. Les orbites sont dirigées en dessus ; la région occipitale est le double de ce qu'elle est chez les reptiles connus de la même taille. Les dents plus nombreuses et plus petites que chez les crocodi-

Il ne faut pas cependant en conclure que l'organisation des poissons de l'ancien monde puisse s'accorder avec le passage des espèces les unes dans les autres. Ce passage est du reste tout-à-fait hypothétique, et n'est fondé sur aucune observation précise. Ainsi, les cycloïdes et les cténoïdes qui ont apparu les derniers sur la scène de l'ancien monde, et dont on ne voit aucune trace avant l'époque crétacée, ont si peu de rapports avec les classes qui les ont précédés, qu'il faut qu'ils aient été produits par une création spéciale et distincte. Il est du moins impossible de les faire provenir des placoïdes et des ganoïdes, dont le plan général de l'organisation est si différent, et dont les formes se sont toutefois étendues jusques dans la faune actuelle, où les cténoïdes et les cycloïdes dominent tellement qu'ils en représentent environ les quatre cinquièmes.

Le reste des poissons de notre monde consiste principalement en placoïdes auxquels se joint un nombre extrêmement restreint de ganoïdes.

Les poissons des temps géologiques ont donc différé d'une manière essentielle des espèces vivantes, non-seulement sous les rapports spécifiques, mais sous le rapport des formes génériques. Les terrains anciens ne renferment presque que des ganoïdes aujourd'hui si rares, et n'ont aucun représentant des deux ordres actuellement les plus abondants. Les ganoïdes restent nombreux jusqu'à l'époque jurassique, pendant laquelle les placoïdes deviennent plus fréquents. Ces derniers se continuent pendant la période crétacée où apparaissent les cycloïdes et les cténoïdes ; les ganoïdes diminuent pour lors rapidement.

En général, les familles ont été peu nombreuses dans les époques anciennes ; elles ont eu même cela de particulier de se ressembler et d'être peu différentes les unes des autres. La nature a donc été moins variée aux époques anciennes que maintenant ; elle n'est arrivée que peu à peu aux formes plus diverses de la création dont nous sommes les témoins.

Ces faits prouvent, ainsi que nous le démontrerons plus tard, qu'il n'y a jamais eu de passage entre les espèces ; car si de pareilles transitions avaient été dans les desseins de la nature, on ne verrait pas fréquemment des genres tout-à-fait spéciaux à une époque, y apparaître dès leur origine, avec une multitude d'espèces. Le lien des faunes n'est donc pas matériel ; il réside tout entier dans la pensée du Créateur.

Ce passage des espèces les unes dans les autres n'a été admis que sur des faits inexacts. Ainsi, on avait longtemps considéré comme fossile et comme appartenant aux terrains tertiaires, un poisson trouvé au Groënland, dans des géodes d'argile. M. Agassiz, en examinant avec soin cet échantillon, a reconnu qu'il appartenait non aux temps géologiques, mais à l'époque historique.

Il y a plus, les espèces de cet ordre le plus simple des vertébrés paraissent toutes perdues, même celles des époques les plus récentes. Du moins le seul poisson du *diluvium* déterminé d'une manière rigoureuse, est une race perdue nommée *Esox otto*. Ainsi il n'est pas une seule espèce de poisson commune aux terrains de l'ancien monde et à ceux du monde actuel, ce qui prouve qu'il n'y a pas eu de transition entre les deux créations, puisqu'elles sont totalement différentes.

Si l'on suppose que le nombre des poissons vivants s'élève à 8000 et celui des espèces fossiles à 1800, les dernières seraient un peu moins du quart des races actuelles. Si l'on admet au contraire que ce nombre ne s'élève pas pour les espèces de l'ancien monde à plus de 1,400, il en résulterait que celles-ci ne composeraient qu'un peu plus du sixième des espèces qui s'offrent maintenant à nos regards.

Ces animaux ont laissé des traces de leur ancienne existence dans les terrains stratifiés, et sont en même temps les plus persistants des vertébrés. Ils ont constamment existé depuis la première apparition de la vie, jusqu'à nos jours.

En se laissant conduire par la forme des écailles, parties qui ont traversé tous les âges et sont parfois d'une parfaite conservation, M. Agassiz a divisé les poissons en quatre grandes classes. Ces classes, assez naturellles, concordent très-bien par leur apparition avec les époques géologiques où elles ont vécu. L'une de ces classes, à peu près complètement méconnue jusqu'à lui, est formée de genres dont on ne trouve la plupart des espèces qui en font partie, que dans les couches anciennes de l'écorce du globe.

Ces classes sont : les ganoïdes, les placoïdes, les cténoïdes et les cycloïdes.

1.º Les ganoïdes comprennent plus de 50 genres. Il faut en rapprocher les Plectognathes, les Syngnathes et les Esturgeons (*Accipenser*).

2.º Les placoïdes réunissent les poissons cartilagineux de de Cuvier, moins les Esturgeons que M. Agassiz place dans les ganoïdes, ainsi que nous venons de le faire observer.

Ces deux classes de poissons, qui ont persisté depuis la première création jusqu'à la fin de l'époque jurassique, ont été composées d'espèces munies de plaques épineuses ou d'écussons couverts d'émail.

3.º Les cténoïdes, les plus nombreux des poissons du système supérieur de la craie, embrassent les acanthoptérygiens d'Artédi et de Cuvier, à l'exclusion cependant de ceux à écailles lisses et les pleuronectes en font également partie.

4.º Les cycloïdes sont composés des malacoptérygiens et

de toutes les familles des acanthoptérygiens de Cuvier. Il faut toutefois en exclure les *Pleuronecta*, qui doivent être placés parmi les cténoïdes.

Pour saisir les rapports de ces classes avec celles de la population actuelle, il suffit de se rappeler que sur les huit mille espèces de poissons vivants, plus des trois quarts appartiennent à deux classes qui se trouvent peu dans les terrains antérieurs à la craie. Elles se rapportent aux cténoïdes et aux cycloïdes, dont on ne découvre aucun analogue dans toute la série des terrains secondaires jusqu'aux grès verts (*green sand*).

L'autre quart se rapporte aux ganoïdes et aux placoïdes ; peu nombreux maintenant, ils ont principalement existé durant l'époque écoulée depuis que la terre a commencé d'être habitée, jusqu'au moment où les animaux déposés dans les grès verts ont paru sur la scène de l'ancien monde.

Cette singulière balance dans les classes qui composent la série la plus simple des vertébrés, est un fait d'autant plus remarquable, qu'on observe non-seulement en grand cette disposition régulière dans les groupes, mais encore dans leurs subdivisions. Les genres reproduisent par leur affinité, les séries analogues dans chaque ordre, et même dans chaque famille. Les différences d'organisation deviennent ainsi des caractères distinctifs pour les époques géologiques, même relativement aux espèces que l'on verrait pour la première fois.

Ces différences organiques ont surtout trait à la nature des téguments et à la manière dont les poissons se montrent en rapport avec le monde extérieur qui les entoure, et principalement aux organes essentiels de la locomotion.

Les types spécifiques de ces vertébrés à peu près tous perdus, n'ont rien d'analogue avec les races vivantes. Ceux qui appartiennent aux formations crayeuses, se rapprochent beaucoup plus des poissons de la série tertiaire, que des espèces antérieures à ces formations. Il n'y a jamais rien de commun entre les espèces des deux terrains, quoiqu'il arrive souvent que quelques genres se trouvent à la fois dans l'un et dans l'autre.

Les poissons des terrains crétacés diffèrent donc plus de ceux qui les ont précédés que de ceux qui les ont suivis. Ils n'ont cependant rien de commun avec les races actuelles et même avec les poissons des couches les plus anciennes des formations tertiaires.

On a longtemps supposé qu'il n'en était pas ainsi des espèces nombreuses de Monte-Bolca. Du moins, plusieurs observateurs avaient admis que l'on y trouvait des espèces qui vivent maintenant dans la Méditerranée. Elles en diffèrent cependant beaucoup, et même des autres espèces des temps historiques. Aussi, peut-on à peine en rapporter un tiers aux genres nombreux établis par Cuvier et encore moins dans les coupes admises par Artédi, Bloch et Lacépède. Tous les autres sont donc perdus et n'ont point de représentants parmi nos genres vivants.

Les poissons de Monte-Bolca, appartiennent donc plutôt aux formations crétacées qu'aux tertiaires. Quoiqu'il en soit, la différence des espèces de Monte-Bolca avec celles de l'époque actuelle est d'autant plus réelle, que celles de la craie et particulièrement de cette localité sont remarquables par la beauté de leur conservation. M. Mantell est parvenu à mettre en évidence les intestins d'un des poissons les plus particuliers de l'ordre des ganoïdes, le *Macropoma*. On a pu même se former une idée de sa manière de vivre; de gros coprolithes se trouvant aux extrémités du tube intestinal.

Le nombre des poissons, considéré en général, ainsi que celui de leurs groupes particuliers, ne paraît pas augmenter dans les différentes formations. La seconde période fournit cependant une exception remarquable à ces faits ; car elle présente une augmentation de plus du double du nombre qui existait auparavant.

Les poissons, les plus simples des vertébrés, semblent peu se prêter à l'idée d'un perfectionnement graduel. Ainsi les ganoïdes les plus anciens sont les plus voisins des reptiles, par leur dentition et quelquefois par leurs formes. Les placoïdes qui ont aussi existé dans les terrains anciens, sont toutefois les plus inférieurs par leur squelette cartilagineux et leur système nerveux. Ces poissons se retrouvent dans nos mers ; ceux-ci ont les plus grandes analogies sous le rapport de leur organisation considérée en général, avec les placoïdes des temps géologiques.

Le progrès, chez les poissons, tient à ce que ces animaux ont tendu constamment à se rapprocher des formes actuelles. Ils n'y sont même arrivés qu'à l'époque crétacée, quoique les genres fossiles analogues aux genres actuels, descendent jusqu'aux terrains jurassiques. Le progrès, chez cet ordre de vertébrés, a dû se faire tout-à-coup, puisqu'ils ont été longtemps destinés à tenir lieu de toutes les classes de cet embranchement. Aussi existe-t-il de grandes analogies entre certaines espèces de poissons ganoïdes et les reptiles, du moins, d'après leur dentition et quelquefois par leurs formes.

Quoique les poissons des anciennes époques diffèrent par leurs formes de ceux de nos mers, rien ne fait supposer que les conditions de la vie aient été différentes pour les uns et pour les autres, malgré les particularités des milieux extérieurs dont ils ont ressenti l'influence. Les poissons ont eu dans tous les temps une organisation générale analogue à celle de notre monde, quelque grande qu'ait pu être la diversité de leur type spécifique.

Enfin , les races des premiers âges annoncent que les eaux des mers dans lesquelles elles ont vécu , n'étaient pas aussi salées qu'aujourd'hui ; du moins, les différences entre les eaux douces et les eaux salées étaient alors peu sensibles. En effet , il n'existe aucune preuve qu'il y ait eu des eaux d'une nature différente , avant la fin de l'époque jurassique , époque où les terrains wealdiens ont été déposés. Ces terrains semblent avoir été précipités dans des eaux saumâtres , renfermant des genres aujourd'hui marins , mêlés à d'autres genres qui vivent maintenant dans les eaux douces.

De même , les sauriens de l'époque jurassique portent à croire que les eaux des mers étaient moins salées qu'aujourd'hui ; car aucun grand saurien ne vit maintenant dans les eaux marines , du moins d'une manière constante. C'est seulement à l'époque tertiaire , que l'on peut distinguer avec précision les dépôts des eaux douces de ceux des eaux salées.

Malgré la diversité des influences dont les poissons et les reptiles des différents âges ont ressenti l'action , ces influences n'ont pas été assez puissantes pour changer les lois de leur organisation générale , puisqu'elles ont été les mêmes à toutes les époques. Seulement , certains détails de l'organisme ont disparu , tandis que d'autres , particuliers et accommodés à ces circonstances nouvelles , ont apparu et ont été avec elles en parfaite harmonie.

Quoique les distinctions entre les eaux douces et les eaux salées , ne soient guère possibles qu'à partir des terrains wealdiens , et surtout des formations tertiaires , on a cru avoir rencontré dans les calcaires houillers de l'Angleterre et de la Belgique , des coquilles bivalves qui ont quelques analogies avec les mulettes (*Unio*). Ces coquilles , accompagnées par de petits entomostracés , sembleraient annoncer qu'à l'époque houillère, des affluents d'eau douce se rendaient à la mer, où se formaient leurs masses charbonneuses.

La population du groupe houiller a les plus grands rapports avec celle des terrains de transition. Il en est de même de la végétation des deux époques. On y voit, à peu de chose près, les mêmes classes d'invertébrés et de vertébrés, avec toutefois cette différence, que les terrains houillers auraient offert de plus des reptiles, si les observations que nous avons rapportées sont exactes. Il y aurait donc eu un véritable progrès d'une époque à une autre, progrès semblable à ceux qui ont eu lieu dans les époques suivantes.

En effet, à ces âges reculés, les espèces à respiration aérienne ont été fort rares. Ils ont été toutefois plus communs à l'époque houillère que lors des terrains de transition, puisque la première a vu deux classes d'invertébrés, les insectes et les arachnides qui respirent l'air directement. Il en serait de même des vertébrés, si réellement les reptiles ont apparu à cette époque.

Les insectes ont été du reste peu nombreux au milieu des couches houillères; on n'y a guère signalé que quelques coléoptères et des névroptères. Ainsi, M. Austice a reconnu dans les sables ferrugineux de la formation houillère de Coal-Brock-Cale en Angleterre, un charançon qui a quelques rapports avec une espèce du même genre vivant actuellement en Amérique. Depuis lors, on a rencontré dans les mêmes formations, une espèce de la même famille qui appartient au genre Brachycère. D'un autre côté, Audouin a décrit une aile de névroptère, rapprochée des genres *Hemerobius*, *Semblis*, et surtout des Corysdales. Cette aile, examinée avec soin, lui a paru avoir des analogies avec celles des *Mantispes*, genre qui fait le passage des névroptères aux orthoptères, tout aussi bien que le genre *Mantis*. Les caractères de cette aile indiquent un genre nouveau, tout-à-fait inconnu dans la nature vivante.

L'époque houillère est la première, où l'on a reconnu des débris d'arachnides. Du reste, comme les arachnides se nourrissent d'insectes, il fallait que ceux-ci existassent pour qu'elles eussent de quoi s'alimenter.

La seule espèce connue dans ces terrains appartient à un nouveau genre, si la forme des yeux peut être considérée comme un caractère générique suffisant. M. Buckland s'est fondé pour établir le genre *Cyclophthalmus*, sur la forme sphérique de ses yeux. Ce scorpion, dont les analogies avec les scorpions actuels sont manifestes, a été rencontré dans les houillères de la Bohême par M. de Sternberg. Il diffère peu, par ses formes, de certaines espèces étrangères à l'Europe, quoiqu'il se rapproche beaucoup plus du *Scorpio occitanus* qui vit aujourd'hui dans le midi de la France.

Ces articulés sont les seuls invertébrés, respirant l'air en nature, observés jusqu'à présent dans les terrains houillers. Leur petit nombre ne peut avoir mis obstacle au développement et à la vigueur de la végétation de cette époque.

Si des animaux des mêmes familles n'ont pas vécu à l'époque de transition, l'apparition des articulés lors du dépôt des terrains houillers, serait un véritable progrès dans l'organisme ; car ces animaux appartenant aux arachnides pulmonaires, se rapportent à des espèces fort élevées dans la série des invertébrés.

Les mollusques présenteraient un perfectionnement non moins manifeste, si les genres terrestres et des eaux douces que l'on y a signalé, ont été les contemporains des formations houillères. Ces genres ont été assimilés aux *Helix*, aux *Helicina*, aux *Unio*, aux *Melanopsis* et aux *Melania*. Il s'agit seulement de savoir si les formes de ces genres, sont assez semblables à celles des genres actuels pour les assimiler : c'est ce qui n'est guère admissible.

En supposant qu'il en fût ainsi , les espèces qui en fesaient partie , auraient été en fort petit nombre , et surtout les individus qui les composaient. Aussi , ces mollusques n'ont pas pu avoir la moindre influence sur la végétation de l'époque à laquelle ils ont appartenu.

La disparition de certaines espèces , et l'apparition de formes nouvelles , n'est pas toujours la conséquence d'une destruction complète de celles qui s'évanouissent et de celles qui apparaissent. Les genres nouveaux qui ont brillé successivement aux diverses phases de la terre , y ont peut-être surgi en raison des conditions vitales différentes de celles qui maintenaient les espèces dans des limites fixes , et qui en s'établissant d'une manière permanente ont dû les en faire sortir.

En effet , des chaînes de montagnes se sont tout-à-coup élevées à la surface de la terre , des continents ont été poussés au-dessus du niveau des eaux , et d'autres ont été engloutis. Ces évènements n'ont pu se passer sans modifier la température du globe , ou la composition de l'atmosphère. Or , de pareilles circonstances ont pu entraîner des conditions variables dans la vitalité , qui en a été sensiblement altérée.

Si l'atmosphère , au lieu de renfermer 20, 8 pour 100 d'oxigène , n'en contenait plus que 8 ou 10 , ce fait seul rendrait la vie de l'homme tout-à-fait impossible sur la terre. Les reptiles et quelques invertébrés pourraient se trouver parfaitement à l'aise avec une aussi faible proportion d'air respirable. Mais les espèces qui subiraient des conditions atmosphériques aussi différentes , ne pourraient pas être les mêmes ; tout en conservant les formes générales de l'organisation, d'autres espèces apparaîtraient, si l'oxigène de l'air s'élevait de nouveau de 10 à 20, 8 pour cent.

Aussi, MM. Agassiz et D'Orbigny présument que l'on ne rencontre jamais les mêmes formes dans des couches géologiques différentes, puisqu'il y a eu des créations nouvelles à chaque changement géologique un peu important. Une supposition aussi absolue est très-contestable, ainsi que nous avons cherché à le démontrer avec MM. Forbes, Owen, Morris et de Buch.

Ainsi, les Cératites paraissent au savant géologue de Berlin, un exemple remarquable d'une forme attribuée presque exclusivement à la formation du Muschelkalk, qui empiète en réalité, quoique par de faibles débris dans les formations géologiques postérieures.

Lorsqu'on compare les ammonites de la craie, dans laquelle on voit s'évanouir peu à peu les dents au fond des lobes, et les Cératites et les Goniatites passer les unes aux autres, la différence entre ces espèces ne parait pas alors assez tranchée pour en former des familles distinctes. On doit tout au plus les considérer comme des subdivisions des ammonites.

L'exemple des Cératites, invoqué pour prouver que les mêmes formes peuvent se rencontrer dans deux terrains différents, n'est donc pas bien concluant. En effet, les Goniatites ont des caractères particuliers qui les rapprochent des nautiles, en sorte que si on voulait suivre rigoureusement ces caractères, il faudrait faire entrer dans les Cératites un grand nombre d'espèces attribuées jusqu'à présent au premier de ces genres. On ne peut donc pas se servir de formes génériques aussi incertaines, comme une preuve de leur passage d'une époque à une autre.

Les mollusques ont été aussi nombreux que variés à l'époque de la transition; ils comprenaient pour lors, plusieurs ordres particuliers, les céphalopodes, les ptéropodes, les gastéropodes, les acéphales et les brachiopodes. Au milieu des familles et des genres éteints de cette époque, d'autres sont parvenus jusqu'aux âges actuels, tels que les Nautiles, les Térébratules, les Psammobies, les Bucardes, les Tellines, les Turritelles, les Turbo, les *Trochus*, les Nérites, les Natices, ainsi qu'une foule d'autres qui vivent encore aujourd'hui.

Les mollusques ont une grande importance dans les anciennes créations, en raison de leur nombre et de leur dispersion. Aussi ces animaux jouent-ils le principal rôle dans la détermination des terrains.

Les mollusques ont donc présenté dès les terrains siluriens les classes principales qui les caractérisent aujourd'hui, et ce qui est non moins remarquable, la classe la plus compliquée, les Céphalopodes, a été aussi avancée en organisation que les espèces qui en font maintenant partie. Néanmoins, les différences spécifiques entre les races anciennes et nouvelles ont été nettement tranchées, et aucune d'elles n'a lié les deux créations, si ce n'est vers les derniers temps géologiques.

Ces faits sans exception pour les invertébrés de la première période qui embrasse les terrains de transition et houillers, ne le sont pas moins pour les vertébrés. Les poissons diffèrent tous des espèces actuelles, et souvent même d'un étage à l'autre ou d'une formation ancienne à celle qui la suit. Il y a plus : contrairement à ce qui est arrivé chez les invertébrés, aucun genre de cette époque n'est arrivé jusqu'à nous, et leurs faunes ont été remplacées tour à tour par des faunes tout-à-fait différentes. Cette classe, ainsi que celle des reptiles, a offert de nombreux genres et même plusieurs familles qui n'ont été créés que pour un temps et pour une époque restreinte et déterminée.

Les mollusques, dont la plupart des genres se retrouvent dans tous les terrains, n'ont que peu de genres et de familles éteintes. Les Nautiles et les Térébratules fournissent des exemples remarquables de genres persistants, ainsi que les Serpules parmi les annélides. On en chercherait en vain de semblables chez les animaux vertébrés, même chez ceux qui ont appartenu à des âges plus récents.

Les genres des mollusques dont on ne voit plus de traces dans le monde dont nous sommes les témoins, sont en très-grande minorité en comparaison de ceux qui y sont représentés. L'étude des formes spécifiques des mollusques actuels nous montre, que les genres qui appartiennent uniquement à l'époque géologique moderne, sont assez rares. Leur nombre diminue même sensiblement, à mesure que les recherches paléontologiques se multiplient et que les espèces vivantes sont mieux étudiées.

En général, les genres des mollusques qui ont vécu pendant plusieurs époques ou formations géologiques, sont essentiellement persistants ; on les retrouve encore parmi ceux qui vivent aujourd'hui. Ainsi les faunes jurassiques, et à plus forte raison les faunes crétacées, ont plus de genres communs avec ceux de la création actuelle que de genres éteints. Mais la circonstance la plus particulière de l'histoire paléontologique des mollusques, c'est de présenter dès leur apparition les ordres les plus compliqués et doués d'une organisation tout aussi perfectionnée que celle qui caractérise les genres actuels.

Cette exception est sans doute aussi formelle à la loi de la complication que celle qu'offrent les végétaux acrogènes de la période primaire ; mais il n'est pas moins certain qu'on n'en observe pas de pareilles chez un ordre quelconque des êtres supérieurs, végétaux ou animaux. Cette circonstance a peut-être dépendu de ce que la nature, en opérant du simple au composé, a produit comme d'un seul jet les êtres les moins élevés dans la série, tandis qu'elle n'y est arrivée que graduellement pour ceux qui sont au *summum* de complication, comme les vertébrés pour les animaux et les dicotylédons pour les végétaux.

L'enchaînement progressif des quatre classes d'animaux vertébrés est un fait qui contraste à tous égards avec le développement uniforme et parallèle des classes d'invertébrés. La gradation des vertébrés est d'autant plus remarquable qu'elle se rattache directement à la venue de l'homme, que l'on doit considérer non-seulement comme le terme, mais comme le but de tout développement.

Les débris des mollusques sont les plus importants à étudier pour la connaissance des terrains, puisqu'ils sont les plus répandus et par cela même les plus caractéristiques. La variété de leurs genres et de leurs espèces ajoute un grand intérêt à leur histoire paléontologique, qui, vers les temps récents, se lie par une chaîne non interrompue avec les espèces actuelles. Les faunes des mollusques sont peut-être plus qu'aucune autre, l'expression des lois de la distribution qu'ont présenté les corps organisés dans les terrains de sédiment, suivant leur ordre de superposition.

Du reste, dans ces faunes successives qui se manifestent en raison directe de la complication de l'organisation, la puissance créatrice se manifeste aussi bien en faisant disparaître les anciennes races, que lorsqu'elle en crée de nouvelles. La destruction des unes en amène nécessairement d'autres sur la scène de la vie.

Les crustacés, qui appartiennent à la classe des articulés, se sont succédé sous des formes qui ont différé d'une époque à l'autre, en sorte que certaines de celles qu'ils ont présentées aux anciens âges, ne se sont plus reproduites depuis lors. Telles sont celles que les trilobites ont présentées pendant la période primaire, après laquelle ces animaux ont été tout-à-fait anéantis, quoiqu'ils aient été accompagnés par quelques Cyproïdes et Limules, genres qui se sont perpétués jusques dans la nature actuelle.

Aussi, les crustacés prouvent mieux qu'aucune autre classe d'invertébrés, que les êtres organisés se sont succédé en raison directe de la complication de l'organisation, et que chez certaines classes, le progrès qui s'y est opéré a été aussi lent que manifeste. En effet, les crustacés des anciens âges du globe ont été bornés à trois ordres, et ce petit nombre annonce déjà combien ils ont dû subir de perfectionnements pour arriver au nombre des ordres, actuels. C'est uniquement à l'époque secondaire que les formes de ces animaux deviennent assez semblables à celles des espèces vivantes.

Les décapodes macroures apparaissent pour la première fois ; quoique abondants et variés, et rappelant par leurs dispositions générales ceux de nos mers, ils en différaient néanmoins par de nombreux détails, et à tel point, qu'ils appartiennent tous à des genres entièrement perdus.

Mais le progrès ne pouvait pas s'arrêter là ; car une famille entière des décapodes, manquait complètement dans les terrains triasiques et jurassiques. Les macroures formaient la presque totalité de ces faunes avec quelques isopodes nageurs, des petits Cyproïdes et quelques Limules.

Quant aux crustacés brachyures, ils apparaissent pour la première fois au milieu de l'époque crétacée ; mais ils ne deviennent abondants que dans les terrains tertiaires, pour s'étendre et se multiplier encore plus dans le sein des mers actuelles. La faune de ces articulés s'est enrichie successivement de quelques anomoures, de stomapodes, d'amphipodes et d'isopodes terrestres, ce qui est encore un progrès manifeste.

Les formes des crustacés des terrains tertiaires ressemblent davantage et de plus en plus à celles des crustacés actuels ; aussi, les genres que l'on aperçoit au milieu de ces formations sont tous à peu près semblables à ceux de nos mers.

Toutefois, des quatre ordres qui ont paru avec la période primaire, trois subsistent encore, mais avec des espèces différentes. Deux se trouvent dans la plupart des terrains postérieurs à cette époque, les cyproïdes et les xiphosures. Quoique les Phyllopodes aient apparu avec les terrains carbonifères, ils vivent encore et manquent cependant dans toute la période secondaire. Enfin, les trilobites sont tout-à-fait spéciaux aux formations primaires.

Si l'on compare cette première faune des crustacés avec les familles actuelles, l'on voit que leur origine est beaucoup plus récente. Ainsi, les décapodes macroures cuirassés, inconnus lors de la première période, n'ont apparu qu'à l'époque jurassique.

Plusieurs familles des brachyures qui sont venus pour la première fois sur la scène de l'ancien monde au milieu de l'époque crétacée, ne se sont jamais montrées à l'état fossile. Ce fait commun à une infinité de classes différentes, est la conséquence nécessaire du plus grand nombre d'espèces qui caractérisent la création actuelle. La variété est le cachet des générations de notre monde ; tandis que les races des temps géologiques, singulièrement réduites et restreintes dans d'étroites limites, n'ont pas été répandues sur le sol qu'elles devaient animer, avec cette profusion que l'on observe dans les productions de nos jours.

Si les anciennes générations ont conservé longtemps une grande uniformité et ont été peu variées, cette circonstance a dépendu de ce que les espèces qui succédaient à celles des âges antérieurs en étaient complètement différentes et s'anéantissaient à leur tour. Ces faunes successives étaient presque constamment caractérisées par des espèces nouvelles. Les formes particulières et distinctes de ces espèces exigeaient le plus souvent la création de genres nouveaux, qui pour la plupart étaient composés par des espèces que l'on ne revoyait plus sur la scène de la vie.

Ainsi les anciens crustacés, comme le plus grand nombre des poissons fossiles qui leur étaient associés, tout en conservant leurs formes générales et la plupart de leurs caractères extérieurs, différaient néanmoins dans leur type spécifique d'une époque à l'autre.

Ainsi, d'après ces faits, les crustacés les plus simples ont paru avant les plus perfectionnés ; mais rien ne prouve que les premiers soient les souches desquelles sont provenues les espèces les plus avancées en organisation et qu'il y ait eu transmission, ou si l'on veut passage des unes aux autres. Aucun fait n'annonce du moins que les décapodes dont manque la période primaire, soient dérivées par une suite de dégénérescences, des trilobites, des cyproïdes et des Limules, les premiers représentants d'une des classes des articulés qui n'a acquis son entier développement qu'à l'époque actuelle. C'est d'aujourd'hui seulement, que ses races peuplent de leurs nombreuses tribus, les eaux douces ou salées jadis privées de leurs myriades d'individus.

Les poissons ont été, à l'époque houillère, les plus nombreux des vertébrés, comme les zoophytes et les mollusques des invertébrés. On ne saurait discerner parmi eux les espèces qui vivaient dans les eaux salées, des races des eaux douces, peut-être parce que s'il existait à cette époque des différences, elles n'étaient pas discernables par aucun caractère tranché.

Les genres de cet ordre de vertébrés, propres aux terrains houillers, sont plus nombreux que lors du groupe de transition. C'est dans ce sens qu'il faut entendre le progrès opéré dans les anciennes créations. Ce progrès a eu lieu tout autant dans le nombre des espèces que dans l'organisation plus avancée des êtres qui arrivaient tour à tour sur la scène de l'ancien monde.

Deux genres de poissons de l'ordre des ganoïdes, *Palæoniscus* et *Pycopterus*, ont été communs à l'époque de transition et à l'époque houillère. Les espèces qui en font partie se font assez généralement remarquer par leur conservation, aussi bien celles que l'on découvre en Amérique, que dans nos régions. Toutefois, les espèces de ces deux genres, sont loin d'être identiques dans les deux formations, ainsi que M. Agassiz l'a observé.

Le genre des *Amblypterus* comprend les poissons les plus extraordinaires des terrains houillers. Leur organisation est si singulière, qu'on a de la peine à se familiariser avec leurs traits distinctifs, et à les rapprocher des poissons connus, soit fossiles, soit vivants. Les *Amblypterus*, à en juger du moins par la bizarrerie de leurs formes, ont dû naître dans des circonstances différentes de celles qui régissent notre monde.

Ce genre paraît être circonscrit dans les terrains houillers et triasiques avec quelques espèces de *Palæoniscus*. Leurs caractères sont si étranges, qu'on est peu étonné de ne pas trouver une seule espèce vivante analogue aux *Amlypterus*, par la forme et la structure de leurs nageoires. Aucune de ces dernières ne présente le prolongement de leur queue formé par un lobe symétrique recouvert d'écailles sur toute sa longueur.

Cette conformation ne se retrouve chez aucun genre vivant, même chez ceux qui s'en rapprochent le plus par l'ensemble de leurs caractères, tels que les *Lepisosteus* et les *Polypterus*. Ces types génériques, comme les *Palæonis-*

cus et les *Amblypterus* , ont des rayons articulés dans leurs nageoires. Les ventrales postérieures aux pectorales sont insérées au milieu du ventre.

L'ordre des ganoïdes offre, dans les formations antérieures au lias , des détails d'organisation et des formes toutes particulières , surtout relativement à la disposition de l'extrémité postérieure de leur corps. Leur colonne vertébrale est protégée à son extrémité par un lobe impair , qui atteint le bout de la nageoire caudale. Les espèces du groupe oolitique se distinguent au contraire , en ce que leur nageoire caudale est constamment symétrique.

Plusieurs espèces de cette époque ont été les premières dont les habitudes carnivores ont été manifestes , ce qu'indique leur système de dentition. Les mâchoires de ces poissons sont munies de grosses dents coniques et acérées , tandis que les espèces dont les dents sont arrondies ou en brosse ou en cônes obtus , paraissent avoir été omnivores. Il serait difficile qu'il en fût autrement , puisque des organisations diverses donnent toujours lieu à des conditions vitales différentes.

On peut d'autant moins douter du genre de nourriture dont usaient les poissons armés de dents coniques , que l'on reconnaît dans leurs coprolithes , les écailles des espèces qu'ils avaient dévorées. Ces écailles sont si bien conservées qu'il est possible de reconnaître les races auxquelles elles avaient appartenu. Il y a plus : certains poissons des formations supérieures au groupe houiller , offrent des portions considérables de leurs intestins assez entières , ainsi que l'estomac avec ses diverses membranes qui se séparent en feuillets , pour juger de la nature de leurs aliments. Le genre *Macropoma* des terrains de craie , nous présente des exemples d'une aussi parfaite conservation , d'autant plus étonnante , que quoique ce genre appartienne à des dépôts secondaires d'un âge récent, ces dépôts ne sont pas moins antérieurs à l'ensemble des formations tertiaires et quaternaires (*Pliocène* et *Pléistocène*).

Ces faits prouvent l'analogie qui existe entre les animaux des deux grandes époques de la plus ancienne période géologique ; ils permettent en même temps d'apprécier le progrès qui s'est opéré des espèces de terrains de transition à celles des terrains houillers. Du reste, les exceptions à la loi de la complication, manifestées pendant la plus ancienne période, se sont maintenues à l'époque houillère, et dans les mêmes ordres d'animaux.

Les espèces des deux classes les plus simples caractérisent donc la première période. Seulement, les invertébrés y étaient représentés par des animaux les plus compliqués, tandis que les vertébrés n'y étaient d'abord signalés que par une seule classe ; la seconde n'a apparu que lors du dépôt du groupe houiller. Les poissons y avaient pour représentants, non des espèces peu avancées en organisation, mais des races qui, quoique très-différentes des nôtres, ne sont pas moins remarquables par la complication de leur organisation, fait dont nous chercherons à expliquer plus tard les causes déterminantes.

La population du groupe houiller se composait de zoophytes, d'articulés et de mollusques, et en second lieu des poissons et des reptiles. Les zoophytes y comprennent deux ordres : les rayonnés et les radiaires, ordres qui réunissent une trentaine de genres. Les articulés ont offert à cette époque tous les ordres actuellement vivants, les annélides, les insectes, les arachnides et les crustacés. Cependant les espèces qui en faisaient partie étaient si peu nombreuses, qu'elles ne comprenaient pas plus d'une quinzaine de genres. Ceux-ci offraient peu d'espèces ; souvent un ordre n'en avait que deux ou trois au plus : comme par exemple , les insectes et les arachnides.

Le nombre des formes génériques s'est singulièrement accru chez les mollusques , animaux dont les types supérieurs sont plus perfectionnés que les articulés sous certains rapports , et qui le sont moins sous d'autres. Ils se rapportent à trois ordres principaux : aux acéphales , aux céphalés et aux céphalopodes. Ces genres , dont le nombre est d'environ soixante , comprennent un plus grand nombre d'espèces que ceux qui fesaient partie de la population des terrains de transition.

Il y a donc eu progrès de ces terrains au groupe houiller, puisque le nombre et la variété dans les types génériques et spécifiques est un véritable progrès.

Le même perfectionnement ne s'est point manifesté chez une classe d'invertébrés qui, comme les mollusques du groupe houiller, a vécu dans le bassin des mers. Toutefois, les genres des zoophytes sont plus nombreux dans les terrains où la vie a apparu pour la première fois, que dans les formations houillères. En effet, on en compte dans les premiers jusqu'à soixante-dix , tandis que l'on n'en voit guère plus de trente dans les seconds.

Il ne faut pas croire pour cela qu'il n'y a pas eu progrès d'une formation à une autre , car cette différence dans les types génériques paraît dépendre des circonstances dans lesquelles ont été déposés les terrains de transition et houillers. Ceux-ci , en effet, ont été précipités dans de petits golfes ou dans des baies peu profondes, tandis que les premiers semblent s'être produits au milieu de la haute mer.

Or , c'est précisément là qu'habitent les zoophytes de l'ordre des radiaires , dont les genres s'élèvent dans les formations primaires jusqu'au nombre de cinquante. Quant à celui des radiaires particuliers à ces formations, ils ne s'élèvent pas au-delà de vingt.

Un accroissement marqué a eu lieu dans les formes génériques et spécifiques des poissons, comparées à celles qui existaient dans les terrains de transition. En effet, on ne connaît guère plus d'une quinzaine de genres propres à ces terrains, tandis que les dépôts houillers en renferment plus de trente-cinq. Ces genres y étaient accompagnés par plusieurs espèces qui n'avaient pas encore paru et qui ont peu persisté sur la scène de l'ancien monde. Aussi n'ont-elles pas la moindre analogie avec les poissons actuels.

Les poissons des terrains houillers se distinguent de ceux des formations intermédiaires par un certain nombre de genres assez compliqués de la famille des sélaciens. Au lieu du petit nombre qui a fait partie de la population de l'époque primaire, les dépôts houillers en offrent plus de quinze, aussi remarquables par la variété que par la singularité de leurs formes. Cette famille composait à peu près à elle seule, la plus grande partie des poissons de cette époque ; ainsi sur trente-cinq ou trente-six genres, elle en renfermait vingt-quatre, c'est-à-dire, les deux tiers de la totalité. Cette famille, comme quelques autres, présente cette particularité d'avoir constamment persisté à toutes les phases de la terre, et d'être arrivée jusqu'aux temps historiques.

Cependant, les lépidoïdes présentent un moindre nombre de genres à l'époque houillère qu'à l'époque de transition. Les lépidoïdes ont en effet tellement diminué, qu'ils y sont réduits à peu près à la moitié de ceux qu'ils offraient au moment de l'apparition de la vie.

Ces diversités dans les rapports numériques des genres des diverses familles, permettent d'apprécier la tendance qui s'est manifestée dans la nature depuis que les êtres vivants ont apparu ici-bas, jusqu'à la création actuelle.

Cette tendance, surtout sensible chez les vertébrés, a eu pour but un perfectionnement dans le nombre et la variété des espèces, ainsi que dans la complication de leur organisation. Aussi, peut-on considérer chaque époque géologique, comme une sorte de chaînon qui lie sans interruption les anciennes générations aux nouvelles.

Cette manière d'envisager l'ensemble des recherches géologiques semble d'accord avec les faits observés ; elle repousse, par conséquent, les hypothèses hasardées, émises par quelques physiciens. Ainsi, suivant les uns, l'hémisphère Nord n'aurait été, à l'époque des formations houillères, qu'un grand archipel, où régnait par suite du voisinage de l'océan, une température uniforme et assez élevée pour favoriser le développement d'une végétation tropicale. Cette température se serait perpétuée pendant des temps assez longs : il paraîtrait du moins, qu'il faudrait attribuer à ses effets la grandeur et les proportions colossales des monstrueux sauriens qui ont peuplé les rivages et les îles marécageuses de l'époque jurassique.

Cet immense archipel aurait été ensuite transformé en continent par un soulèvement graduel et plus ou moins irrégulier du sol. Cette augmentation de terre et sa plus grande élévation au-dessus du niveau des mers, aurait produit un abaissement continuel de température à la surface de notre planète, duquel serait résultée la destruction d'un certain nombre d'espèces vivantes.

Cette hypothèse toute gratuite, avait cependant acquis une grande probabilité aux yeux de ceux qui l'avaient proposée, de ce qu'une fougère arborescente croît maintenant dans la Nouvelle-Zélande par le 46me degré de latitude Sud, le même que le centre de la France dans l'hémisphère septentrional ou boréal. A l'aide de ce fait, dont il est facile de donner une explication satisfaisante, sans avoir recours à une hypothèse aussi peu probable que celle à laquelle on le rattache, on s'est cru en droit de conclure qu'il n'y avait pas eu dans la nature animée, une progression ascendante, procédant par créations successives, et se perfectionnant dans les classes les plus compliquées par ordres, par familles, quelquefois même par genres, mais jamais par espèces; car le type spécifique a été constamment fixé et immuable.

On a toutefois prétendu que les animaux supérieurs, tels que les oiseaux et les mammifères, avaient pu exister à l'époque des plus anciennes formations. Voici, comment l'on raisonne pour faire admettre un fait que rien ne démontre et qu'aucune observation ne confirme.

On découvre au milieu des terrains houillers, comme peut-être dans ceux de transition, des poissons et des articulés qui respiraient l'air en nature. On rencontre même, à ce qu'il paraît, dans le groupe houiller, des reptiles qui avaient le même mode de respiration; mais on ne voit avec eux ni oiseaux, ni mammifères. Leur absence n'a rien d'extraordinaire; car rien ne prouve que ces animaux n'aient pas vécu auprès des côtes et à peu de distance du bassin des mers, et qu'ils n'aient pas été dévorés par les habitants des eaux salées; on peut le supposer avec d'autant plus de raison, que les plus carnassiers vivaient auprès du littoral dans des baies ou des criques peu profondes. Nécessairement les débris de ces animaux ne peuvent être que fort rares; aussi y a-t-il peu de chances pour les rencontrer dans les couches terrestres.

D'un autre côté, les anciennes formations, tout comme les terrains secondaires, ont été déposées au-dessous du niveau de l'océan actuel, et au milieu de grandes masses d'eau, qui n'ont pas permis aux espèces supérieures qu'elles auraient pu renfermer, de se conserver et d'arriver jusqu'à nous.

Cette partie de la supposition est la moins fondée , puisque les débris des mammifères marsupiaux des terrains jurassiques, et des oiseaux des terrains crétacés, se sont conservés jusqu'à nous. Dès lors, on ne voit pas pourquoi, il n'en aurait pas été ainsi de ceux qui auraient pu vivre dans la première période, où a eu lieu le dépôt des formations de transition et houillère.

Il aurait dû en être de même des restes des oiseaux et des mammifères des terrains tertiaires; cependant, les couches de ces terrains abondent en débris de ces animaux, souvent même dans un état de conservation assez parfaite. On a cru répondre à cette objection, en faisant observer qu'à l'époque des dépôts de cette nature, l'aspect physique du globe était changé dans notre hémisphère, que les mers intérieures avaient été séparées de l'océan, que des fleuves considérables avaient leur cours bien tracé, enfin que de vastes régions émergées avaient surgi au-dessus du niveau des mers.

Ces faits ont nécessairement exercé une influence sur l'apparition de certaines races végétales et animales, ainsi que sur la disparition de plusieurs autres, mais on ne voit pas celle qu'ils auraient pu avoir sur la conservation des restes organiques des deux règnes.

Ces objections ne sont donc pas sérieuses; mais il n'en est pas de même de celle qui suppose que la période de transition offrait les trois principales divisions du règne végétal, les plantes acotylédonées, monocotylédonées et dicotylédonées. On rapporterait, dans ces idées préconçues, les *Sigillaria* et les *Stigmaria,* qui ne sont, du reste, que des parties différentes d'une même espèce, et les conifères à cette dernière classe.

On n'a toutefois découvert jusqu'à présent dans la formation de transition et même dans les secondaires, que des phanérogames gymnospermes, et pas un seul échantillon de dicotylédones angiospermes. Les derniers se découvrent pourtant dans les couches tertiaires bien plus perméables que les couches anciennes. Cette circonstance aurait dû préserver les végétaux phanérogames d'une destruction complète, quelque prompte qu'elle puisse être. Cependant on n'en voit pas la moindre trace dans les terrains qui auraient pu en empêcher la décomposition, mais seulement dans ceux qui l'auraient favorisée.

N'est-il pas naturel d'en conclure que ces végétaux n'existaient pas lors des formations anciennes, tandis qu'un grand nombre a vécu à l'époque des dépôts tertiaires. Aussi leurs débris sont arrivés jusqu'à nous, malgré les causes qui ont tendu à en effacer les traces.

On ne concevrait pas, si les végétaux angiospermes avaient paru aux époques anciennes, comment il ne s'en serait pas conservé le moindre vestige. De même, si les mammifères avaient existé pour lors, il serait surprenant de ne pas en découvrir la plus légère trace. Si les produits des deux règnes ne s'y rencontrent pas, c'est qu'ils n'y ont point apparu.

Quant aux *Sigillaria* et aux *Stigmaria* que l'on a tenté de rapprocher des dicotylédones, on peut tout au plus leur trouver quelques analogies avec les phanérogames gymnospermes. Ces végétaux caractérisés par des tiges aplaties, cannelées dans toute leur longueur et non articulées, comme celles des Calamites, ont été désignés sous le nom de *Sigillaria*. Les autres portions végétales, connues sous la dénomination de *Stigmaria*, paraissent n'être que les racines de ces tiges.

On peut citer comme caractéristiques des terrains houillers, les *Sigillaria pachyderma* et *Stigmaria ficoides*.

La famille des conifères, l'une des plus compliquées des terrains houillers, a pu, par suite de la forme et de la disposition de ses bois, produire ces masses charbonneuses si abondantes dans les terrains déposés depuis cette époque jusqu'à celle des formations jurassiques. On peut en rapprocher les espèces du genre *Araucaria* et signaler parmi les plus abondamment répandues les types qui se rapportent au genre *Walchia* établi par M. de Sternberg et dont les principales espèces sont les *Walchia Schlotheimii* et *Hypnoides.*

Il nous reste maintenant à savoir si les circonstances qui ont fait périr tant d'espèces vivantes, et en ont fait apparaître de nouvelles différentes des premières, ont été aussi dissemblables qu'on serait tenté de le supposer.

Si l'on porte son attention sur la population des mers anciennes durant un laps de temps beaucoup plus considérable que celui pendant lequel se sont formés les dépôts secondaires, les espèces qui composaient cette population ont bien éprouvé de grands changements ; mais ces changements n'ont été ni brusques ni complets ; ils se sont opérés avec une sorte de gradation, lorsqu'ils étaient importants, en sorte que l'organisation des animaux des mers des anciens âges a eu toujours des caractères communs, d'une époque à une autre, quelquefois même à des époques assez éloignées.

Ainsi la famille des reptiles énalio-sauriens dont on découvre les premiers débris dans les terrains pénéens, quelque paradoxale qu'elle soit, n'en a pas moins persisté jusqu'à la fin des terrains jurassiques, et même jusqu'au système moyen des formations crétacées. Ce système comprend comme on le sait, trois principaux groupes, l'albien, le turonien et le senonien. C'est seulement dans le premier ou le plus ancien, que l'on a découvert des restes d'énalio-sauriens.

Cette famille a donc été constamment représentée pendant le dépôt des terrains pénéens, des grès bigarrés, du calcaire conchylien, des marnes irrisées, du kemper, du lias et de l'entier système jurassique, jusqu'aux terrains albiens. Elle ne s'est pas cependant étendue au-delà, mais son existence a été assez longue, ainsi que nous venons de le faire observer. L'une des organisations les plus étranges de l'ancien monde a, par cela même, persisté longtemps à la surface de notre planète qu'elle a animée sans l'embellir.

Quoique les formes de ces singuliers sauriens soient disparates avec celles de nos reptiles, il n'est pas moins réel que les différents systèmes zoologiques de l'ancien monde se rallient et se tiennent les uns les autres, par un petit nombre d'espèces communes. Néanmoins, les changements et modifications qui s'opéraient dans l'organisme, ont été parfois si grands que la plupart des espèces et même des genres d'une époque, ont cessé d'exister à l'époque suivante et n'avaient pas paru à la précédente.

Ces types génériques ont disparu à leur tour, tandis que certains d'entr'eux ont constamment persisté et se sont perpétués jusqu'à l'époque actuelle. Ils se trouvent, en effet, dans nos mers, mais sous d'autres formes spécifiques, comme pour nous permettre de comparer avec plus d'exactitude des types organiques qui ont appartenu aux deux créations.

Or, si des genres ont pu résister aux changements qu'ont subis les plus anciennes périodes, pendant lesquelles la vie a déployé ses merveilles, il en a dû être ainsi de la troisième, la plus rapprochée des temps historiques. Cette dernière est la plus riche en types génériques des deux règnes, analogues à ceux qui vivent encore.

D'après les nombreux soulèvements auxquels la terre a été en proie, et qui n'ont cessé qu'après le dépôt du diluvium, on est peu étonné, qu'un si grand nombre de races ait disparu du globe, et que de nouvelles espèces leur aient succédé, lorsque ces terribles commotions s'étaient apaisées et avaient fait place à des époques de calme et de tranquillité. On supposerait même, si les faits ne démontraient le contraire, que les végétaux et les animaux de ces deux périodes ne devaient avoir rien de commun, non-seulement sous le rapport de leur type spécifique, mais même sous celui de leur type générique.

Pour se rendre raison d'un pareil phénomène, il ne faut pas perdre de vue que le plan de la nature a constamment tendu vers l'unité et la simplicité ; or, dans la création successive des anciennes générations, elle les a rattachées les unes aux autres par un lien commun, et a été ainsi constamment fidèle au plan d'organisation qu'elle avait adopté à l'origine de la création des êtres vivants.

Un des faits les plus singuliers de la faune des premières créations, c'est l'uniformité que présentaient les animaux qui en faisaient partie, du moins quant à leurs espèces. Les races des premiers âges où la vie a brillé à la surface du globe étaient semblables dans les lieux les plus distants, aussi bien celles qui habitaient les terres sèches et découvertes que celles qui vivaient dans le bassin des mers. Une circonstance remarquable y concourait à la vérité, c'est qu'il n'existait encore qu'une seule mer ; les mers intérieures n'ayant pas été séparées de l'Océan.

Cette similitude ne dépend pas, comme on l'a supposé, de l'imperfection de nos connaissances sur les êtres de l'ancien monde. Il serait en effet étonnant qu'elle fût bornée aux nombreuses espèces que nous avons rencontrées dans les couches des premiers âges, et qu'elle n'existât pas parmi celles qui nous restent à découvrir.

Du reste, les espèces fossiles sont d'autant plus uniformes et diffèrent d'autant moins les unes des autres , quelque grande que puisse être la distance horizontale qui les sépare , qu'elles appartiennent à des formations plus anciennes. Ainsi , M. Léopold de Buch a signalé dans l'hémisphère austral , des Exogyres et des Trigonies , et M. D'Orbigny des Ammonites et des Gryphées aux pieds de l'Himalaya et dans les plaines indiennes de Catels. Ces Ammonites sont exactement des mêmes espèces que celles de l'ancienne mer jurassique qui couvrait la France et l'Allemagne.

Quoique cette uniformité soit un des caractères les plus remarquables des anciennes générations , cela ne fait pas cependant que certains genres , et par suite quelques espèces , n'aient vécu à des époques uniques et sur des espaces très-circonscrits. Ces genres constituent des faunes locales comparables à celles que l'on observe dans quelques dépôts récents , ainsi que dans la faune actuelle. Néanmoins , d'autres genres et d'autres espèces vivaient dans les mêmes localités et se montraient en même temps dans les points les plus éloignés de la terre et dans les latitudes les plus diverses.

Le perfectionnement des races animales ayant eu lieu principalement par rapport à la variété de leurs espèces , ainsi que relativement à la complication de leurs familles les plus élevées dans la série , il est plusieurs de ces familles dont on n'y découvre que peu d'exemples. Tels sont , parmi celles des mollusques , les gastéropodes , les monomyaires , les dimyaires , tout comme parmi les articulés , les insectes, les arachnides et les annélides. On n'y voit pas non plus parmi les zoophytes un certain nombre des grandes coupes qui y ont été établies.

Ce nombre est plus grand encore lorsqu'on compare les animaux vertébrés des anciennes générations à ceux qui font partie des générations actuelles. Pour n'en citer qu'un seul exemple , nous rappellerons que le nombre des poissons vivants n'est pas moindre de 8000 , tandis que celui des espèces fossiles ne s'élève pas à plus de 1800.

Malgré cette différence dans la proportion des espèces des deux créations , il est une foule de familles des anciennes générations , dont on ne découvre aucune trace parmi celles qui vivent encore. La vie , tout en se perpétuant sur la terre depuis son apparition , n'a donc pas cessé de se modifier dans ses formes et ses dispositions.

Telles sont les lois les plus générales de la distribution des espèces fossiles dans le sens de l'étendue horizontale des terrains où l'on en découvre les débris ; étudions maintenant celles qu'elles ont suivies dans le sens de l'épaisseur des couches.

On remarque à cet égard que le nombre total des espèces tend à s'accroître de bas en haut , par une progression différente dans chaque ordre ou dans chaque famille , et même dans chaque formation. Cette progression est souvent inverse dans les divers ordres d'une même classe ou dans les divers genres d'un même ordre.

Ces lois ne sont donc pas les mêmes que celles qu'a suivies le développement des êtres organisés dans le sens horizontal géographique. Dans ce dernier cas , les espèces qui se trouvent sur un grand nombre de points et dans des pays très-éloignés , sont presque toujours celles qui ont vécu pendant la formation de plusieurs systèmes successifs , ou qui ont le plus longtemps persisté. En même temps, les espèces qui appartiennent à un seul système de couches, s'observent rarement à de grandes distances , à moins qu'elles n'appartiennent aux plus anciens âges. Elles constituent alors de petites faunes particulières à chaque contrée et que l'on revoit peu ailleurs. Il résulte de cette circonstance, applicable d'une manière spéciale aux formations récentes , que les espèces réellement caractéristiques d'un système de couches, sont d'autant moins nombreuses qu'on étudie ce système sur une plus vaste échelle.

Chaque formation est à peu près caractérisée par un certain nombre d'espèces qui y dominent et que l'on voit peu ailleurs. Ainsi, le calcaire carbonifère offre un assez grand nombre de débris organiques qui lui sont propres. Tels sont l'*Orthoceras lateralis*, le *Productus Martini*, le *Spinifer glaber*, le *Goniatites evolutus*, le *Bellerophon costatus*, l'*Evomphalus pentangulatus*. Il est en outre un zoophyte, le *Cyathocrinites planus*, qui appartient à cette époque et caractérise également le même calcaire.

Le docteur Hibbert a découvert dans les environs d'Edimbourg, dans les couches rapprochées des grès houillers, plusieurs poissons sauroïdes, aussi remarquables par leurs dimensions que par la grosseur de leurs dents striées longitudinalement. Ces dents, ainsi que leur système osseux, annoncent que ces poissons devaient avoir des habitudes aussi voraces que les grands sauriens de l'époque jurassique.

Les principales espèces de ces poissons sauroïdes ont été consacrées au docteur Hibbert. La première paraît avoir eu des habitudes carnassières extrêmement prononcées. On l'a nommée *Holopticus Hibberti*, et la seconde *Megalichtys Hibberti*.

Les couches où elles sont ensevelies, renferment également des concrétions de formes variables que l'on suppose être leurs excréments ; on les a nommées, en raison de cette circonstances, *coprolithes*.

Les poissons sauroïdes semblent avoir représenté à cette époque les squales de nos mers, qui en sont en quelque sorte les tyrans. On ne saurait du moins en trouver les analogues dans les Cestracions dont les dents émoussées sont plutôt propres à broyer qu'à déchirer une proie vivante. On ne saurait non plus en voir dans les Hybodontes à dents conoïdes, non tranchantes et à émail plissé sur leurs deux surfaces. Ces types génériques appartiennent aux placoïdes et à l'ordre des sélaciens, comme les vrais squales.

Cette famille n'a cependant commencé à se montrer qu'après la destruction des grands poissons sauroïdes des époques anciennes, lors des dépôts crétacés. Ce genre n'a pas cessé depuis cette époque, d'être représenté à la surface du globe; il compose maintenant une famille signalée par plusieurs types génériques. Ce n'est donc que pendant la période crétacée, qu'ont commencés à apparaître sur la terre les vrais squales à dents applaties et tranchantes sur les bords. Les plus anciennes de leurs espèces qui ont accompagné les poissons sauroïdes se rapportaient à la tribu des Cestracions caractérisés par des dents propres à broyer.

Les débris des mollusques sont fort rares dans les grès qui accompagnent la formation houillère proprement dite. On a cependant rencontré plusieurs genres dans les calcaires subordonnés à ces grès, en Allemagne et en Belgique.

§ III. — DES ANIMAUX DE LA SECONDE PÉRIODE.

Cette période comprend les terrains déposés depuis les formations houillères jusqu'à la craie blanche. Elle embrasse les terrains secondaires postérieurs au groupe houiller, qui commencent à l'époque pénéenne et se terminent aux formations crétacées inclusivement.

Elle se compose de quatre principales époques, savoir : des terrains pénéens, des formations du trias, du lias et des dépôts jurassiques ou oolithiques, enfin de l'entier groupe crétacé.

Cette division des formations fossilifères est naturelle; car l'on peut y arriver aussi bien par les caractères de leurs dépôts, que par l'espèce des corps organisés qu'ils renferment.

Nous avons suivi, jusqu'à présent, le perfectionnement qui s'est opéré dans l'apparition des végétaux et des animaux de la première période ; nous allons maintenant voir celui qui a eu lieu dans celle-ci, plus rapprochée de nous par le temps et plus variée par ses formations. Ce perfectionnement sera nécessairement ici plus sensible, puisqu'il s'est produit sous des conditions plus diverses et sur un plus grand nombre d'espèces.

En effet, la seconde période embrasse un plus grand nombre de formations que la première ; ces formations sont composées de dépôts calcaires ou de roches arénacées qui ont acquis un développement marqué lors du nouveau grès rouge, ou des grès bigarrés.

Aussi est-on obligé, pour circonscrire les nombreuses formations déposées pendant la seconde période, de la diviser en un plus grand nombre d'époques, que celles que nous avons admises dans la première. On pourrait facilement augmenter encore le nombre des époques de la seconde période ; mais tel qu'il est, il peut suffire pour en embrasser l'ensemble, et faire coïncider l'apparition des êtres organisés qui les ont signalés, avec la diversité des dépôts dont on y voit les débris.

Une des époques de cette période a vu apparaître les premiers exemples des mammifères que l'on ait rencontré dans les vieilles couches du globe. Ces mammifères uniquement représentés par des didelphes, appartiennent à l'ordre le plus inférieur de ces animaux. Ils sont comme une ébauche incomplète de la série animale la plus élevée ; les marsupiaux se trouvent uniquement dans les couches des terrains jurassiques de cette période.

Les oiseaux ont également apparu pendant cette période,

mais uniquement dans les âges les plus récents. Leur apparition prouve qu'il y a eu perfectionnement dans les familles animales , perfectionnement toujours plus manifeste chez les vertébrés que chez les invertébrés. Il a même eu lieu relativement à la quantité et à la variété des espèces du premier de ces embranchements. Ainsi , le nombre des poissons en général, et même de leurs groupes particuliers , n'augmente pas dans les différentes formations. Il n'en est pas cependant ainsi dans la seconde période , où cette augmentation est de près du double.

En effet, l'époque jurassique a été l'une des plus importantes pour le développement des vertébrés. Elle démontre peut-être plus qu'aucune autre , que les animaux supérieurs se sont succédé à la surface du globe en raison directe de la complication de leur organisation.

La population de la seconde période est donc plus nombreuse, plus variée et plus compliquée que celle de la période qui l'a précédée. Elle réunit parmi les invertébrés les monadés , les deux ordres des zoophytes et des vers intestinaux , cinq ordres de mollusques , enfin les quatre classes des animaux articulés.

Si les annélides n'y sont représentés que par un seul ordre , il n'en est pas de même des insectes, qui comprennent à cette époque sept ordres sur les huit qui forment cette classe dans les temps actuels. L'embranchement des invertébrés a donc offert à la seconde époque la presque totalité des classes qui la composent aujourd'hui ; pour obtenir son entier perfectionnement , cet embranchement n'avait qu'à acquérir plusieurs ordres qui lui manquaient et qui appartiennent aux temps historiques.

Le progrès dans l'organisation n'a pas été moins marqué pour les vertébrés, puisque toutes les classes qui en font partie y ont apparu. A la vérité, les plus élevées dans la série ont seulement animé la terre, lors des époques les plus récentes de cette période. Les seuls mammifères didelphes n'avaient apparu que lors des terrains jurassiques et les oiseaux encore plus tard, c'est-à-dire, à l'époque des formations crétacées. Les mêmes formations recèlent les premiers poissons des ordres des cténoïdes et des cycloïdes, ordres maintenant les plus abondants dans les eaux douces et salées.

C'est surtout chez les reptiles que le progrès a été le plus manifeste, particulièrement chez les sauriens ; ces derniers ont pris, à l'époque jurassique, un développement qui n'a jamais été surpassé pour le nombre de leurs familles, ni pour celui des individus qui en faisaient partie. Ainsi, cet ordre de reptiles va en augmentant depuis les schistes cuivreux où il a pris un certain développement, et acquiert son *maximum* de perfectionnement lors de l'époque jurassique.

Toutefois, la seconde période n'a pas offert la totalité des classes de reptiles. On n'y voit pas, en effet, des ophidiens, mais seulement les batraciens, les chéloniens et les sauriens. La première de ces classes offre aujourd'hui un grand nombre de genres et d'espèces vivant principalement sur les terres sèches et découvertes, et plus rarement dans l'eau. Elle ne paraît pas avoir été abondante dans les temps géologiques ; elle y a été également bornée à de moindres dimensions qu'actuellement.

Quoiqu'il en soit de l'absence des ophidiens avant la troisième période, le nombre des sauriens n'a jamais été supérieur à ce qu'il a été dans une partie de cette seconde période. Peut-être leur développement a-t-il contribué, ainsi que la luxueuse végétation des premiers âges, à diminuer l'excès d'acide carbonique qui existait dans l'atmosphère de ces époques reculées.

Sans doute, les végétaux et les animaux ont exercé quelque influence sur cette disparition , mais la principale tient probablement à la quantité de carbonate calcaire qui s'est formé successivement pendant cette longue période. Cette cause serait en rapport avec la grandeur du phénomène , à en juger par l'épaisseur des couches de charbon laissées par la primitive végétation.

Cette flore, luxuriante quoique peu variée , a donc caractérisé la première période , comme les dimensions considérables des reptiles sauriens a été l'une des particularités les plus remarquables de la seconde , sur laquelle nous allons appeler l'attention.

1.º DES ANIMAUX DE LA PREMIÈRE ÉPOQUE DE LA SECONDE PÉRIODE.

(Animaux des terrains pénéens ou permiens).

Cette époque comprend l'ensemble des terrains pénéens, composés du nouveau grès rouge (*Roth liegende* ou *New red sandstone*), et du calcaire alpin ou magnésien, (*Zechstein*).

M. Murchison a nommé ces terrains *permiens*, et Huot les a désignés sous celui de *psammérythiens*, en raison de ce qu'ils sont composés de formations arénacées. Toutefois, aux yeux de plusieurs géologues, ces terrains doivent être considérés comme un groupe particulier du trias, formé également par des dépôts arénacés.

Envisagés dans leur ensemble, les terrains pénéens composent trois groupes principaux.

L'inférieur ou le plus ancien est composé par des dépôts arénacés et schisteux, connus sous le nom de nouveau grès rouge, ou de fond stérile rouge (*New-red-sandstone*), enfin par le *Red conglomerate* et les schistes cuivreux et bitumineux de la Thuringe (*Kupfer schiefer*).

L'étage moyen comprend le calcaire alpin ou magnésien (*zechstein* des géologues allemands).

L'étage supérieur embrasse les grès vosgiens, dans lesquels on observe des couches régulières de calcaires magnésiens avec des rognons de la même roche. On peut enfin y faire entrer la partie inférieure du *Bunter sandstein* des Allemands.

Ces terrains occupent en Russie un espace deux fois plus étendu que la France ; ils y sont composés par des couches alternatives de gypses, de marnes calcaires, de grès rouges et de conglomérats. Ils sont particulièrement développés dans le royaume de Perm ; aussi ont-ils été nommés *permiens*.

Cette époque est caractérisée par une faune dans laquelle on remarque l'appauvrissement ou même l'extinction d'une foule de genres et d'espèces qui avaient déjà paru ; elle présente en même temps la création non plus incertaine, mais positive des sauriens, dont le développement date de cette époque. La présence de ces reptiles annonce la fin de la longue période paléozoïque des terrains de transition et houillers, et le commencement d'un nouvel ordre de choses.

Les deux plus grandes révolutions dans le monde organique des temps géologiques, ont séparé d'une manière assez tranchée la première époque paléozoïque, de l'époque secondaire et celle-ci de l'époque tertiaire. Les dépôts qui terminent chacune de ces grandes périodes, et la partie supérieure du dépôt crétacé, occupent une place analogue dans l'histoire des phénomènes dont notre globe a été le théâtre, et doivent par cela même exciter à un haut degré l'attention des physiciens.

Le nombre des espèces des terrains pénéens est peu considérable en comparaison de celui des faunes houillères et de transition, dans chacune desquelles plus de mille espèces ont été observées. Cette faune n'est guère composée que de cent soixante-six espèces, dont cent quarante-huit caractérisent exclusivement le système pénéen et les dix-huit autres se rencontrent dans les terrains inférieurs.

Il n'y a donc pas eu progrès dans le nombre des espèces de ce groupe, comparativement à celles des formations antérieures. Cette circonstance tient peut-être à ce que les dépôts pénéens sont des dépôts locaux, comme plusieurs de ceux qui leur ont succédé, tandis qu'il n'en est pas ainsi des terrains de transition et houillers.

Ces derniers se rencontrent à peu près partout, même au milieu des formations tertiaires où ils ont été portés à un niveau supérieur à celui qu'ils occupaient à l'époque de leurs dépôts. Les houillères de Neffier près de Pezenas (Hérault), nous fournissent des exemples remarquables de ce phénomène. S'il n'y a pas eu progrès dans la variété des espèces des terrains pénéens comparativement à ceux qui les ont précédés, c'est que leurs formations, quoique parfois très-étendues, n'ont pas eu la même généralité dans leur dispersion.

Quoiqu'il eu soit, les polypiers qui dans les terrains houillers s'élèvent à plus de cent espèces, sont réduits dans le système pénéen à quinze; trois ou quatre seulement se présentent avec une certaine profusion. Aucune de ces espèces ne se rapporte à celles des époques précédentes, bien qu'elles offrent en général des caractères paléozoïques assez prononcés.

Les crinoïdes sont extrêmement rares dans les formations pénéennes. Des soixante-dix ou soixante-quinze espèces qui habitaient les mers antérieures, une seule, le *Cyathocrinites planus* de Miller, paraît avoir vécu à l'époque permienne : cette espèce solitaire et peu commune, n'a pas encore été observée en Russie.

Les brachiopodes ont eu, parmi les mollusques pourvus de coquilles, une assez grande importance aux époques pénéenne et houillère ; ces coquilles nous révèlent l'étroite liaison qui existe entre les systèmes carbonifère et pénéen ; sur les trente que l'on découvre dans le groupe permien , dix sont communes aux deux systèmes.

Les genres *Productus* et *Spirifer* si largement développés à l'époque dévonienne , se continuent à travers les dépôts pénéens. Le premier y comprend six espèces et le second en offre jusqu'à huit.

Les *Orthis* , l'une des premières formes sous lesquelles se sont montrés les brachiopodes caractéristiques des plus anciens dépôts de sédiment , décroissent en nombre après les zônes siluriennes et dévonniennes. En effet, il n'ont plus dans le système pénéen que trois représentants , l'un en Russie , et les deux autres en Allemagne.

Le petit genre *Chonetes* de Fischer doit son importance à la grande étendue de l'une de ses espèces ; le *Chonetes sarcinulata* (*Leptœna lata* de Buch) s'élève , en Europe , depuis le système silurien jusques dans les couches les plus récentes des formations de transition et même dans celles du groupe pénéen. Une espèce du même genre est si commune dans les couches siluriennes de Ludlow en Angleterre , qu'elle est un des principaux types de cette formation.

Le genre *Pentamerus* , si abondant à l'époque silurienne, déjà rare dans les couches dévoniennes , n'a pas été rencontré dans les systèmes houiller et permien. On ne connaît dans ce dernier système, que neuf espèces de Térébrabules , dont cinq se rencontrent dans les dépôts les plus anciens.

Ainsi, des deux cents espèces qui peuplaient les mers antérieures , dix seulement ont prolongé leur existence dans les couches pénéennes, tandis que vingt nouvelles espèces sont venues compléter le nombre total que les recherches les plus actives y ont fait découvrir jusqu'à présent.

Les coquilles de l'ordre des dimyaires , au nombre de plus de deux cents espèces dans les terrains anciens , ont vu leur nombre réduit dans le système permien à vingt-six. De même, les monomyaires qui s'élèvaient à soixante et quinze à l'époque de transition , sont réduits à seize dans le système qui nous occupe , parmi lesquelles quinze seulement lui sont propres.

Les gastéropodes ont également éprouvé une grande diminution au commencement du système permien ; ils ne doivent pas avoir trouvé pendant sa durée, des conditions favorables à leur développement ; car leur nombre connu dans ces terrains en Europe, ne s'élève qu'à quinze espèces. On en découvre cependant deux cent vingt-cinq dans le système dévonien. Ces quinze espèces sont à peu près toutes nouvelles, à l'exception toutefois de trois qui avaient déjà paru.

Les céphalopodes , dont les divers genres, tels que les Goniatites, les Nautiles et les Orthocératiles ont offert plus de cent espèces durant l'époque intermédiaire , ont été presque entièrement anéantis au commencement de l'époque permienne.

Le décroissement remarquable des céphalopodes , à la fin de cette époque paléozoïque, n'est pas un fait sans analogue dans la série des périodes géologiques. En effet, après l'époque où ces animaux se sont reproduits avec profusion et sous un grand nombre de formes nouvelles dans les terrains triasique, jurassique et crétacé, une pareille disposition d'un plus grand nombre de céphalopodes testacés se remarque vers la fin de cette dernière époque.

Les trilobites, ces crustacés si caractéristiques de la faune primaire , manquent complètement dans celle des terrains permiens. Leur disparition est un fait d'une assez haute importance , et prouve que le plus grand développement de ces animaux a eu lieu pendant l'époque silurienne. On les voit décroître d'une manière sensible dans les couches dévoniennes, et être réduits dans les dépôts postérieurs à quelques petites espèces, dont M. Portlock a fait ses genres *Griffithidea* et *Philipsia*.

Ici se présente un de ces admirables liens par lesquels tout s'enchaîne dans la nature et dont les strates qui constituent l'ossature du globe, nous offrent des exemples si nombreux et si remarquables. Au moment où une famille destinée à ne plus reparaître, s'éteint pour toujours, elle est constamment remplacée par d'autres qui n'avaient pas encore brillé sur la scène de la vie.

Ainsi les Limules, qui se montrent pour la première fois dans les couches houillères, remplacent dans le système permien les Trilobites. Les Limules ont survécu aux nombreuses révolutions qui ont suivi leur création; il y a plus; quelques-unes de leurs espèces, assez éloignées, il est vrai, des types primitifs, existent encore de nos jours.

Si les circonstances ont été peu favorables en Europe, durant la période permienne, pour l'existence de certains invertébrés comme les Trilobites, elles ne se sont pas opposées à la propagation des vertébrés aquatiques.

Les poissons qui, à partir des roches siluriennes inférieures, se développent de plus en plus dans les époques dévonienne et houillère, se maintiennent en proportion considérable par rapport aux autres classes dans la faune permienne. Ils y sont représentés par seize genres renfermant quarante-deux espèces, toutes, à l'exception d'une seule, propres aux dépôts permiens. Cette unique exception nous est fournie par le *Palæoniscus Frieslebeni* d'Agassiz.

La présence de cette espèce commune à deux terrains et trouvée dans un seul district, confirme la loi généralisée par les recherches de M. Agassiz. En effet, les poissons servent à marquer avec une extrême précision l'âge des dépôts dans lesquels ils se trouvent ; ils offrent à peine quelques exemples d'espèces qui aient vécu au-delà de la durée des mers et des sédiments particuliers où elles avaient pris naissance.

L'époque permienne a vu apparaître la classe des sauriens, appelée plus tard à jouer un rôle si important dans l'époque secondaire. Cette classe a été représentée dans les premiers temps de sa création par les sauriens thécodontes, tels que les *Palæosaurus* et les *Protosaurus*.

Ce fait remarquable peut être placé en parallèle avec l'anéantissement des Trilobites. Il indique l'action incessante de la loi d'amélioration et de la partielle modification qu'éprouvait le règne animal dans son apparition graduelle. Les effets de ces modifications, loin d'être simultanés comme on pourrait le supposer, ont été au contraire lents et successifs. Ils paraisssent parfois indépendants, particulièrement en Russie, des grandes révolutions qui y ont affecté la surface de notre planète.

Le progrès ne s'est pas opéré à l'époque permienne, dans le nombre et la variété des espèces, puisque celles qui ont vécu à cette époque, ont été considérablement moindres que lors du dépôt des terrains houillers et de transition. Ce progrès se manifeste dans les familles et les espèces nouvelles qui ont apparu lors de ces dépôts, et que l'on n'avait pas aperçues dans les âges antérieurs. C'est surtout chez les reptiles, les animaux les plus compliqués de ces âges anciens, que le progrès est le plus manifeste. Ces animaux n'y ont point apparu d'une manière incertaine comme à l'époque houillère. Outre les deux genres de la famille des thécodontes que nous avons signalés, on y en observe une foule d'autres, parmi lesquels nous citerons le *Thecodontosaurus antiquus*, le *Clavyodon Loydii*, le *Rhyncosaurus articeps*

et le *Monitor* de la Thuringe qui appartient au genre *Pro-
torosaurus* dont il n'existe qu'une seule espèce. Le genre
Palæosaurus en comprend deux, savoir le *cylindrodon* et
le *platyodon*, distingués par le degré de compression des
dents.

Par suite de la loi du progrès, le développement des reptiles sauriens n'a fait que s'accroitre jusqu'au delà des terrains jurassiques. Mais déjà le *Thecodontosaurus*, à l'époque
de l'étage inférieur du nouveau grès rouge, ou suivant d'autres, à partir seulement des grès bigarrés, était déjà pourvu
de dents implantées dans des alvéoles.

Le perfectionnement qui s'est opéré dans cette classe, a
porté également sur l'apparition d'une autre famille que
celle des sauriens et dont les formes ont également persisté
jusqu'à l'époque actuelle. Cette classe, celle des batraciens
était composée par le genre *Labyrinthodon* qui comprenait
sept espèces, les *Labyrinthodon Jægeri*, *Meyeri*, *lepto-
gnathus*, *pachygnatus*, *ventricosus*, *Andriani* et *scutu-
latus*.

Quoique nous ayons adopté la place que M. Owen a at-
tribué à ces reptiles qui se font également remarquer par
leurs grandes dents implantées dans des alvéoles, nous sommes loin de nous dissimuler que cette place est loin d'être
certaine et qu'elle ne sera déterminée avec rigueur que
lorsqu'on connaitra tout le squelette des espèces de ce
genre remarquable.

Un de ces sauriens, le *Monitor*, avait déjà attiré l'attention de Leibnitz, à une époque où l'on ne se doutait guère
qu'il y eût eu une succession dans l'apparition des êtres
vivants en raison directe de la complication de l'organisation, du moins pour les vertébrés.

Quoique les reptiles sauriens aient incontestablement
paru à cette époque (et le *Monitor* en est la preuve), certains

débris de vertébrés ont été rapportés sans motifs suffisants à cette classe. Telles sont les écailles assimilées à tort à celle de tortues voisines du genre *Trionyx*, qui ont été trouvées dans les schistes bitumineux des Orcades et de Caithness en Ecosse. Ces écailles examinées par M. Agassiz, ont été reconnues par lui, appartenir non à des reptiles, mais à des poissons.

Il en a été de même des dents découvertes par le docteur Hibbert dans les environs d'Edimbourg, et qu'il avait considérées comme provenant des sauriens. Ces dents examinées avec plus de soin, ont été rapportées à des poissons sauroïdes, ordre le plus élevé de ces vertébrés. Cet ordre, plus que tous les autres, a de nombreuses analogies avec les vrais sauriens par ses caractères ostéologiques (1).

Les poissons des premiers âges tenaient la place des autres vertébrés qui n'existaient pas ou ne s'y trouvaient qu'en faible proportion ; aussi avaient-ils les plus grandes analogies avec les derniers sous le rapport de leurs formes et de leur structure. Le *Sclerocephalus Hauesseri* des terrains houillers avait sa tête semblable, au premier coup-d'œil, à celle d'un reptile, avec des dents aussi pointues et aussi nombreuses que celles de ces animaux. D'un autre côté, les formes des reptiles étaient si peu déterminées, que la même espèce avait parfois les mêmes caractères que les crocodiliens et les lézards, et souvent des formes communes aux autres classes des vertébrés. Le progrès a été dans la disparition de ces caractères communs à plusieurs ordres ou à plusieurs classes, enfin dans la permanence de caractères propres et distinctifs.

---

(1) Voyez *Transactions géologiques*, second semestre, vol. III, part. 1.re, pag. 144, pl. 16.

2.º DES ANIMAUX DE LA SECONDE ÉPOQUE DE LA SECONDE PÉRIODE

(*Animaux des terrains du trias ou triasiques*).

Cette époque comprend l'entière série des terrains triasiques, composée des grès bigarrés (*Bunter sandstein*), du calcaire conchylien (*Muschelkalk*), des marnes irisées et du *Keuper*.

Considérée dans son ensemble, sa population était peu nombreuse quoique assez variée. Ainsi toutes les classes des animaux invertébrés y sont représentées, avec cette particularité qu'elles ne comprennent pas la totalité des familles qui en font aujourd'hui partie ; les articulés de cette époque n'embrassent que deux familles au lieu des quatre qu'ils présentent maintenant. Leur faune y est en effet bornée aux anélides et aux crustacés.

Les vertébrés, encore plus restreints, ne réunissent que deux classes au lieu de quatre que ces animaux présentent à l'époque actuelle. Elles se rapportent uniquement aux poissons et aux reptiles les plus simples de cet embranchement. On a bien rattaché à des oiseaux ou à des marsupiaux des empreintes étudiées dans les grès bigarrés, mais ces empreintes observées avec soin par M. Owen, lui ont paru appartenir à d'énormes batraciens.

Le même observateur a examiné avec la plus grande attention, les empreintes nommées *Cheirotherium*, que M. Kaup présumait avoir été produites par un didelphe gigantesque. Il a reconnu qu'elles se rapportaient au genre des *Labyrinthodon*. Cette opinion n'est pas très-éloignée de celle de MM. Linck et de Munster qui les avaient considérées comme le résultat des pas opérés par des Salamandres gigantesques.

Cette diversité d'opinions, relativement à des traces aussi

incertaines que légères, de l'existence d'anciens animaux dont on ne connaît pas d'autres vestiges, prouve combien on doit être réservé pour prononcer sur les espèces dont elles peuvent provenir. Un progrès a sans doute eu lieu à cette époque, mais il n'a pas porté sur des animaux aussi avancés en organisation.

Cette observation est d'autant plus fondée, que les mêmes empreintes, examinées par M. de Blainville, lui ont paru se rapporter, non à des pas d'oiseaux, mais à des végétaux de l'ordre des Prêles arborescentes ou à des rhizomes de quelques *Acorus* ou à des tiges sarmenteuses plus ou moins anastomosées

D'un autre côté, si ces empreintes considérées comme des pas d'oiseaux d'une stature colossale, avaient été opérées par de pareils animaux, elles présenteraient certainement quelques traces de la portion plantaire. Les marques de cette partie de la peau largement sillonnée par des rides transversales ou dans une autre direction, devraient subsister en tout ou en partie.

On n'en voit pas de traces sur ces empreintes, pas plus que des écailles qui recouvrent la partie supérieure ou convexe des doigts. Ces écailles plus ou moins saillantes, se terminent au fond de la face plantaire des orteils. Les différentes saillies des phalanges auraient dû également laisser quelques traces du passage de ces oiseaux, d'autant plus que le sol a conservé des vestiges de corps qui n'avaient pas plus de dureté.

Il en est de même des empreintes observées sur les grès rouges de Massassuchett, et rapportées par M. Hitchcock à des pas d'oiseaux, quoiqu'il y ait entr'elles et celles de ces animaux d'assez grandes différences. Aussi, tant que l'on n'aura pas trouvé des ossements des oiseaux qui les auraient produites, on ne pourra pas affirmer que ces traces sont les marques de leurs pas. D'après l'appréciation qui en a été faite par MM. de Blainville et Owen, ainsi que par plusieurs autres observateurs, ces empreintes ne sauraient être considérées comme faites par des oiseaux et encore moins par des mammifères.

Des animaux d'un ordre aussi supérieur n'ont probablement pas été les contemporains des grès bigarrés. Leur apparition n'a pas eu lieu à un âge aussi reculé, qui n'a vu que les deux ordres, les plus inférieurs des vertébrés, les poissons et les reptiles. Du moins, rien dans l'histoire de la terre ne dément la succession lente et graduée, qui s'est opérée dans la création des vertébrés des temps géologiques.

Toutefois, le professeur Hitchcock a découvert dans les grès de la même époque, une substance fossile qui d'après sa composition appartiendrait aux coprolithes. Cette substance était formée de 3 pour 100 d'azote, d'ammoniaque et de chaux. Mais ces excréments peuvent aussi bien appartenir à des reptiles qu'à des oiseaux. Les premiers rendent des fèces chargées d'une quantité plus ou moins considérable d'acide urique. Cet acide s'y trouve quelquefois sous la forme de pelote, ainsi que l'ont prouvé Schreibers pour les lézards, Prout, pour le *Boa constrictor*, enfin John Davy pour d'autres reptiles. L'*alligator* rend même l'acide urique mélangé d'une grande quantité de phosphate et de carbonate de chaux.

Les excréments des oiseaux carnivores et piscivores, consistent essentiellement en urate d'ammoniaque, avec un peu de phosphate de chaux. Dès-lors, si l'on examine les résultats fournis par l'analyse du guano, où l'on a reconnu des sulfates et des phosphates alcalins et terreux, des urates, des matières organiques, des chlorures alcalins, on ne peut s'empêcher de reconnaître une certaine analogie entre cette substance et les coprolithes analysés par M. Davy (1).

Le guano, formé d'excréments d'oiseaux qui ont subi une décomposition partielle et un remaniement chimique des éléments dont ils se composent, a bien quelques analogies avec les coprolithes des grès bigarrés. Seulement, ces derniers offrent, de plus, des silicates et du carbonate de chaux. Sous ce point de vue, ils se rapprochent beaucoup des coprolithes de Lime-Regis en Angleterre, qui, d'après Buckland, appartiennent à l'*Ichthyosaurus* (2).

Ces coprolithes renferment une assez grande quantité de sous-phosphate de chaux, de carbonate de la même base, de l'urate d'ammoniaque et de l'urate de chaux, de la silice, un peu d'oxalate calcaire et des sulfates alcalins. Les fèces de cette localité contiennent de plus des écailles de poissons non digérés, fait qui a servi à mettre sur la voie de leur véritable nature et de leur origine. Il paraît donc que les coprolithes de l'Amérique proviennent plutôt des reptiles que des oiseaux, d'autant qu'ils ne contiennent pas de l'acide oxalique, l'un des éléments essentiels du guano considéré comme des excréments d'oiseaux.

On doit d'autant moins admettre l'existence des oiseaux et des mammifères à l'époque du dépôt des grès bigarrés, que les reptiles des terrains secondaires sont construits non pour dévorer des animaux terrestres, mais pour se nourrir d'espèces aquatiques et particulièrement de poissons. A ces reptiles ichthyophages ont succédé, plus tard, des ra-

---

(1) Voyez l'*Américan Journal of sciences*, pour Janvier 1845.

(2) Voyez le *Philosophical Magazine* (Février 1845), où se trouve un mémoire du docteur Smith, sur la composition du guano de l'Amérique du Sud, et la description de procédés particuliers pour évaluer la proportion d'ammoniaque, et pour séparer la chaux et la magnésie en combinaison avec l'acide phosphorique.

ces carnivores, mais alors les oiseaux et les mammifères avaient apparu. Sans les derniers, les reptiles carnassiers de l'ancien monde, qui rappellent les gavials actuels, auraient été exposés à mourir de faim, faute de pouvoir satisfaire la violence de leur appétit.

Une pareille circonstance est trop contraire à la prévoyance de la nature pour être admise; elle prouve donc avec d'autres faits non moins précis, que les oiseaux et les mammifères monodelphes n'ont apparu que lorsque les reptiles carnivores peuplaient les eaux de l'ancien monde. En effet, pour que des carnivores destinés à faire leur séjour dans des fleuves, pussent vivre aux dépens des animaux terrestres qui viennent s'y désaltérer, il était de toute nécessité que ceux-ci fussent contemporains des premiers; car si les uns manquaient, il devait en être de même des autres.

Un fait indépendant de ceux que nous venons de rappeler confirme cette conclusion. Les poissons de la famille des hétérocerques, ainsi que les espèces qui en dépendent, ont été uniquement découverts dans les terrains antérieurs au lias. Cette circonstance, dans le gisement de ces poissons, ne paraît pas accidentelle; elle semble liée avec quelques détails de leur organisation. On la voit du moins se reproduire dans les mêmes limites et sur un grand nombre d'espèces de l'ordre des placoïdes, qui se montrent avec les premières dans les mêmes terrains. Ces poissons dont le gisement est le même, ont une structure semblable dans la conformation de la queue qui, chez eux, n'est jamais symétrique.

Quelque condition inconnue d'existence a donc agi dans ces temps reculés sur le développement de la vie organique et déterminé une conformation aussi générale. On ne peut pas considérer un phénomène aussi constant, comme une simple exception ; car la nature n'en admet nulle part dans ses productions, sur une échelle aussi étendue. Il faut donc envisager ces formes comme des antécédents de celles qui les ont suivies, et les traits qui les caractérisent et les distinguent, comme des différences, suites du mouvement progressif dont ces animaux étaient l'objet.

Ces différences ont principalement consisté en une transition d'une structure non symétrique, caractère des poissons des anciens âges, avec une structure d'une symétrie plus ou moins parfaite. Celle-ci a prévalu dans les époques subséquentes, où les formes irrégulières ont successivement disparu.

Or, puisque dans les moindres détails, l'organisation se perfectionne, les êtres qui, comme les oiseaux et les mammifères, sont les plus avancés de la création, n'ont apparu que quand déjà bien des générations s'étaient succédé à la surface du globe.

Lorsqu'on jette un coup-d'œil sur l'ensemble des êtres contemporains des lépidoïdes hétérocerques, on voit que la plupart d'entr'eux étaient fixés au fond des mers ; ou du moins ils y rampaient sans pouvoir s'élever librement et à leur gré vers la surface et se mouvoir au loin. A l'exception de quelques reptiles, dont l'apparition sur la terre est postérieure à celle des poissons, la plupart des animaux des anciennes époques étaient aquatiques. Le sol hors du sein des eaux ne nourrissait qu'un petit nombre d'animaux articulés ou des plantes analogues à celles des grands archipels et des plaines basses.

Les poissons ont été les premières espèces auxquelles il a été donné de franchir spontanément l'espace entre deux eaux dans toutes sortes de directions. Les mouvements des crustacés sont beaucoup plus irréguliers et peu soutenus. Parmi les mollusques, les céphalopodes les plus mobiles et

les mieux organisés pour la progression , volent à la surface
des eaux et restent le jouet des vents dans leurs ascensions
aérostatiques. Sans doute , les ptéropodes nagent avec plus
de liberté ; mais ils ne paraissent pas avoir vécu à une époque aussi reculée. Les gastéropodes , contemporains des
céphalopodes , étaient bien plus liés au sol que ceux-ci , et
les acéphales et les brachiopodes y sont fréquemment fixés.
Quant aux polypes et aux crinoïdes qui appartiennent à des
animaux plus simples , ils étaient attachés par leur base à
différents corps solides. Ils ne pouvaient par cela même
opérer que des mouvements partiels.

Les habitants des premiers âges étaient donc peu favorisés sous le rapport de la facilité et de l'étendue de leurs
mouvements. Ainsi les poissons , avec leur caudale non
symétrique , ne pouvaient exécuter des mouvements aussi
précis que les poissons symétriques des périodes suivantes.
Leur progression était vacillante et embarrassée. Ces animaux respirant par des branchies , ne pouvaient proférer
ni faire entendre aucun cri. Ils vivaient dans le silence le
plus absolu , ainsi que tous les animaux qui peuplaient une
nature muette et presque inanimée.

Il y a donc loin de ces premiers âges , aux temps où la
surface du globe a nourri des oiseaux et des mammifères ,
qui l'ont égayée de leurs cris et de leurs chants. Il y a plus
loin encore , de ceux où l'homme a pu réfléchir sur les
changements de la vie organique et méditer sur la succession des êtres vivants, dont la création actuelle est en quelque sorte le complément.

Les terrains du trias sont composés de trois principaux
systèmes ou formations. Le plus ancien est celui des grès
bigarrés , le moyen comprend le calcaire conchylien (*Muschelkalk*), et le supérieur, les marnes irisées et le *Keuper*.
Ces divers systèmes sont sans doute caractérisés par des

êtres organisés particuliers ; mais nous en considérons l'ensemble , afin de nous assurer si cette époque a été en progrès sur celle qui l'ont précédée.

Nous suivrons en cela l'opinion de M. d'Alberti qui a considéré le grès bigarré ou *Bunter-sandstein* , le calcaire conchylien , les marnes irisées et le *Keuper* , comme différents étages d'une même formation , ce qui a porté M. Omalius d'Halloy à les réunir sous le nom commun de terrains triasiques. La plupart des débris organiques que renferment ces divers étages , confirment les idées émises par M. d'Alberti.

La population du trias se compose de zoophytes de l'ordre des rayonnés et des radiaires. Le premier comprend neuf à dix genres , et le second moins nombreux , n'en a que six à sept. Les articulés y sont également représentés , mais par deux ordres seulement : les annélides et les crustacés. Le premier réunit deux familles , les cirrhopodes et les tubicolés et quatre genres , dont un seul, celui des *Balanus* se rattache à la première de ces familles. Les crustacés offrent jusqu'à six genres.

Le nombre des mollusques y est plus considérable en ordres , en familles et en genres. Ces animaux comprennent en effet trois ordres principaux , les acéphales , les céphalés et les céphalopodes. Ce dernier , le plus compliqué mais le moins nombreux , a été très-restreint pendant l'époque dont nous nous occupons. Ces mollusques supérieurs n'y présentent que cinq genres , tandis que les acéphales ont offert à la même date trente-neuf genres , et les céphalés ou univalves une douzaine environ.

Telles ont été les proportions des diverses classes des invertébrés à l'époque du dépôt du trias. Avant d'entrer dans les détails de la création contemporaine de ces terrains , résumons l'ensemble de celle qui se rapporte aux animaux vertébrés.

On ne peut guère admettre qu'il existât, lors de ces formations arénacées ou calcaires parmi les vertébrés, d'autres
classes que celles des poissons et des reptiles. Les premiers
n'y étaient représentés que par deux ordres : les ganoïdes et
les placoïdes qui comprennent plusieurs familles ainsi que
divers genres. Les reptiles n'offrent également que deux
ordres principaux, les sauriens et les batraciens qui avaient
déjà paru à l'époque précédente (1). Le dernier de ces
ordres, quoique le plus simple, a été toutefois moins nombreux en genres et en espèces que les sauriens proprement
dits, dont le développement a été constamment progressif
jusqu'aux terrains crétacés.

Cet aperçu signale, comme un fait général des anciennes
créations, la lenteur du perfectionnement qui s'est opéré
chez les reptiles. Ces animaux n'ont vu leurs divers ordres
apparaître que lors des derniers temps géologiques. Seulement, les sauriens ont été très-variés à une époque, particulièrement lors du dépôt des terrains jurassiques, d'abord
les chéloniens, puis les batraciens. Le perfectionnement ne
s'est jamais opéré d'une manière complète chez les ophidiens qu'à l'époque actuelle. C'est, en effet, pendant les
temps historiques que ces reptiles ont été le plus variés et
le plus nombreux et qu'ils ont acquis les dimensions les
plus considérables. Ces reptiles ont été du moins les plus
rares aux anciennes comme aux plus récentes époques
géologiques. Ils n'ont pris leur essor que de nos jours.

---

(1) En considérant ici les batraciens comme un ordre des reptiles,
nous n'entendons pas préjuger sur la question de savoir si ces animaux ne constituent pas une classe particulière et distincte parmi
les vertébrés, ainsi que l'admettent plusieurs zoologistes. Il est certain que ces animaux présentent plusieurs caractères d'une grande
valeur et que l'on ne retrouve chez aucun autre ordre de reptiles.

Si donc les sauriens ont eu la plus grande taille et les formes les plus colossales en même temps que les plus variées pendant certaines époques géologiques, les ophidiens qui sont loin d'être les plus perfectionnés de ces animaux, n'ont pris un véritable développement et n'ont acquis un grand nombre d'espèces remarquables par leur grandeur, la variété et l'élégance de leur coloration, que dans les temps actuels. Le progrès a eu lieu dans cette classe de vertébrés comme dans toutes celles qui font partie de ce grand embranchement; mais il s'est opéré à des époques très-diverses pour les différents ordres qui en font partie.

Ce progrès date, pour les sauriens, des terrains pénéens, les plus anciens dépôts de la seconde période, tandis qu'il ne s'est manifesté que plus tard pour les chéloniens et les batraciens, et seulement à l'époque historique pour les ophidiens. Le progrès a donc commencé, chez les reptiles, par l'ordre le plus perfectionné et peut-être le seul qui pût remplacer en quelque sorte les autres vertébrés, et s'accommoder des circonstances et des milieux extérieurs sous l'influence desquels ils devaient vivre.

Les sauriens se rattachaient par l'ensemble de leur organisation, aussi bien que par leur système dentaire, aux poissons sauroïdes qui les avaient précédés. Ils avaient des caractères communs avec ces animaux et vivaient comme eux au milieu des eaux salées. Les sauriens des premiers âges étaient des races aquatiques, et, comme il n'existait pas encore de distinction entre les diverses espèces d'eaux, ils ne pouvaient habiter que les eaux salées. On arrive du reste à la même conclusion en considérant leurs dimensions et l'ensemble de leur conformation.

Un seul genre de sauriens était organisé pour le vol, mais rien ne nous dit que les espèces qui en faisaient partie ne pussent pas fendre les eaux et nager ; car les Ptérodactyles avaient, comme le Satan de Milton, tous les attributs. Du moins, ces reptiles avaient des caractères communs aux oiseaux et quelques analogies avec les cheiroptères. Leur formes et leur genre de vie nous font comprendre quels devaient être les rapports et les relations de ces animaux dont les os étaient dépourvus de moëlle. Cette conformité des Ptérodactyles avec les oiseaux, sous le rapport de leur organisme et de leur structure, ne doit pas nous surprendre, puisqu'elle était une suite nécessaire de leurs conditions d'existence.

Les sauriens terrestres ont apparu assez tard ; contemporains des Ptérodactyles, ils n'ont acquis un certain développement que lorsque les continents avaient pris une assez grande étendue, et qu'ils pouvaient nourrir les races qui respirent l'air en nature. Ceux-ci n'avaient donc rien de commun par leurs mœurs et leurs habitudes avec les poissons ; aussi n'en rappelaient-ils plus les traits, par quelques particularités de leur structure et de leur organisation.

Les chéloniens, dont il n'existe aucune trace pendant la première période, n'ont été représentés sur la scène de l'ancien monde que fort tard, lors du dépôt des terrains triasiques et jurassiques. Si les genres qui ont caractérisé ces dépôts, avaient les mêmes habitudes que leurs analogues actuels, les espèces qui en ont fait partie, auraient vécu dans les eaux salées, les lacs ou les fleuves. Le petit nombre de celles qui auraient peuplé les mers, fait présumer avec d'autres faits, qu'il n'y avait point encore de distinction tranchée entre les diverses sortes d'eaux.

Cette distinction n'a été sensible que lors des terrains wealdiens ou à l'époque des dépôts portlandiens, où l'on découvre quelques espèces terrestres et fluviatiles et des dépôts analogues à ceux des eaux douces. Ainsi, soit que les chéloniens vécussent dans le bassin des mers, soit que les fleuves et les lacs fussent leur demeure habituelle, ces reptiles avaient une organisation trop différente de celle des poissons, pour présenter avec eux quelques analogies, et offrir des caractères communs. Ils étaient en effet moins propres que les sauriens à réunir certaines particularités des deux classes les plus simples des vertébrés.

Il en a été de même des batraciens; car il est douteux que ceux qui ont existé dans la seconde période aient subi des métamorphoses analogues à celles par lesquelles passent les batraciens actuels. Aussi a-t-on considéré les plus anciens reptiles de cette famille comme des sauriens; ils n'ont été rangés parmi les batraciens que depuis les travaux de M. Owen.

Les plus anciens batraciens, qui ne remontent pas au-delà du *keuper*, appartiennent non-seulement à des espèces perdues, mais à des genres dont il n'existe aucune trace dans la nature actuelle. On ne peut donc savoir d'une manière positive, s'ils ont passé ou non sous différentes métamorphoses analogues à celles que subissent nos grenouilles et nos crapauds. Seulement, on peut faire observer que les couches terrestres n'offrent aucune trace de ces métamorphoses, parmi ces genres inconnus de batraciens, ce qui fait supposer qu'ils n'y ont pas été soumis.

Elles sont tout au plus apparentes pour les batraciens de la troisième période, représentés par des genres identiques à ceux qui vivent de nos jours. Ces genres ou les Grenouilles, les Rainettes, les Salamandres, comprennent des espèces complètement éteintes, quoiqu'il n'en soit pas de même de leurs formes génériques. Mais ces reptiles se rapportent à une époque où chaque classe, chaque ordre de vertébrés avait pris ses caractères particuliers et distinctifs, et où aucun d'eux n'offrait des caractères communs à plusieurs classes de cet embranchement.

Sous tous ces points de vue, les sauriens devaient être
les premiers représentants des reptiles sur la scène de l'ancien monde, en raison de ce que leurs formes avaient plus
de rapports avec celles des poissons, que n'en ont les chéloniens, les ophidiens et les batraciens. Ce sont surtout les
Serpents, les Couleuvres, enfin tous les animaux de cet ordre, qui diffèrent le plus des poissons ; aussi les espèces de
cette grande tribu ont-elles apparu fort tard dans les temps
géologiques. On ne commence à en découvrir les débris
que lors des plus anciens dépôts de la troisième période.

Ainsi s'est opéré le progrès chez les reptiles de l'ancien
monde, progrès des plus lents et qui a commencé par l'ordre le plus perfectionné des temps géologiques. Cet ordre
avait en effet plus d'affinité par sa conformation générale,
avec les poissons que n'en a tout autre ordre de vertébrés.
Ceci nous explique pourquoi il a été si développé à une époque où les reptiles qui la peuplaient, offraient des caractères
communs à différentes classes, même à celles qui n'avaient
point encore paru, et dont ils étaient pour ainsi dire les
précurseurs.

Si les Lathyrinthodons, nommés aussi sans motifs *Mas-
todon saurus*, se rapportaient réellement aux batraciens,
cet ordre aurait été représenté à l'époque du trias par un
seul genre. Ce genre aurait été composé de trois espèces
dont une aurait atteint des dimensions gigantesques pour
cette famille. Elle serait arrivée en effet jusqu'à 23 ou 24
mètres de longueur.

Des espèces, mais de dimensions moins considérables,
avaient précédé les Labyrinthodons du trias ; quatre espèces
ont été trouvées dans les grès rouges qui dépendent des
terrains pénéens.

Lorsqu'on examine avec quelques détails l'ensemble de
la population de l'époque du trias, on lui trouve des carac-

tères particuliers , qui la différencient de celle des époques antérieures et postérieures.

La faune des terrains triasiques ne présente pas encore de traces d'infusoires , quoique ces infiniment petits aient paru en grand nombre lors de la faune suivante, c'est-à-dire , à l'époque du lias. Les zoophytes y sont toutefois représentés par les deux ordres principaux de cette classe , les *rayonnés* et les *radiaires*. Les premiers comprennent un plus grand nombre de genres que les seconds , et parmi eux l'on en découvre deux actuellement : les principaux architectes des récifs de coraux dont les mers du Sud sont obstruées. Ces genres sont les Favosites et les Astrées ; mais ils ne paraissent pas avoir été accompagnés par les Méandrines.

Les formes génériques , même celles qui ont persisté jusques dans notre monde , ont été souvent interrompues à telle ou telle époque géologique ; néanmoins , elles ont reparu à une toute autre époque , sans qu'il paraisse y avoir rien de changé dans leur structure et leur organisation. Ce fait se reproduit souvent pour une foule de genres , quoiqu'il y en ait qui se soient continués constamment à toutes les époques , sans éprouver la moindre interruption. Tels sont les Serpules parmi les articulés , et les Térébratules parmi les mollusques.

Ceci n'empêche pas cependant , qu'il y ait des genres et même des familles qui ne sont propres qu'à une époque restreinte et déterminée. Telle est celle des trilobites qui ne dépasse pas la première période, ainsi que les genres qui en font partie. Les *Productus* appartiennent , non comme les précédents aux crustacés, mais aux mollusques. C'est encore un exemple remarquable de genres dont la durée a été des plus courtes.

Les *Productus*, qui apparaissent lors des terrains siluriens supérieurs, ne s'élèvent pas au-dessus des formations pénéennes ou permiennes, si toutefois il en existe dans ces formations. De même l'*Asaphus tyrannus* est borné aux terrains siluriens tout comme l'*Asterias Lockii*. L'*Avicula socialis*, l'*Ammonites nodosus* et la *Posidonia minima* ne se trouvent guère que dans l'une des formations triasiques, c'est-à-dire, le calcaire conchylien (*Muschelkalk*). On peut en dire autant de la *Trigonia vulgaris* et de l'*Encrinites moniliformis* qui n'appartient plus, comme les espèces que nous venons de citer, aux mollusques, mais aux zoophytes de l'ordre des radiaires.

Le type générique est donc plus persistant que le type spécifique qui passe rarement d'une formation à une autre, tandis que le premier, après avoir traversé parfois tous les âges, arrive jusqu'à l'époque actuelle sans que, dans ce long intervalle, il paraisse éprouver des changements notables dans ses formes et son organisation.

Les familles des ammonites et des bélémnites, les plus naturelles des céphalopodes en même temps que les plus compliquées des mollusques, offrent également des exemples analogues. Chacune de ces familles se compose de plusieurs tribus qui sont des signes aussi certains que caractéristiques des formations où elles se rencontrent. Ces tribus ont donc peu duré; elles n'ont pas résisté aux changements qui s'opéraient dans les milieux extérieurs sous l'influence desquels elles se trouvaient.

Ainsi la division, des goniatites appartenait aux terrains de transition et ne se rencontrait guère au-delà des formation du trias, de même que les cératites étaient propres au calcaire conchylien (*Muschelkak*), tout comme les *arietes* au lias, et les *Crioceras* aux terrains crétacés inférieurs. Ces diverses tribus ont peu persisté, puisqu'aucune d'elles ne s'est étendue au-delà des formations qu'elles ont caractérisées.

Il en est de même des familles des bélemnites dont la limite inférieure est au-dessous des terrains jurassiques, dans la formation du keuper, et la supérieure dans la craie blanche.

Peut-on voir dans les modifications que chacune des tribus d'une même famille éprouve, des progrès successifs ! c'est ce qu'il est bien difficile de constater. Tout ce qu'elles annoncent, c'est que les mêmes formes générales ont tendu dès leur création, par l'effet de diverses variations, à parvenir à leur point d'arrêt, qu'aucune d'elles n'a obtenu que dans l'époque historique. Une foule de genres n'ont pas pu y parvenir, mais un certain nombre y sont arrivés. Les seuls changements qu'ils aient éprouvés, ne se rapportent pas à leur type générique, mais uniquement à leur type spécifique.

Sous ce dernier point de vue, il y a eu progrès ; car généralement les espèces ont été en s'étendant, et n'ont acquis le maximum de variations ou de différences que dans les temps dont nous sommes les témoins. Il y a eu sans doute des exceptions à ces faits généraux ; mais comme nous les avons fait connaître en comparant le nombre des Encrines et des Térébratules des âges passés, avec celui des temps actuels, nous n'insisterons pas davantage à cet égard. Le nombre des zoophytes rayonnés a été, à l'époque du trias, plus considérable que celui des radiaires, circonstance qui s'était également présentée aux époques antérieures. Une famille de cet ordre, celle des crinoïdes, a été assez réduite sous le rapport du nombre des espèces qui en ont fait partie, ainsi que sous celui des individus.

Le genre *Ophiura* de la tribu des échinodermes, a commencé avec le *Muschelkalk;* il s'est ensuite étendu à travers les marnes irisées et le *keuper*, pour reparaître plus tard dans les terrains crétacés et parvenir jusqu'à l'époque actuelle. Ce genre est toutefois moins persistant que les *Astéries* qui ont aussi animé plutôt la scène de l'ancien monde. On ne les trouve guère, en effet, que dans les deux terrains que nous venons de désigner, le trias et les formations crayeuses.

Les cirrhopodes qui appartiennent aux annélides, se présentent de même à l'époqne du trias, particulièrement lors du dépôt du calcaire conchylien. L'un des genres qui en ont fait partie, celui des Serpules, en commençant avec les premiers vestiges de la vie, n'a presque jamais cessé d'exister en s'étendant et en offrant, à l'époque historique, des espèces beaucoup plus nombreuses et variées.

Au lieu des formes inconnues dans la nature vivante, qui ont caractérisé les crustacés de la première période et de la première époque de la seconde, ceux des terrains triasiques se rattachent aux crustacés de l'époque actuelle. Leurs genres s'y trouvent ainsi que leurs familles, tandis qu'il n'en est pas ainsi des Trilobites.

Le genre *Galathea* de la famille des décapodes, dont les espèces fréquentent maintenant toutes les mers, remonte fort haut dans la scène de la vie. Ils sont avec les *Gebia*, les premiers exemples des crustacés décapodes qui ont pris un certain développement à l'époque des terrains jurassiques, crétacés et tertiaires, et n'ont atteint cependant le *summum* de leur perfectionnement que de nos jours.

Il est difficile de ne pas voir dans cette succession une tendance vers le progrès, qui s'est opéré non dans les espèces, mais dans les familles, les ordres et les classes. Ainsi, relativement aux crustacés du trias, il y a eu progrès des Trilobites aux Galathées et aux Gébies, qui évidemment sont plus perfectionnés que les premiers sous le rapport de leurs organes locomoteurs, et par suite, sous celui de la facilité et de l'agilité de leurs mouvements.

Il y a eu également progrès dans l'apparition d'un certain nombre de genres qui n'avaient pas encore brillé sur la scène du monde et dont les formes, plus analogues à celles des genres actuels, annoncent le perfectionnement qui s'opérait dans la nature. La présence de nouveaux genres lors du dépôt des terrains du trias s'est manifestée non-seulement par rapport aux zoophytes, aux articulés, mais aux mollusques. Le nombre de ces derniers est resté bien inférieur à ce qu'il était aux époques précédentes et particulièrement à celle de transition.

Nous avons fait observer que généralement les différentes tribus de la grande famille des ammonites caractérisaient des époques distinctes; nous ajouterons qu'elles se montrent néanmoins associées dans les mêmes terrains. Les formations du trias nous en fournissent des exemples. Ainsi les goniatites de l'époque primaire y sont réunis avec les Cyrtoceras et les Cératites qui sont spéciales à ces formations arénacées. Les unes et les autres appartiennent à la famille des ammonites, dont le genre Ammonite proprement dit qui la constitue essentiellement, ne prend guère son développement que lors des terrains jurassiques.

Les genres des mollusques du trias, quoique moins nombreux qu'aux époques précédentes, sont parfois les mêmes que ceux de la période primaire. Il ne peut qu'en être ainsi de ceux dont les formes se sont continuées jusqu'aux temps actuels. Il est parmi ces genres quelques types dont les analogies avec ceux des terrains jurassiques sont manifestes.

Ainsi parmi les acéphales, ordre nombreux dans les formations du trias, on voit apparaître sur la scène de la vie, plusieurs genres que l'on n'y avait pas jusqu'alors aperçus, tels que les *Venus*, les Panopées, les Trigonies, les Pernes et les Huîtres. Les premières espèces de ce genre si répandu dans la nature actuelle, avaient des habitudes tout-à-fait différentes des dernières. Elles vivaient éparses et dispersées au sein des mers, et ne se trouvaient pas réunies en qancs considérables comme celles des terrains tertiaires ou des temps historiques.

Les annélides sont également représentés à l'époque du trias par des genres qui s'étaient déjà montrés à l'époque de transition, particulièrement les Spirules, les Spirorbes et les Dentales. Ce genre comprenait même à l'époque primaire jusqu'à quatre espèces, et s'est perpétué à peu près constamment dans les formations postérieures, telles que les schistes de Saint-Cassian, qui paraissent se rattacher aux terrains du trias, dans le terrain conchylien (*muschel-kalk*), les terrains crétacés et tertiaires. Ces genres sont parvenus jusqu'à l'époque actuelle où ils ont pris leur plus grand développement.

Les crustacés de cette époque se rapportent aux genres Pemphys et Halycines. Le premier appartient à la tribu des crustacés macroures, et le second à celle des xiphosures. Ces genres ont été seulement aperçus dans les terrains du trias et ne paraissent pas avoir de représentants à l'époque actuelle.

Il est du reste douteux que les foraminifères aient laissé de leurs débris dans les terrains du trias, où les zoophytes sont généralement peu abondants. Le genre *Encrinus* paraît assez spécial à cet étage, quoique les crinoïdes y soient moins nombreux qu'à l'époque primaire. On est peu surpris d'y observer des Astrées et des Favosites, puisque ces deux genres avaient déjà paru à l'époque primaire et que le premier s'est perpétué jusqu'aux temps historiques.

Si les schistes marneux de Saint-Cassian en Tyrol appar-

(256)

tiennent à ces terrains , ils nous offriraient un mélange remarquable d'espèces propres aux terrains de transition , et
d'autres à des formations plus récentes. Ces schistes offrent
un mélange d'êtres organisés que l'on ne revoit dans aucun
des terrains de la surface du globe.

5.º DES ANIMAUX DE LA TROISIÈME ÉPOQUE DE LA SECONDE PÉRIODE.

(*Animaux des terrains jurassiques*).

Cette époque comprend l'entière série des terrains jurassiques , c'est-à-dire le lias , les systèmes des calcaires
oolithiques , exfordiens , coralliens , de l'argile kimmerid-
gienne , enfin des groupes portlandien et wealdien. Elle
est une des plus importantes dans les temps géologiques ,
en raison du nombre des dépôts qui en font partie et de la
variété et des dimensions des reptiles qui y ont paru.

Cette époque offre un intérêt particulier , et se montre
évidemment en progrès relativement à celles qui l'ont précédée. Elle a été du moins la seule parmi les terrains secondaires , qui ait vu des mammifères animer la scène de l'ancien monde. A la vérité , leurs espèces se rapportent à des
marsupiaux ou aux mammifères les plus inférieurs et qui
n'en sont que des ébauches imparfaites.

Sans doute , chacun des groupes des terrains jurassiques
a une faune spéciale , qui mériterait d'être décrite à part;
mais il suffit d'en considérer l'ensemble pour faire saisir,
combien elle est en progrès sur les époques antérieures , et
combien il lui en restait à faire , pour atteindre celle qui a
brillé à l'époque tertiaire.

Nous examinerons la faune des terrains jurassiques , en
commençant cette revue par les animaux inférieurs. La première classe, celle des zoophytes, est riche en genres et en
espèces , surtout dans les étages jurassiques moyens et inférieurs.

C'est dans ces étages que l'on a trouvé des elminthés qui, jusqu'à présent, n'avaient pas été observés parmi les fossiles. Cette découverte est due à M. de Quatrefages qui en aperçut des empreintes sur les calcaires de Solenhoffen. Ces empreintes rappellent le *Nemertes Cuvieri* de l'ordre des vers intestinaux cavitaires. D'autres qui ont quelque analogie avec le genre *Borlasia* d'Ocken, et ressemblent assez au *Borlasia anglicana*.

Il existerait donc plusieurs espèces d'elminthés dans les calcaires de Solenhoffen, et l'une d'elles paraîtrait, en tenant compte des contractions de l'animal, avoir eu environ dix mètres de longueur. Si ces empreintes ont appartenu aux animaux auxquels on les a rapportées, ce fait serait étrange dans l'histoire des phénomènes de la vie. Aussi peut-on se faire quelques doutes sur l'existence des elminthés dans des temps si reculés. Ces doutes sont d'autant plus sérieux, que cette existence n'a été du reste admise que sur de simples empreintes (1).

Les monadés ont laissé quelques débris dans ces terrains, ainsi que les foraminifères ; ces animaux sont toutefois plus abondants dans les terrains crétacés et tertiaires. Les polypiers sont fréquents au milieu de certains dépôts de l'étage jurassique, et par exemple, dans les couches coralliennes qui en sont en grande partie formées. Leurs genres y sont aussi variés que nombreux, et parmi eux, l'on peut signaler les Astrées, les Méandrines et les Caryophyllies.

Ces genres ont été accompagnés par d'autres familles des rayonnés et des radiaires. Toutefois les échinides, assez rares dans le lias, deviennent de plus en plus fréquentes dans les étages supérieurs, où il en existe un grand nombre ainsi que des stellérides.

---

(1) **Société Philomatique de Paris**, séance du 11 Avril 1846. — Institut n.º 646.

Les crinoïdes nous offrent des exemples analogues ; peu nombreux dans le lias, ils n'y sont représentés que par un ou deux genres, et deviennent de plus en plus communs dans les étages supérieurs. Ils y sont composés par une grande quantité de genres dont plusieurs sont spéciaux à ces terrains.

Les articulés singulièrement étendus à l'époque jurassique, ont été en progrès sur ceux des formations antérieures. Ils s'y montrent parfois dans un état de conservation remarquable, en raison probablement des circonstances particulières dans lesquelles ils se sont trouvés.

Les crustacés et les insectes sont, parmi les articulés, les plus communs et ceux qui sont parvenus jusqu'à nous dans l'état le plus parfait. Les premiers appartiennent à l'une des tribus la plus perfectionnée, aux crustacés macroures et à des types génériques inconnus dans la nature vivante et par conséquent à des espèces éteintes. Tel est le *Coleia antiqua* qui caractérise assez bien le lias, le *Klytia ventricosa*, l'*Eryon Cuvieri*, le *Glyphœa Regleyana*, le *Brome ventrosa* et plusieurs autres des mêmes terrains. Avec ces genres perdus, on en découvre plusieurs qui vivent encore de nos jours, et dont il existe des espèces très-répandues. Parmi eux, on découvre le genre *Crangon*, qui appartient à la famille des salicoques ; celui des *Astacus* de la tribu des astaciens.

Il n'en est pas de même des espèces de ces terrains ; elles sont toutes différentes de celles de nos jours, ce qui prouve que le type générique est plus persistant que le type spécifique.

Les genres des crustacés décapodes des terrains jurassiques sont loin d'être bornés à ceux que nous venons de mentionner ; on en compte au-delà de trente propres à des terrains. Les crustacés isopodes y sont représentés par cinq genres tous perdus. Quoique les types génériques fossiles de cet ordre soient éteints, il ne fait pas moins partie de ceux de la nature actuelle ; car il est assez nombreux et est caractérisé par de petites espèces, tandis que les décapodes renferment souvent des races d'une grande dimension.

Les crustacés cyproïdes sont représentés dans les terrains jurassiques par un genre qui n'avait point encore paru sur la scène de l'ancien monde. On le retrouve dans les formations tertiaires et les eaux douces de nos jours. Ce genre ou celui des *Cypris* de Muller, n'a été toutefois observé que dans les formations récentes ou les dépôts wealdiens.

Les crustacés xiphosures se rencontrent non-seulement dès les terrains primaires et houillers, mais encore dans les formations du trias et jurassiques. Ces dernières n'en possèdent qu'en seul genre, celui des Limules dont les mers actuelles nourrissent plusieurs grandes espèces. Celles qui jusqu'à présent ont été découvertes à l'état fossile ont été généralement de dimensions au-dessous des espèces vivantes. Ce genre, un de ceux qui ont le plus persisté, commence dès la période primaire ; il s'est perpétué dans plusieurs formations postérieures pour parvenir enfin à l'époque actuelle où il a pris un assez grand développement.

Comme tous les ordres des articulés ont des représentants dans les terrains jurassiques, on est peu surpris d'y observer des arachnides de la tribu des phalangistes. L'espèce des calcaires secondaires de Solenhoffen a été décrite par le comte de Munster sous le nom de *Phalangistes priscus*. On y a également indiqué des araignées du genre *Salpaga*.

Les insectes ont commencé à prendre à cette époque un assez grand développement. La plupart des familles se trouvent dans les terrains jurassiques supérieurs ; car le lias et l'oolithe n'en comprennent que trois : les coléoptères, les névroptères et les diptères. On découvre en outre dans les calcaires lithographiques de Solenhoffen, des orthoptères, des hyménoptères, des hémiptères et des lépidoptères. Enfin, les terrains wealdiens qui paraissent formés par une suite de dépôts des eaux douces et salées, renferment également des débris de coléoptères, de névroptères, d'hémiptères et de diptères.

Le nombre de ces tribus fait assez présumer le développement que les insectes avaient pris à l'époque jurassique. Ce développement n'a été surpassé qu'à l'époque tertiaire, l'une des plus récente des temps géologiques. Du reste, un progrès immense s'est opéré de nos jours dans cette classe, principalement dans le nombre, la variété et les dimensions des espèces qui en font partie. Les calculs les plus modérés portent le nombre total des insectes vivants maintenant à plus de 360,000, chiffre qui peut donner une idée de la différence de proportion que présentent les articulés des deux époques.

Toutefois, le développement qu'a pris pour lors cet ordre prouve que l'air était déjà propre aux animaux qui le respiraient en nature. D'un autre côté, il annonce que les circonstances atmosphériques étaient en harmonie avec celles qu'exigeaient les espèces qui avaient un pareil mode de respiration. Comme parmi les insectes de cette époque, aussi bien que parmi les crustacés, il existait des espèces aquatiques, on peut en induire que la distinction s'était opérée entre les eaux douces et salées; ceci est d'autant plus probable, que plusieurs espèces de ces articulés vivaient dans le sein des lacs ou des eaux stagnantes.

La nature des dépôts wealdiens confirme cette supposition. On pourrait en dire autant des formations portlandiennes, qui par leurs boues présentent quelques analogies avec les dépôts des eaux douces. Le progrès qui s'est opéré à cet égard dans la constitution physique du globe , n'a pas pu être sans effet sur les êtres qui l'habitaient. Il a été aussi manifeste sur la faune des terrains jurassiques , plus perfectionnée que celle des formations qui l'avaient précédée , comme elle est restée au-dessous de celui qui s'est opéré plus tard.

Les annélides ont également laissé des traces de leur présence dans les terrains jurassiques. Parmi eux , on découvre des tubicolés qui y sont représentés par un genre constamment persistant (les Serpules) et qui est arrivé jusques dans la nature actuelle.

Les mollusques sont de tous les invertébrés les plus abondants au milieu des terrains jurassiques. Ces animaux ont pris un grand développement à cette époque , et les espèces que l'on y découvre se rapportent à presque tous les ordres de cette classe.

Cette classe offre toutefois deux ordres qui présentent cette particularité d'avoir un grand nombre des mêmes genres des époques antérieures , qui se reproduisent dans les temps plus récents. Aussi , trouve-t-on peu de genres spéciaux au milieu de ces terrains.

Il n'en est pas cependant ainsi des autres ordres de cette classe , comme par exemple des céphalopodes. Ces mollusques caractérisent cette époque d'une manière toute spéciale , en raison du grand nombre des Ammonites et des Bélemnites qu'elle présente. Ces genres se trouvent bien dans la période crétacée où ils s'éteignent pour ne plus reparaître sur la scène de la vie , mais ils n'y sont plus composés des mêmes espèces. Il est un genre de céphalopodes qui ne s'étend pas au-delà du lias ; de même , parmi les brachiopodes , les *Spirifer* arrivent bien jusqu'au lias , mais ils ne franchissent pas cette époque.

Les genres des mollusques des terrains jurassiques sont

si variés que nous ne tenterons pas de les décrire. Nous dirons seulement que ces animaux sont en progrès sur les époques antérieures, quoiqu'ils ne présentent pas beaucoup de formes spéciales. Il en est cependant plusieurs de si particuliers que nous en dirons quelques mots.

Le mollusque auquel ont appartenu les deux valves désignées sous le nom d'*aptychus*, n'est pas encore connu ; nous sommes loin d'en comprendre l'organisation. Ces valves sont ordinairement baillantes, et le corps de l'animal dont elles paraissent l'ouvrage, se dirige en bas en forme d'entonnoir. Cette circonstance est fondée sur l'étude d'un échantillon trouvé dans les terrains salifères, et qui ressemblait en quelque sorte à une tête d'oiseau pétrifié. Elle est du reste peu favorable à l'hypothèse admise par M. Schafthœutl, que le mollusque qui l'a formé avait quelque ressemblance avec les *lepas*, ressemblance fort éloignée (1).

Les *aptychus* présentent deux formes principales dans le lias, savoir les *cornei* qui se distinguent par leur coquille cornée, mince et lisse, les *imbricati* par leur test calcaire à gros plis représentant une sorte d'imbrication. La première de ces formes ne dépasse pas l'oolithe, tandis que la seconde existe dans tous les terrains jurassiques ; mais après les formations oolithiques apparaît celle qui caractérise les terrains secondaires déposés depuis les formations oxfordiennes jusqu'à la craie, c'est-à-dire, les *cellulosi*. Ici, la lame cornée est recouverte d'une couche celluleuse qui rappelle quelquefois certains madrépores.

Parmi les mollusques qui commencent avec l'époque jurassique, on distingue les Calmars à encre ; ces mollusques préparaient cette matière colorante dans des réservoirs particuliers, analogues à ceux de certaines espèces actuelles.

---

(1) Leonhard unds Bronn's Neuer jarbuch, 1846, p. 819.

Ces réservoirs sont assez bien conservés pour faire juger de leur disposition. On les trouve souvent distendus , comme s'ils faisaient partie de l'organisation d'un corps vivant. Ils conservent avec la plume cornée de l'animal , des rapports de position semblables à ceux que l'on observe entre la bourse du noir et la plume cornée des Calmars actuels. L'encre que ces réservoirs renferment , quoique considérablement durcie , n'a rien perdu de ses qualités. Broyée sous la meule , on peut l'appliquer aux mêmes usages que la *sepia* de nos peintres ; elle paraît même résister davantage à l'influence des agents extérieurs.

La découverte de ces réservoirs à encre et l'état de distension dans lequel ils se trouvent , démontrent que les animaux auxquels ils ont appartenu , ont été saisis par une mort soudaine , et qu'ils furent bientôt après ensevelis dans les sédiments où sont leurs dépouilles. La conservation de ces sacs et du liquide que les Calmars y répandaient dans les moments d'alarme , amène à la même conséquence. Il en a été probablement ainsi des sauriens , dont les squelettes se montrent souvent entiers et presque intacts au milieu des roches calcaires où l'on découvre les débris des anciens Calmars.

C'est encore à des mollusques céphalopodes rapprochés de nos Calmars que se rapportent les singuliers corps nommés les uns *Tisoa* et les autres *Bélemnites*. Ces genres, dont rien dans le monde actuel ne rappelle les formes , sont aussi remarquables par leur structure et leur organisation, que par le nombre de leurs individus. On découvre dans les mêmes terrains un genre d'acéphales remarquable sous le même rapport. Il est , en effet , dans certaines formations liasiques un si grand nombre de Gryphées , qu'elles y sont presqu'aussi communes que des grains de blé dans un champ nouvellement ensemencé.

La position intérieure des doubles siphons qui caractérisent les Tisoas, remplace en quelque sorte le sillon unique et externe des Bélemnites ; il établit du moins, entr'eux, une différence tranchée, quoiqu'ils appartiennent à deux genres rapprochés sous certains rapports. Les Tisoas ne paraissent pas cependant avoir jamais offert des sacs à encre analogues à ceux des Bélemnites.

Ces sacs, semblables à ceux qui existent chez les Calmars vivants, présentent souvent des dimensions considérables, dépassant 30 centimètres d'étendue ; les animaux qui les portaient devaient avoir une grandeur assez forte. Avant d'avoir découvert ces sacs et leurs rapports avec un étui corné mince, qui faisaient partie de ces animaux, on s'était formé des doutes sur la place que ces mollusques occupaient dans la série animale.

Les trois principales parties des Bélemnites, la coquille conique, l'étui corné, l'alvéole, ayant été rencontrés non-seulement ensemble mais en relation, ont prouvé que les animaux auxquels ces différentes pièces avaient appartenu devaient être protégés par une coquille intérieure analogue aux os ou aux pièces cornées des Calmars et des Seiches. Comme les céphalopodes présentent à peu près seuls une pareille organisation et des réservoirs à encre, les Bélemnites se rapportaient à cet ordre de mollusques.

Ces derniers ont offert dans la série jurassique plus de cent genres, parmi lesquels plusieurs avaient plus de cent espèces. Ce dernier chiffre ne s'applique pourtant qu'aux Bélemnites et aux Ammonites ; les Térébratules, caractérisées par une grande quantité d'espèces, ne s'élèvent pas cependant aussi haut que les genres que nous venons de citer.

Ceux de l'époque jurassique y sont distribués d'une manière assez inégale relativement aux diverses familles des mollusques auxquelles ils se rapportent. Ainsi, la plus simple ou les acéphales en composaient à peu près à eux seuls les deux tiers et s'élèvent jusqu'au nombre de soixante-dix. Les mollusques céphalés ou univalves ont à peine trente-quatre genres, tandis que les céphalopodes y sont réduits à douze, à environ au sixième de celui des acéphales.

La proportion des genres dans les différentes familles des mollusques est d'autant plus considérable, qu'elles sont moins compliquées. Ce rapport est en harmonie avec la loi du progrès, puisque les êtres les plus avancés sous le rapport de leur organisation se développent avec plus de lenteur que les plus simples, essentiellement dominants dans l'ancien monde. Les espèces, considérées d'une manière générale, ont suivi assez constamment dans leur apparition successive cette marche ascendante.

Les mollusques acéphales ou conchifères les plus nombreux sous le rapport de leurs genres, ne le sont pas moins sous celui de leurs individus. Nous avons déjà cité les Gryphées et nous y ajouterons les Térébratules et les *aptychus*. Ce genre se trouve en effet, dans plusieurs localités en nombre immense ; tel est le calcaire jurassique de Kurowitz dans la Moravie, dans lequel on ne découvre pas d'autre espèce.

Quoique la plupart des types génériques de cet ordre aient leurs représentants dans le monde actuel, il en est cependant dont les formes paraissent tout-à-fait perdues. On peut en évaluer le nombre à environ le septième de la totalité.

La plupart des genres des céphalés ont leurs représentants dans la nature actuelle, quoiqu'il n'en soit pas toujours ainsi dans les formations postérieures à ces terrains. On peut cependant signaler trois ou quatre genres de cette époque, complètement perdus. Tels sont les *Pleurotomaria*, les *Nerinea*, les *Actœon* et les *Ditremaria*.

La plupart des brachiopodes de cette époque appartiennent à des genres vivants, comme les Cranies, les Orbicules, les Thécidées, les Térébratules et les Lingules. On découvre cependant dans le lias, la formation la plus inférieure des terrains jurassiques, un genre, *Spirifer*. complètement perdu et que l'on ne retrouve plus à partir de cette couche.

La faune jurassique des mollusques et surtout celle des terrains crétacés qui lui a succédé, présente un plus grand nombre de genres communs à la création actuelle, que de genres éteints.

Les mollusques pourvus de tête et à coquilles univalves turbinées, étaient distingués à cette époque, comme aux antérieures, en herbivores et en carnivores. Les premiers se sont constamment perpétués depuis les terrains primaires jusqu'à nos jours. Ils conservent encore leur importance parmi les habitants des mers.

Ce groupe s'est constamment maintenu pendant la série géologique, ainsi que plusieurs des genres qui en font partie. Les espèces herbivores de ce groupe, généralement abondantes à toutes les époques, ont reçu un opercule particulier, destiné à les protéger contre la voracité des mollusques carnivores. Cette défense leur était d'autant plus nécessaire, que les derniers ont vécu en grand nombre dans la profondeur des eaux des premiers âges.

Aussi les races herbivores ont perdu peu à peu ce bouclier protecteur, lorsque les races carnivores sont revenues de moins en moins nombreuses. Cette circonstance s'est présentée dans les temps géologiques, à partir des couches superposées à l'oolithe inférieure. En effet, les espèces carnivores diminuent d'une manière sensible depuis les formations oolithiques, pour ne plus reparaître sur la scène de l'ancien monde, que dans les couches supérieures à la craie ou les dépôts tertiaires.

Il est douteux que des mollusques terrestres aient existé lors des terrains jurassiques, quoiqu'il y eût alors des terres sèches et hors du sein des eaux. Ce fait est démontré par les insectes nombreux que l'on découvre à cette époque. Les fougères y ont prospéré et ont embelli les terrains découverts ; elles confirment également la même conclusion. Si les mollusques avaient réellement vécu à cette époque, on ne verrait pas pourquoi ils ne se seraient pas conservés, puisque les couches jurassiques offrent des débris plus délicats, et par conséquent plus facilement destructibles. Tels sont les crustacés des eaux douces, particulièrement le genre *Cypris*, enfin les arachnides et les insectes si nombreux lors des terrains jurassiques.

C'est là un progrès qui ne s'est opéré que beaucoup plus tard ; il n'a eu lieu en effet sur une grande échelle, que lors du dépôt des terrains tertiaires. Cette époque remarquable par la quantité d'animaux terrestres, vertébrés ou invertébrés qu'elle a vu apparaitre, ne l'est pas moins par le nombre à peu près égal des espèces des eaux douces, fluviatiles ou lacustres, qui y ont vécu.

Les vertébrés en progrès à cette époque ont offert trois classes sur les quatre qui composent la faune actuelle. Les poissons s'y continuent et appartiennent à des ordres qui tendent à disparaître. Ils se rapportent tous et sans exception à des types spécifiques perdus, souvent même à des genres dont on ne voit plus de traces à la surface du globe. Les poissons de l'époque jurassique se rattachent du reste à des familles nombreuses et variées.

Les reptiles, particulièrement les sauriens, prennent un grand développement à cette époque. Ces animaux paraissent pour la plupart avoir vécu dans le bassin des mers, contrairement aux sauriens de nos jours qui habitent à peu près exclusivement les eaux douces. Un seul genre voltigeait dans les airs , au moyen d'une membrane étendue qui rappelle celle des chauve-souris , du moins d'après la disposition de la main.

Les chéloniens sont infiniment moins nombreux à l'époque jurassique que les sauriens ; les deux familles que l'on y découvre semblent annoncer que les eaux douces devaient alors être plus abondantes qu'aux époques précédentes. Il serait possible cependant , que les Émys et les Trionys que nous rapportons aux tortues paludines ou fluviatiles par leurs analogies avec celles de nos jours, eussent vécu dans les eaux des mers comme les sauriens ensevelis dans les mêmes terrains.

Les batraciens et les ophidiens ne paraissent pas avoir laissé de leurs débris à l'époque jurassique , quoique des animaux du premier de ces ordres eussent apparu antérieurement, s'il faut y rapporter les Labyrinthodons. Il paraît en avoir été de même des oiseaux ; du moins les faits sur lesquels on a voulu établir leur existence sont trop peu positifs pour la regarder comme certaine.

Les mammifères terrestres ont été représentés à cette époque par l'ordre des marsupiaux, premières ébauches des animaux supérieurs. Cette apparition des mammifères didelphes a été extrêmement restreinte ; elle s'est bornée à deux genres et à trois espèces dont on n'a guère observé qu'un petit nombre d'individus et dans une seule localité de l'Angleterre.

L'ensemble de la population de cette époque annonce l'accroissement et le développement de la vie organique représentée par toutes les classes des invertébrés et par les principales des animaux supérieurs , parmi lesquels on remarque des reptiles aussi étranges que gigantesques.

La faune des terrains jurassiques , si développée dans l'hémisphère boréal, et particulièrement en Europe, ne s'est pas cependant étendue dans l'hémisphère austral. Elle n'y existe même pas, ces terrains n'y ayant pas laissé la moindre trace. Il y a donc sous ce rapport une grande différence dans les formations des deux hémisphères, et par conséquent dans les animaux de l'ancienne création de ces deux parties du monde.

Après cet aperçu, donnons quelques détails sur les vertébrés des terrains jurassiques.

Les poissons, les animaux les plus simples des vertébrés qui ont appartenu à l'époque jurassique, se rapportent aux ganoïdes et aux placoïdes, ordres dont les espèces dominent dans les terrains antérieurs à la craie. Les premiers particulièrement affectés aux terrains les plus anciens, ne se trouvent que rarement dans la nature actuelle, tandis que les cténoïdes et les cycloïdes qui ne commencent qu'avec les terrains crétacés, sont les plus abondants dans nos mers. Les ganoïdes se maintiennent en grand nombre jusqu'à la fin de l'époque jurassique, pendant laquelle les placoïdes deviennent plus fréquents. Ces derniers se continuent pendant la période crétacée où apparaissent les cténoïdes et les cycloïdes ; ceux-ci, par suite du progrès opéré dans l'ordre des poissons, augmentent pour lors de plus en plus, tandis que les ganoïdes diminuent rapidement.

Ainsi, depuis la création première de ces animaux, jusqu'à la fin de l'époque jurassique, tous les poissons ont été revêtus de plaques osseuses ou d'écussons couverts d'émail ; aucun d'eux n'a offert des écailles cornées et minces, analogues à celles qui recouvrent un si grand nombre de poissons actuels. Ces derniers composent, en effet, la plus grande partie de la faune de nos mers.

Nous avons fait comprendre les motifs qui ont fait apparaître les ganoïdes les premiers, et pourquoi ils ont été les plus anciens des vertébrés. Les plus rapprochés des reptiles par leur dentition et quelquefois par leurs formes , ils ne sont pas en opposition avec la loi du perfectionnement graduel , puisqu'ils représentaient à eux seuls l'embranchement des vertébrés.

Les placoïdes qui ont existé avec eux dans les mêmes terrains, ne partageaient pas les mêmes avantages et n'étaient pas appelés à jouer un rôle aussi élevé. Aussi sont-ils restés constamment inférieurs aux ganoïdes, par leur squelette cartilagineux et leur système nerveux. Ces deux ordres sont bien arrivés jusqu'à l'époque historique, avec cette différence pourtant que les placoïdes composent une partie notable de la faune de nos jours, tandis que le nombre des ganoïdes est maintenant des plus restreints.

Cette différence de proportion dans les deux ordres des poissons des premiers âges, et l'excès des cycloïdes et des cténoïdes sur tous les autres , nous annonce que les traits des anciennes espèces qui réunissaient des caractères de plusieurs classes, devaient peu à peu s'effacer, pour prendre l'uniformité du type spécial auquel ils se rapportaient. Ceci est plus évident pour les reptiles qui offraient des particularités du même genre , puisque la plupart des genres des terrains jurassiques ne s'est pas étendu jusqu'à la craie , et que le petit nombre de ceux qui sont arrivés jusqu'à elle , n'ont pas persisté dans toute la série crétacée.

Les ganoïdes, quoiqu'appartenant à l'époque actuelle , ont éprouvé une notable interruption après les terrains crétacés ; on ne trouve du moins qu'un seul genre de cet ordre dans les formations tertiaires, le *Lepidotus maximilianus*, qui appartient au calcaire grossier.

Les poissons n'ont pris leurs caractères actuels que depuis l'époque crétacée ; mais il est non moins remarquable de voir leurs types génériques analogues à ceux de la nature actuelle , ne pas descendre au-dessous des terrains jurassiques. C'est donc seulement à partir de ces terrains que l'on commence à trouver des genres identiques , ce qui prouve avec quelle lenteur le progrès s'est opéré dans cette classe, la plus simple des vertébrés.

Le dépôt des terrains jurassiques a été l'une des époques les plus remarquables du développement des classes les moins avancées de cet embranchement. Cette époque prouverait à elle seule que les vertébrés se sont succédé à la surface de la terre , en raison directe de la complication de l'organisation , si elle n'était pas suivie par d'autres où cette loi est tout aussi évidente. Telles sont celles où ont été précipitées les formations tertiaires et quaternaires. A ces époques , dont la dernière est si rapprochée des temps historiques , apparaissent pour la première fois les oiseaux et les mammifères monodelphes. Ces animaux deviennent d'autant plus nombreux et d'autant plus variés , que l'on arrive aux couches les plus jeunes de ces terrains.

Cette plus grande complication a eu lieu non-seulement chez les vertébrés, mais dans les familles qui en font partie. Ces familles, et par exemple celles des poissons et des reptiles d'abord peu nombreuses , et qui avaient entr'elles une sorte de ressemblance et d'uniformité , se sont peu à peu étendues et diversifiées. Ce point de fait est frappant pour les reptiles des terrains jurassiques . surtout pour les sauriens. La plupart des types de cette famille ont été créés pour un temps très-restreint , et l'ensemble de la création de cette époque diffère essentiellement de celles qui l'ont précédées ou suivies. Du moins , les poissons et les reptiles de cette époque démontrent , comme plus tard , les autres vertébrés , combien les espèces fossiles sont limitées à une époque déterminée.

Du reste , les faunes des poissons et des reptiles des formations jurassiques sont séparées des époques antérieures et plus récentes , par des caractères plus tranchés que ceux qui distinguent les faunes des animaux infé- rieurs. Cette distinction manifeste pour les espèces des deux classes , l'est même quoique dans un degré moindre que les genres.

Enfin , on voit certaines circonstances de l'organisation qui ont aussi leur importance , changer d'une manière com- plète , lorsqu'on passe d'une époque à une autre. Ainsi tous les lépidoïdes et les sauroïdes (sauf une seule exception), sont hétérocerques dans les terrains antérieurs à l'époque jurassique. Ils avaient la colonne épinière prolongée dans le lobe supérieur de la queue. Les espèces qui ont vécu dans les mers jurassiques , ont eu (sauf un seul poisson), la queue semblable à celle des poissons osseux du monde actuel , et ont été homocerques.

Il y a donc eu à cet égard progrès , puisque la première disposition ne se retrouve plus aujourd'hui que dans la famille des squales , l'une des plus inférieure des poissons.

L'exception d'un lepidoïde hétérocerque appartenant aux terrains secondaires de cette époque , nous est fournie par le genre *Cocolepis* composé du seul *Cocolepis Bucklandi* , découvert dans les schistes calcaires de Solenhoffen.

Les familles des poissons homocerques de l'époque juras- sique ont été nombreuses et ont appartenu aux ordres des ganoïdes et des placoïdes.

Parmi le premier , la seule famille des lépidoïdes offre de dix à douze genres , et celle des sauroïdes en présente une quinzaine environ. Quant à celle des célacanthes , elle n'en a que trois et celle des pycnodontes arrive jusqu'au nombre huit.

On ne connaît jusqu'à présent qu'un seul genre de la famille des accipensérides , qui appartient à l'ordre des ga- noïdes , dont la queue soit homocerque. Ce genre , celui du

Chondrosteus, n'a qu'une seule espèce du lias de Lyme-Régis.

La famille des chiméroïdes qui se rapporte à l'ordre des placoïdes comprend seulement trois genres, tandis que celle des squalides en a six dans les mêmes terrains. Elle y est accompagnée par celle des hybodontes qui n'en ont que deux. Les cestraciontes en ont sept à huit, enfin l'ordre des pristides est composé par quatre principaux genres.

Une pareille disposition dans l'organisation des poissons des premiers âges a disparu entièrement lors de l'époque jurassique. On ne la retrouve que dans une seule famille de notre époque. Ainsi les poissons hétérocerques, avec leur caudale non symétrique, ne pouvaient exécuter des mouvements aussi précis que les poissons symétriques homocerques qui ont paru plus tard. Leurs mouvements progressifs devaient être vacillants et comme embarrassés ; ils étaient loin de présenter l'agilité qui caractérise nos espèces actuelles.

Cette structure symétrique, qui s'est établie si tard chez les poissons et qui a prévalu pendant les époques géologiques récentes aussi bien qu'à l'époque historique, est un véritable progrès non-seulement chez les poissons, mais chez tous les vertébrés. Ce fait s'accorde avec celui que fournit l'observation des espèces fossiles des premiers âges, toutes remarquables par l'uniformité de leur structure. Les types du règne animal, à quelle classe qu'ils se rapportent, y sont beaucoup moins différenciés que ceux de notre époque. Du reste, parmi les vertébrés, les poissons présentent plutôt que les autres classes, les preuves d'un développement progressif et constant. Ce progrès a été surtout manifeste lorsque les reptiles ont acquis leur plus grand développement et ont ainsi préparé la venue des oiseaux et des mammifères. On voit pour lors les poissons se diversifier à l'infini et reproduire dans des limites restreintes , des formes qui rappellent par leur régularité et même jusqu'à un certain point par leurs caractères , les types primitifs de la classe. Ainsi s'éteignent les derniers représentants des familles qui ont précédé toutes les autres dans leur apparition.

Pour nous restreindre aux ganoïdes , l'un des ordres les plus anciens de cette classe des vertébrés , on les voit présenter dans leur développement, une gradation très-marquée à partir des lépidoïdes , des sauroïdes , des célacanthes et des pycnodontes qui caractérisent les formations antérieures à la craie. Cette gradation se continue pour les esturgeons , les sclérodermes , les gymnodontes et les lophobranches, dont les espèces succèdent aux premières dans les formations plus récentes et qui parvenus , dans l'époque actuelle, y prennent une extension remarquable.

Le squelette des esturgeons a tous les caractères des ganoïdes ; ces poissons ne sont en quelque sorte que des lépidoïdes cartilagineux recouverts d'écailles semblables à celles des gymnodontes , tandis que les silures n'ont plus d'écailles, et ne montrent plus que par intervalle des écussons semblables à ceux des esturgeons.

Une autre disposition non moins générale est liée, comme la première , aux conditions sous l'influence desquelles les poissons ont vécu. Les ganoïdes et les placoïdes des terrains de transition et secondaires, sont tous des poissons abdominaux. On ne connaît pas un seul poisson fossile antérieur à la craie qui ne soit abdominal. Les poissons thoraciques deviennent de plus en plus nombreux dans les terrains crétacés et surtout dans les tertiaires. Ce qui est non moins remarquable , ces poissons l'emportent de beaucoup sur les abdominaux dans l'époque actuelle.

Il est difficile de ne pas voir dans cette circonstance, qui

rallie certaines formes avec les conditions des milieux extérieurs sous lesquels ils ont vécu, quelque progrès dans l'organisme. Ne doit-on pas y rattacher également ce fait remarquable présenté par les cestraciontes qui, dans les premiers âges, ont tenu la place des vraies squales de l'ordre
des placoïdes, poissons dont l'apparition n'a eu lieu que
beaucoup plus tard, à l'époque crétacée? La famille des
cestraciontes, composée de trois groupes principaux et de
quatorze genres, n'est représentée dans les temps auxquels nous appartenons, que par une seule espèce, le
Cestracion Philippi. Ce qui n'est pas moins particulier, ce
Cestracion diffère de tous les requins actuels, et a les plus
grandes analogies avec les races fossiles et perdues de la
famille des cestraciontes.

L'espèce qui appartient à la création actuelle est des plus
rares. Ce fait est général chez toutes les classes du règne
animal et se répète souvent même plusieurs fois dans les diverses familles de la même classe : ce n'est pas seulement
le nombre des espèces qui va en décroissant, mais celui des
individus qui est plus limité qu'à l'ordinaire. Ainsi, les *Lepi-
dosteus* et *Polypterus* sont les seuls représentants d'une famille de poissons jadis assez nombreuse. Il en est de
même du genre des Cestracions dont nous venons de parler
et qui n'est maintenant représenté que par une seule espèce.

Il est difficile de ne pas voir dans ce rapport des formes
avec les époques diverses où on les rencontre, l'influence
de la succession génétique, l'indication la plus vraie des
véritables affinités naturelles. Il ne faut pas cependant conclure de ce résultat, à une gradation progressive de chacun des types particuliers des différentes classes animales.
En effet dans leur marche générale, vers un développement
progressif, chaque groupe secondaire pris isolément, présente des particularités dignes de la plus sérieuse attention,

et propres à nous éclairer sur les tendances qui se manifestent dans un travail génétique.

La diversité d'époque où ont apparu les poissons abdominaux et thoraciques est liée avec certaines circonstances particulières à ces derniers. Du moins avec eux apparaissent les genres de poissons de forme bizarre, chez lesquels les rapports naturels dans la position des membres locomoteurs pairs sont intervertis, et où les ventrales viennent se placer devant les pectorales et même presque sous la gorge.

La symétrie des nageoires paires chez les abdominaux ordinaires, et en particulier chez les ganoïdes et les placoïdes des formations géologiques les plus anciennes et qui ont précédé la venue des reptiles, est comme le premier indice de la tendance des membres locomoteurs à se placer vers les extrémités antérieure et postérieure du corps; cette conformation a prévalu peu à peu chez les vertébrés supérieurs. La diversité de position des nageoires paires chez les poissons, ou la tendance à l'écartement des membres, est en rapport avec le développement génétique de tout l'embranchement des vertébrés.

De pareilles dispositions, qui tiennent de si près à ce que l'organisme a de plus important, ont dû agir dans les temps reculés sur le développement de la vie organique et déterminer une conformation aussi générale. Quoique nous ne puissions pas en deviner les causes, elles dépendent probablement du progrès qui s'est opéré depuis l'apparition de la vie jusqu'aux temps actuels. A cette époque, une organisation plus avancée a succédé à une moins compliquée, ou en résumé, une structure symétrique à une qui n'en présentait pas les avantages.

Les reptiles, qui paraissent avoir apparu pour la première fois à l'époque houillère, mais certainement lors des terrains pénéens, ont pris leur plus grand développement pendant le dépôt des terrains jurassiques. Leurs races, mais sous des formes spécifiques particulières et différentes de celles qui les avaient précédées, se sont continuées pendant toute la période crétacée et tertiaire. Ces animaux sont même parvenus dans l'époque actuelle, mais avec des caractères nouveaux et des dispositions qui n'ont d'analogie qu'avec les races des temps géologiques les plus récents.

Ainsi les reptiles ont eu une existence moins longue que les poissons, puisque l'on n'en découvre pas de traces dans les terrains primaires. Ces derniers perdent peu à peu les caractères qui les rapprochaient des reptiles et qui leur ont valu le nom de *Sauroïdes*, dénomination d'accord avec ces analogies.

Le développement des reptiles, qui a eu lieu non-seulement à l'époque jurassique, mais pendant la longue série des temps géologiques, s'est opéré à peu près uniquement dans le seul ordre des sauriens. Toutes les espèces de cet ordre qui ont des habitudes aquatiques, paraissent avoir habité les eaux salées, contrairement aux races de nos jours qui vivent toutes, du moins d'une manière à peu près constante, dans les eaux douces.

Les mers renfermaient donc, à cette époque, de nombreux reptiles aussi remarquables par leurs dimensions que par leurs formes bizarres. Les terres sèches et découvertes au-dessus des eaux, étaient peuplées également par des espèces tout aussi gigantesques que les races qui fréquentaient les eaux salées. Seulement, ces reptiles terrestres presque sans analogie avec les races marines, ne différaient des nôtres que par leurs dimensions; ils s'en rapprochaient du moins par leurs formes. Ainsi, au lieu d'avoir 1^{m}80 à 2 mètres comme les plus grands des reptiles vivants, les Mégalosaures avaient 10 à 11 mètres de longueur, et l'Iguanodon que l'on a rapproché des iguaniens , acquérait jusqu'à 23 ou 24 mètres de longueur.

Cette classe des sauriens, si remarquable sous ce point de vue , ne l'était pas moins sous un autre ; elle offrait des races particulières qui, à l'aide de leurs grandes membranes soutenues au moyen d'un seul doigt , mais très-long , pouvaient s'élever dans les airs. Rien de semblable ne se présente chez aucune espèce de reptile actuel ; les Dragons ont bien des membranes étendues , mais elles sont portées par les côtes Aussi , elles ne leur servent que comme des parachutes , mais non pour voler. En effet , dans aucun saurien actuel , les membres antérieurs ne prennent la forme d'ailes.

Quelques poissons, comme les Dactyloptères , se soutiennent bien quelques instants dans l'air , mais ils sont bientôt obligés de retomber dans l'eau , par suite de la dessication qu'éprouvent les membranes fixées à leurs nageoires.

Il n'existe dans le monde actuel que les oiseaux , et quelques mammifères comme les chauve-souris , qui puissent parcourir l'air d'une manière constante. Cette faculté accordée à certains reptiles , pendant les temps géologiques , n'est possédée dans l'époque actuelle par aucune de leurs espèces. Les Ptérodactyles qui jouissaient de cet avantage , étaient néanmoins armés d'une mâchoire puissante , munie de longues dents acérées. Ces dents aiguës annoncent leurs habitudes carnassières. On conçoit que des animaux pourvus d'une grosse tête , d'un cou souvent fort long et d'un corps peu volumineux , n'ont pas pu acquérir une grandeur considérable. En effet , elle ne dépassait pas celle du Cormoran, et ne descendait pas au-dessous des Bécassines.

Les sauriens des formations jurassiques , inconnus dans les terrains primaires , n'ont acquis un grand développement que lors du dépôt de ces formations. Ils ont exercé pour lors une sorte de domination sur le reste de la créa-

tion , pour rentrer peu à peu et presque dès l'époque crétacée dans des conditions plus modestes. Ces conditions,
ils les ont acquises pendant la période tertiaire, et sont
ainsi arrivés peu à peu au point où sont maintenant les reptiles de cette classe.

A la fin des terrains jurassiques et dès les dépôts créta-
tacés anciens , les races monstrueuses des reptiles ont disparu entièrement de la scène de la vie. Elles ont été remplacées, lors du dépôt des terrains tertiaires, par des races à
peu près semblables aux nôtres , non-seulement sous le rapport de leurs formes , mais sous celui de leurs mœurs et de
leurs habitudes.

Ce fait est du reste général ; partout l'on reconnaît que
les différences entre les faunes de l'ancien monde et les
animaux actuels, sont d'autant plus grandes que les premières remontent plus haut et appartiennent à des étages
plus inférieurs. Aussi ne découvre-t-on dans notre monde
aucune espèce de reptile fossile soit des temps géologiques
anciens, soit même des âges les plus récents. Les genres
des reptiles des anciennes générations ne commencent à
être les mêmes, ou du moins à montrer des analogies avec
les nôtres , que lors de l'époque des terrains tertiaires.

La faune des reptiles des formations jurassiques se compose non-seulement de sauriens , mais encore de chéloniens. Cette dernière classe y est représentée par des Tortues, des Émydes, des Trionyx et des Chélonées, genres qui
se trouvent dans la plupart des époques et surtout dans les
plus récentes ; ces genres sont même parvenus dans la
nature actuelle. Leur nombre est toutefois bien inférieur
à celui des sauriens, qui est d'environ vingt-quatre ou vingt-
cinq.

En considérant les reptiles de la dernière famille , il est
difficile de ne pas voir dans l'ensemble de leur organisme

qui se rapportait à plusieurs classes de vertébrés, une sorte
de tâtonnement pour arriver à des formes mieux déterminées. Ces animaux sont comme les précurseurs des oiseaux
et des mammifères, dont ils avaient différents attributs.
Ainsi les Ichtyosaures avec leurs mâchoires semblables à
celles des Dauphins avaient les dents d'un Crocodile, la tête
et le sternum d'un Lézard, les extrémités d'un cétacé, mais
au nombre de quatre ; enfin leur tronc et leur queue avaient
les mêmes proportions et les mêmes parties qu'un quadru-
pède ordinaire.

Les reptiles organisés pour respirer l'air en nature,
avaient leur nageoire verticale postérieure analogue à celle
des mammifères marins obligés aussi de s'élever au-dessus
de la surface de l'eau pour respirer. Une queue verticale
était du reste appropriée à la forme raide des Ichtyosaures,
dont le cou était très-court. Cette queue leur permettait de
suivre avec une rapidité suffisante les mouvements latéraux
de leur tête, mouvements à l'aide desquels ils pouvaient
saisir leur proie.

Une pareille nageoire aurait été superflue chez les Plésiosaures, en raison de la mobilité et de la longueur de leur
cou. Aussi n'observe-t-on aucune indication de rupture ou
de dislocation à la queue de ce dernier genre, pareille à
celle que l'on reconnaît dans la nageoire caudale des Ichtyosaures.

Les Plésiosaures étaient caractérisés par un cou d'une
excessive longueur, semblable au corps d'un serpent, et qui
supportait une tête analogue à celle d'un Crocodile : elle
était armée, comme celle-ci, de dents aiguës et acérées.
Ces reptiles, dont les formes étaient si paradoxales, avaient
quatre organes du mouvement, analogues aux membres inférieurs des cétacés. Ils étaient attachés au tronc dont les

proportions étaient fort rapprochées de celles qui caractérisent cette partie chez les quadrupèdes ordinaires.

Leurs dents, au nombre de cent quatre-vingt, indiquent assez quelles étaient leurs habitudes carnassières, ce qu'annoncent les matières non digérées découvertes dans leur tube intestinal. Aussi ces reptiles dévoraient les poissons de l'ancienne mer et se dévoraient également entr'eux, les plus gros mangeant les plus petits.

Leurs débris, particulièrement abondants dans les formations oolithiques, apparaissent après une longue série de siècles pour attester des faits passés au fond des mers anciennes, et en même temps que leurs formes transitoires et peu durables devaient être remplacées par des organismes mieux arrêtés et plus perfectionnés.

Outre ces reptiles, les formations jurassiques en renferment d'autres non moins singuliers ; tels sont les Pliosaures, nommés ainsi en raison de ce qu'ils forment un lien entre les Plésiosaures et la famille des crocodiliens.

Leurs vertèbres cervicales sont plus courtes que celles de la région dorsale, disposition que l'on ne voit chez aucun saurien vivant. Chez ces derniers, les vertèbres sont également longues sur toute la colonne vertébrale. Aussi le cou du Pliosaure était extrêmement court, comme celui de l'Ichtyosaure. Des proportions plus crocodiliennes le distinguent du Plésiosaure avec lequel il a cependant beaucoup d'analogie.

D'après les différences de grandeur que présentent les débris osseux du Pliosaure, M. Owen présume que ce genre comprenait plusieurs espèces.

Nous avons déjà fait sentir combien les Ptérodactyles étaient des reptiles singuliers ; car leurs rapports avec les oiseaux et les mammifères étaient plus apparents que réels. En effet, l'uniformité de leurs dents, la petitesse de leur cerveau , leur sternum et leurs épaules de reptiles les éloignent des mammifères , tout comme l'existence des dents , la brièveté de leur cou, le nombre de leurs doigts empêchent de les réunir aux oiseaux.

Ces animaux sont si particuliers, que la forme de leurs ailes n'a rien de commun avec celles des deux classes qui en présentent. Les doigts antérieurs des oiseaux, peu distincts et réunis, servent de base aux plumes , tandis que chez les cheiroptères , quatre doigts s'allongent et portent des membranes; le pouce seul reste rudimentaire. Ces dispositions sont tout autres chez les Ptérodactyles où un seul doigt prend de très-grandes dimensions en longueur; les autres restent courts et normaux.

Cependant ces reptiles ont seuls , comme les oiseaux, leurs os traversés par des cellules aériennes ; aussi est-on peu surpris que ce caractère ne se trouve que chez les vertébrés qui parcourent constamment les vastes plaines de l'air.

Avec ces reptiles dont les caractères se rapportent à plusieurs ordres de différentes classes , il en existe une foule d'autres non moins singuliers ; parmi eux, nous dirons quelques mots du genre Dicynodon , d'Owen. Ceux-ci n'offrent aucun des caractères des divers ordres de reptiles ; ils constituent une famille nouvelle. Leurs différences sont toutefois inégales avec chacun des ordres connus , tout en se rapprochant plus des sauriens que des autres tribus.

Certaines particularités du crâne les rapprochent des crocodiliens , tout comme la forme arrondie et courte de leur tête les assimile aux chéloniens. D'autres dispositions importantes les éloignent pourtant de ces animaux. Ils en diffèrent par leur double ouverture nasale, la réunion des os intermaxillaires en un seul, et le peu de largeur des parties antérieures de la boîte cranienne. Ces caractères les assimilent aux lacertiens, ce que confirme la disposition de leur crâne formé sur un type lacertien avec quelques modifications chéloniennes et crocodiliennes, et plusieurs détails spéciaux.

Les Dicynodons n'ont dans toute leur bouche que deux grandes dents placées à la partie postérieure de leur mâchoire supérieure. Ces dents en forme de défense rappellent un peu celles du Musc, du Morse et du *Machairodus*. Soumises à l'analyse microscopique, elles n'ont présenté aucune analogie avec celles des reptiles inférieurs et en particulier des Labyrinthodons. Elles ont au contraire de grandes similitudes avec celles des crocodiliens.

Ces reptiles devaient vivre également dans le sein des eaux, à en juger par la forme biconcave de leurs vertèbres, qui rappellent par cette disposition celles des poissons.

Cette population d'un monde si étrange et dont aucun homme n'a été témoin, a cependant vécu comme celle dont nous sommes les contemporains. Comment en douter, depuis que M. Pearce a découvert un petit Ichthyosaure dans le ventre d'un plus grand, et surtout depuis que l'on a vu dans le tube intestinal de plusieurs reptiles et poissons de l'ancien monde, des portions d'animaux à demi digérées?

Les *fœces* des poissons et des reptiles des terrains jurassiques, aussi bien que celles des mammifères des terrains récents, ne laissent pas le moindre doute à cet égard. Les premiers de ces coprolithes sont si nombreux en Angleterre, que M. Buckland les a comparé à des pommes de terre répandues sur le sol. On peut en dire autant des coprolithes des terrains quaternaires.

Outre les reptiles aquatiques dont nous venons de donner une idée, il en existait une foule d'autres non moins particuliers, et dont plusieurs vivaient sur les terres sèches et découvertes. De ce nombre était le Mégalosaurus, reptile terrestre dont la longueur dépassait 16 ou 17 mètres. Ce reptile, intermédiaire entre les Crocodiles et le Monitor, poursuivait probablement jusques dans l'eau les Plésiosaures et les poissons ; il en arrêtait probablement la propagation, de concert avec les Ichthyosaures.

Il en était peut-être de même des Téléosaures et Sténéosaures, sauriens rapprochés des Gavials et contemporains des Plésiosaures et des Ptérodactyles. Ces reptiles qui ont persisté jusqu'à l'époque tertiaire, fréquentaient les mers peu profondes et se nourrissaient de poissons. Leur museau grêle, allongé, analogue à celui du Gavial du Gange, était parfaitement approprié à ce régime. Ce museau était garni de dents aiguës dont le nombre ne s'élevait pas moins de cent-cinquante.

Ces reptiles piscivores n'ont pas été accompagnés à l'époque jurassique par des Crocodiles à museau large et court. Ceux-ci peuvent seuls, à l'aide de cette disposition saisir les mammifères qui viennent se désaltérer au bord des eaux. Mais avec les animaux de cette classe, sont venus des Crocodiles à museau élargi et obtus, analogues à ceux des fleuves de l'Amérique, qui n'ont apparu qu'à l'époque tertiaire, où les mammifères terrestres ont animé en grand nombre la scène de la vie. L'absence de tout reptile carnivore, lors du dépôt des terrains jurassiques, annonce combien le nombre de ces vertébrés supérieurs a été restreint à cette époque.

Aussi, les poissons les reptiles, piscivores et quelques rares marsupiaux sont les seuls vertébrés qui aient existé à cette époque. Ce qui est non moins particulier, certains de ces vertébrés ont survécu à tous les changements et à toutes les modifications de la surface de la terre. Leurs analogues conservent les traits primitifs sous lesquels ils ont apparu. Leur organisation démontre que l'on ne saurait faire dériver la famille des crocodiles des Ichthyosaures et des Plé-

siosaures, ni même en faire provenir les Théléosaures et
les Sténéosaures au moyen d'une série de développements
graduels dont rien ne démontre la possibilité ni la réalité.

Les Gavials de l'ancien monde différaient essentiellement
des Gavials actuels. Leurs cavités oculaires étaient comparativement plus petites et le trou occipital plus grand et plus
allongé. Ils se distinguaient encore par la pénétration du
maxillaire dans l'incisif du côté inférieur du museau, et par
la position particulière des incisives sur l'extrémité spatuli-
forme du museau, disposition que présente également le
genre *Mystriosaurus* de la famille des crocodiliens. Le
nombre des vertébrés (15 dorsales et 2 lombaires) ainsi
que les apophyses épineuses allongées d'avant en arrière et
par conséquent plus rapprochées les unes des autres, sont
les traits distinctifs des anciens Gavials.

Leurs autres caractères s'accordent avec ceux des Gavials
de l'oolithe, des *Gnathsaurus*, *Meotiorhyncus* et *Lepto-
cranius* qui diffèrent autant des espèces vivantes que de celles
du lias.

Les reptiles des terrains jurassiques et particulièrement
ceux du lias, ne pouvaient guère se concilier avec les milieux
extérieurs qui allaient survenir. Ils n'étaient que des pierres d'attente et comme les précurseurs des nouvelles générations qui allaient leur succéder. Dominateurs des mers et
des terres lors des dépôts jurassiques, les reptiles ne devaient pas, avec leurs organisations imparfaites, étendre plus
longtemps leurs sceptres de fer sur l'ensemble des créations.

Leur nombre proportionnel a considérablement diminué
dès la période crétacée, pour arriver peu à peu à celui qui
caractérise la population actuelle. Les reptiles n'en composent en effet qu'une petite partie, au lieu d'être en excès
sur les autres classes, comme lors des terrains jurassiques.

Avec ces reptiles ont également apparu, vers le milieu

de l'époque jurassique , des mammifères terrestres de l'ordre des didelphes et de la tribu des marsupiaux. C'est sans doute une exception à la loi de complication , mais elle se rapporte à des animaux de l'ordre le plus inférieur des mammifères. Les monodelphes plus perfectionnés n'ont commencé à se montrer sur la scène de la vie , que lors des dépôts tertiaires.

Les didelphes sont comme les embryons des mammifères, d'après l'infériorité de leur cerveau et de leur système nerveux. La forme et le développement inférieur de leur moëlle épinière et de leur encéphale , sont en harmonie avec leur intelligence peu développée , l'imperfection de leurs organes vocaux et leur système maternel et fœtal.

La conformation imparfaite de ces animaux leur assigne une place intermédiaire entre les espèces ovipares et vivipares. Elle en fait une sorte d'anneau qui unit la classe des marsupiaux à celle des reptiles. Les plus simples des mammifères , ils devaient apparaître les premiers, en raison de la loi de la succession des êtres d'après les degrés de la complication de l'organisation.

Les didelphes, dont il n'existe qu'un petit nombre d'individus , ont été découverts dans les schistes oolithiques de Stonesfield ; ils comprennent deux genres et trois espèces. Le premier ou les *Thylacotherium* se compose des *Thylacotherium Prevostii* et *Bucklandi* , le second ne présente que le *Phascolotherium Bucklandi*. Ces genres ne sont guère connus que par leurs mâchoires inférieures munies en partie de leurs dents.

Ces mammifères, aussi restreints par le nombre de leurs espèces que par celui de leurs individus , n'ont pas été trouvés jusqu'à présent ailleurs que dans le système oolithique de l'Angleterre. Ils n'ont donc pas persisté ; bien différents des poissons et des reptiles des terrains jurassiques ,

qui ont vécu dans plusieurs formations et probablement
pendant plusieurs générations. On dirait que la nature n'est
arrivée à la création des mammifères monodelphes que par
des essais en quelque sorte jetés en avant.

Les marsupiaux comparés aux mammifères monodelphes
prouvent un progrès marqué, puisque les premiers ont apparu avant les seconds. Mais l'on peut se demander s'il en
a été ainsi des reptiles.

Avant d'entrer dans les détails nécessaires pour résoudre
cette question, il faut se rappeler ce que nous avons dit
relativement à l'importance que les reptiles ont eue à l'époque jurassique. Ils y ont tenu en quelque sorte la place des
poissons, des oiseaux et des mammifères qui n'existaient
pas encore, ou n'existaient que d'une manière transitoire.

Ces animaux ont été dans un développement constant
dans les temps géologiques ; il suffit de citer quelques faits
pour démontrer le fondement de cette particularité remarquable. Les crocodiliens qui appartiennent essentiellement
à l'époque actuelle, ne commencent dans les temps géologiques, que lors de la période tertiaire. Leurs espèces ne
sont pas sans doute les mêmes, mais les différences qui les
séparent ne sont pas assez importantes pour constituer des
genres distincts. Les Crocodiles des terrains éocènes ont les
mêmes caractères que les genres actuels. Ils ressemblent non
à l'espèce du Nil, mais au *Crocodilus Schlegelii* de l'île de
Bornéo ; ce qui est non moins remarquable, aucune espèce
de crocodilien ne se trouve dans la craie que surmontent
immédiatement les terrains tertiaires. C'est cependant dans
les formations crayeuses que l'on commence à rencontrer
des sauriens dont les vertèbres sont unies les unes aux au-

tres au moyen d'une tête reçue dans une cavité articulaire. Cette structure est un véritable perfectionnement ; aussi se trouve-t-elle chez les reptiles vivants à l'exception du Gecko.

De même, le *Cetiosaurus* qui surpassait tous les crocodiliens par ses dimensions, et égalait presque la taille de nos baleines, a été remplacé dans le monde actuel par les mammifères marins.

L'apparition des Labyrinthodons au milieu des grès rouges des terrains pénéens, ne prouve pas, comme on l'a supposé, qu'il n'y ait pas eu de perfectionnement graduel chez les reptiles. En supposant que ces animaux appartinssent aux batraciens, ce qui est loin d'être démontré, ils ne seraient pas les plus compliqués de cet ordre inférieur des reptiles. L'observation microscopique de leurs dents prouve que leur organisation se rapproche à tel point de celle des poissons, que si l'on ne connaissait de ces animaux que ces parties, on serait en droit de la rapporter à cette classe.

On ne saurait voir dans les dimensions de certaines espèces de Labyrinthodons comparées à celles des batraciens, une preuve de leur plus grande complication ; car généralement la plupart des espèces de l'ancien monde ont une plus grande taille que les espèces analogues du monde actuel.

Sans doute, il y a loin des Labyrinthodons à nos Grenouilles ou à nos Salamandres sous le rapport de la force et du volume ; mais est-il bien certain que le premier genre ait réellement appartenu à des batraciens ? Il existe du moins autant de motifs pour les considérer comme des sauriens. N'oublions pas que les Labyrinthodons ont apparu à une époque où les reptiles avaient atteint la stature la plus colossale et où ils dominaient sur l'ensemble des animaux. Si les batraciens actuels ne présentent plus de pareils moyens de défense ni une force considérable , ce n'est pas qu'ils soient moins perfectionnés , mais parce que la scène de la vie a totalement changé , et que des animaux à métamorphoses ne pouvaient présenter un grand volume.

Nous ignorons ce qu'il en était à cet égard des Labyrinthodons ; mais leur taille était si peu compatible avec des métamorphoses , que probablement ils n'étaient pas soumis à une pareille condition. Ils ont eu un caractère commun avec une espèce de batraciens qui en est éloignée sous tous les autres rapports , les Protées ; comme eux , il présente quelques analogies avec les poissons.

Sous ces divers points de vue , les reptiles de l'ancien monde , composés de parties propres maintenant aux différentes classes de vertébrés , ne peuvent être considérés comme plus perfectionnés que les espèces de nos jours. Seulement , ils ont tenu la place des différentes classes de cet embranchement , par suite des particularités de leur organisation. Ces animaux diffèrent des mammifères et des oiseaux par la structure plus simple de leur cœur et de leurs poumons , et par une moindre activité de leurs organes respiratoires.

Ces dispositions les rendent plus indépendants de l'oxigène de l'air. Aussi , ont-ils pu, dans la période secondaire , remplir le rôle que jouent aujourd'hui dans la nature , les animaux à sang chaud.

D'un autre côté , les reptiles terrestres , en raison de la moindre énergie de leur contraction musculaire , de la grande irritabilité de leurs fibres et du pouvoir qu'elles possèdent de continuer longtemps leur action , forment l'ordre d'animaux de la plus haute organisation qui puisse résister à une pression atmosphérique plus considérable que celle de nos jours.

Les reptiles ont donc dominé au moment où l'atmosphère chargée d'acide carbonique et d'une grande quantité de vapeur aqueuse, aurait été impropre à la vie des animaux à sang chaud qui les ont remplacés. L'existence des Didelphes au milieu des terrains oolithiques de Stonesfield, n'y fait pas obstacle, car ils se rapportent à de petites espèces insectivores plus rapprochées des marsupiaux que de tout autre ordre. Or, les marsupiaux, les moins compliqués des mammifères, sont aussi fort rapprochés des animaux ovipares.

Il est, du reste, assez singulier de rencontrer en Angleterre des Didelphes de la tribu des sarcophages qui jusqu'à présent n'ont été trouvés que dans la Nouvelle-Hollande, les îles adjacentes, enfin en Amérique.

Les oiseaux paraissent avoir été contemporains des couches les plus récentes des terrains jurassiques. Du moins, M. Mantell assure avoir découvert dans la formation wéaldienne de la forêt de Tilgate, un échassier d'une taille un peu supérieure à celle d'un Héron. S'il en est ainsi, ces animaux ont été contemporains des ammonites et des bélemnites, puisqu'ils ont précédé les dépôts crétacés ; mais il n'est pas aussi certain qu'ils aient été antérieurs aux mammifères monodelphes. On peut se former des doutes à cet égard, puisque l'on n'a pas des preuves irrécusables de leur ancienne existence, comme le seraient des débris osseux.

On verra, d'après ce que nous dirons dans la suite, que la France est peu riche en poissons fossiles, en comparaison du nombre qui en a été observé en Angleterre, en Allemagne et en Italie. Cependant, la carrière de pierres lithographiques de l'arrondissement de Belley en a fourni un grand nombre des ganoïdes et des placoïdes. Le premier ordre y est représenté par un seul genre et une seule espèce de la tribu des lépidoïdes. La tribu des sauroïdes y est beaucoup plus riche ; elle comprend six genres et neuf espèces. Les poissons ganoïdes de la division des pycnodontes n'a qu'un seul genre et deux espèces. L'ordre des placoïdes y est réduit à un seul genre et à une seule espèce.

On n'est pas d'accord sur la position des couches qui renferment ces poissons ; les uns, comme M. Agassiz, les rapportent à l'étage portlandien, et les autres au calcaire corallien. M. Quensted fait observer qu'au-dessus des couches à poissons, se trouvent les polypiers du terrain du *coral-rag*, enfin le *Diceras arietina*. Il ajoute que dans le Bugey, on n'a jamais rencontré les espèces d'acéphales et de gastéropodes qui, dans la Haute-Saône et les environs de Porrentruy, etc., caractérisent les groupes kimméridgien et portlandien.

La même localité n'a encore offert qu'un seul saurien de la taille d'un Lézard vert ordinaire.

4.º DES ANIMAUX DE LA QUATRIÈME ÉPOQUE DE LA SECONDE PÉRIODE.

Animaux des terrains crétacés.

Nous embrasserons dans cette époque la totalité des terrains crétacés ou l'ensemble des dépôts opérés depuis les terrains néocomiens jusques à la craie blanche. Ces dépôts comprennent plusieurs systèmes, et chacun se sous-divise en plusieurs étages distincts.

Les terrains crétacés inférieurs nommés *néocomiens*, ont généralement une grande étendue et une grande puissance. Les autres étages sont premièrement le terrain albien qui comprend les argiles à plicatules, l'argile ostréenne et l'argile téguline. Au terrain albien, a succédé l'époque turonienne, nommée ainsi à cause de la ville de Tours placée au milieu de cette formation. Elle embrasse les dépôts connus sous les noms de *grès verts supérieurs*, de *glauconie crayeuse*, de *craie chloritée* et de *craie tufau*. Enfin, la série des terrains crétacés est terminée par l'époque sénonienne, pendant laquelle se sont formés les terrains de la craie blanche ou craie supérieure.

Ces époques considérées sous leurs rapports géologiques et paléontologiques, mériteraient sans doute une histoire à part, puisque chacune d'elles est caractérisée par des dépôts particuliers et des faunes distinctes. Mais envisagées au point de vue du perfectionnement graduel des êtres qui les ont animées, il suffit d'en embrasser l'ensemble et d'en saisir les caractères principaux et essentiels.

Les terrains crétacés comprennent toutes les classes des invertébrés, quoiqu'ils ne renferment que trois classes des vertébrés, les poissons, les reptiles et les oiseaux. On ne paraît pas y avoir rencontré jusqu'à présent la moindre trace de mammifère terrestre. Il paraît cependant que l'on y a découvert quelques vestiges de mammifères marins.

Les reptiles ont incontestablement apparu pendant l'époque jurassique, tandis qu'il n'en a pas été ainsi des oiseaux. A la vérité, si l'on peut se fier à des empreintes plus ou moins bien déterminées, les derniers auraient animé la scène de la vie à une époque plus ancienne : mais tant que l'on n'aura pas trouvé des ossements, les doutes les plus graves s'élèveront sur leur existence antérieurement aux dépôts crétacés.

Le progrès opéré pendant la période crayeuse se rapporte principalement aux poissons ; ils ont reçu pour lors deux ordres nouveaux qui n'avaient point encore paru sur la scène du monde. Ces deux ordres ont cela de particulier, d'être semblables sous le rapport de leur conformation générale, à ceux qui peuplent maintenant les eaux des mers.

Les cténoïdes et les cycloïdes inconnus avant l'époque
crétacée, ont leurs écailles conformées comme l'immense
majorité des espèces qui fréquentent les eaux salées. Mais
tandis que ces familles dominaient lors de la période crétacée, les ganoïdes qui avaient commencé avec l'apparition
de la vie, devenaient de plus en plus rares, et les placoïdes, leurs contemporains, se rapprochaient par degrés des
formes des Squales actuels.

Si, à cette époque, un progrès a été manifeste chez les
poissons, puisqu'ils ont été composés par quatre ordres
au lieu des deux qu'ils présentaient auparavant, il s'est également opéré chez les reptiles. En effet, quoique moins
nombreux que dans l'époque jurassique, ceux des terrains
crétacés ont pris des formes nouvelles et plus semblables à
celles des espèces vivantes.

Quelques races des formations jurassiques ont persisté
jusqu'aux terrains crétacés. Tel est entr'autres le *Plesiosaurus pachyomus* découvert dans les grès verts de Cambridge en Angleterre. On peut encore citer le gigantesque
Iguanodon que l'on rencontre dans les formations les plus
récentes des terrains jurassiques et crétacés. On retrouve
en effet de ses débris dans les mêmes grès verts où l'on a
observé les débris du *Plesiosaurus pachyomus.*

Outre ces genres communs à deux formations immédiatement superposées, les dépôts crayeux en ont présenté plusieurs de spéciaux. Tel est le *Mosasaurus*, reptile dont les
analogies avec les Monitors et les iguaniens sont manifestes.
Cet ancien habitant des mers dépassait singulièrement par
sa taille, les reptiles qui avaient avec lui quelques affinités.
Sa longueur était de 8 à 9^m, tandis que les plus grands
iguaniens et varaniens n'atteignent pas 2 mètres.

Le Mosasaurus découvert en premier lieu dans le terrain
crétacé supérieur des environs de Maëstricht, puis dans la

craie de Lewes, enfin dans les grès verts de la Virginie, paraît avoir vécu dans le bassin des mers. D'après l'ensemble de ses caractères, ce reptile devait être un carnassier très-vorace, organisé pour une natation rapide, et assez agile pour saisir sans effort les poissons dont il faisait sa nourriture ordinaire. Ce genre remarquable par le nombre, la grosseur et l'acuité de ses dents, paraît n'avoir eu qu'une espèce. Elle a été consacrée à Camper qui, le premier, a prouvé les affinités naturelles du *Mosasaurus*, et les différences qu'il présentait avec les cétacés et les crocodiles.

Deux autres genres de la même famille des sauriens squameux ne sont pas moins spéciaux aux terrains crétacés. Tous deux n'ont qu'une seule espèce. Le premier de ces genres, le *Leiodon*, a des rapports avec les Mosasaures par ses dents soudées à la mâchoire, disposition générale aux reptiles acrodontes. Ce reptile avait au plus de 4 à 4^m, 50 de longueur, et paraît avoir eu des habitudes analogues à celles de l'animal de Maëstricht. Le second n'est encore connu que par une mâchoire inférieure contenant vingt-deux dents rapprochées et soudées à l'os maxillaire, caractères qui lui sont communs avec les reptiles pleurodontes.

Il n'est pas inutile de faire remarquer que, tandis que cette mâchoire a été trouvée dans la craie de Cambridge, des vertèbres qu'on croit pouvoir lui rapporter ont été découvertes dans celle de Maidstone. Ces vertèbres sont semblables et ont tous les caractères des lacertiens modernes, preuve du progrès qui a eu lieu chez les reptiles des terrains crayeux.

Les mêmes terrains renferment également des débris d'une grande espèce de Ptérodactyle, nommée par M. Bowerbank qui l'a découverte dans les environs de Burham du comté de Kent, *Pterodactylus giganteus.* Cette espèce n'avait pas moins de deux mètres, et un mètre d'envergure; elle prouve que ce genre a plus long-temps persisté qu'on ne l'avait supposé. Il existait donc parmi les animaux de l'ancien monde des races plus durables que d'autres (1). Ces races anciennes étaient partagées comme les nôtres, en espèces robustes, et délicates.

Les chéloniens ont laissé des traces de leur existence dans les terrains crétacés ; leurs débris se rapportent à des tortues marines du genre des Chélonées. On y en a découvert jusqu'à quatre espèces ; les principales ont été décrites sous les noms de *Chelonia pulchriceps* et *Berstedi.*

Le progrès s'est opéré chez les reptiles, pendant la période crétacée, par le rapprochement des espèces qui en ont fait partie avec celles de nos jours. Ce rapprochement a été d'autant plus prononcé, que l'on s'élève des anciennes formations crayeuses aux plus récentes. Il est si manifeste à l'époque tertiaire, que les reptiles de cette époque ne diffèrent plus sous le rapport de leurs formes et de leurs dispositions des espèces de la période actuelle. Seulement, les crocodiles, les tortues de mer et des fleuves, ainsi que les autres vertébrés, annoncent avoir vécu sous l'influence d'un climat plus chaud que celui qui caractérise les lieux où l'on en découvre les débris.

Un fait assez singulier de l'histoire des poissons de l'ancien monde, c'est que leurs espèces se trouvent comme accumulées sur quelques points particuliers. Parmi les localités où ces animaux se trouvent en grand nombre, on peut citer principalement les calcaires fissiles de Monte-Bolca qui appartiennent au groupe crayeux. Il n'existe

____

(1) Quarterly journal *of the geological Society of London*, 1845. Tom. II, pag. 145.

aucun point du globe où l'on découvre une aussi grande
quantité de poissons. On les dirait accumulés et comme
entassés à plaisir , ce qui arrive également à d'autres animaux rassemblés dans des localités fort restreintes et souvent séparées par de grands intervalles.

Cette circonstance mérite d'autant plus d'être signalée ,
qu'elle a eu lieu à une époque où la loi de la diffusion triom-
phait à peu près exclusivement. Ces réunions d'animaux
sur un même point , préparaient en quelque sorte la loi de
la localisation devenue générale dans les temps historiques.
Elles sont , ici , d'autant plus remarquables , qu'elles se
rapportent à des espèces marines.

La loi de la localisation qui est aussi un progrès dans la
distribution des espèces animées , n'a commencé à s'établir
d'une manière manifeste , à la surface du globe , que lors
des terrains tertiaires ; elle n'a régi d'une manière complète
les végétaux et les animaux qu'à l'époque historique ; elle a
donné à notre monde la variété des formes , et a imprimé
au paysage un charme inconnu aux premiers âges, où la
nature était triste par suite de la monotonie de son uniformité.

Parmi les nombreux poissons fossiles de Monte-Bolca , il
n'en existe pas un seul d'identique avec nos races vivantes ;
du moins , sur les cent trente espèces que l'on y a observées.
Ces espèces appartiennent à soixante – dix-sept genres ;
quatre-vingt-deux sont comprises dans trente-neuf genres
représentés dans la nature actuelle , et quarante-huit dépendent de trente-huit genres dont il n'existe aucun analogue dans la création.

La zoologie systématique se trouve ainsi enrichie , par
rapport à la seule localité de Monte-Bolca , de vingt-sept
genres nouveaux , que l'on n'a pas rencontrés ailleurs. D'un
autre côté , trente-neuf genres comprennent un grand nom-

bre d'espèces fossiles qui apparaissent pour la première fois sur la scène de l'ancien monde.

Les terrains de Monte-Bolca sont caractérisés par 77 genres sur les 110 qui composent la totalité de ceux découverts dans les divers systèmes des terrains de craie. Les premiers composent à eux seuls plus des deux tiers de la totalité. Cette proportion est d'autant plus remarquable, que l'excès est ici tout en faveur d'un point unique et fort restreint.

Si l'on compare la proportion des espèces et des genres découverts dans la craie de l'Angleterre à celle de Vestena-Nova, les premières n'y paraissent représentées que par 25 espèces, dont une seulement se montre ailleurs, dans les mêmes formations géologiques. Or, les secondes y sont déjà au nombre de 130 ; elles sont donc en excès sur les autres, d'environ les cinq-sixièmes.

Les espèces d'Angleterre sont comprises dans 14 genres ; 9 sont tout-à-fait éteints et 5 se rapportent à des genres actuellement existants. Les 77 de Vestena-Nova comparés à ceux d'Angleterre, formeraient encore plus des cinq-sixièmes de la totalité des poissons qui se trouvent dans l'une et l'autre de ces localités. Ce rapport et celui qui existe entre les espèces qui en font partie, donnent une idée de l'excès de ces animaux dans le seul lieu de Vestena-Nova sur ceux de l'Angleterre.

Les nombres sur lesquels sont fondés ces calculs ne sont pas complètement exacts, car ils reposent sur l'état de nos connaissances sur les poissons fossiles, dont les espèces peuvent éprouver de nombreuses et de grandes variations. A la vérité, si la proportion des uns augmente par suite des nouvelles recherches, il devrait en être de même des autres. S'il y avait des différences à cet égard, il est probable qu'elles seraient en faveur de la localité la plus riche.

Les chiffres fournis par les observations actuelles sont donc plutôt au-dessous qu'au-dessus de ce que les observations ultérieures pourront faire admettre.

Cet aperçu prouve à quel point les poissons ont dominé dans certaines parties des mers crétacées. Une pareille proportion ne s'est plus manifestée nulle part ; elle ne s'est même jamais présentée dans les terrains antérieurement déposés.

Il est deux autres localités non moins remarquables pour le nombre de poissons qu'elles recèlent, quoique ces animaux n'y soient pas en aussi grande quantité qu'à Vestena-Nova. Ces localités sont celles des schistes de Glaris en Suisse et des rochers calcaires du Mont-Liban qui paraissent appartenir aux terrains crétacés ; car il est difficile de considérer les couches de ces deux localités, comme intermédiaires entre ces terrains et les formations tertiaires.

Si l'on jugeait de l'ancienne distribution des poissons d'après ces faits, on serait tenté de supposer qu'ils ont dû être inégalement partagés dans les mers crétacées, s'il n'était facile de comprendre que ces accumulations ne sont que de purs accidents. Une foule de circonstances peuvent les avoir entraînés dans les lieux où ils sont amoncelés, dans l'espoir d'échapper aux causes de mort qui les menaçaient.

Les faunes de ces animaux sont séparées par des caractères plus tranchés que ceux qui distinguent, en général, les faunes des animaux inférieurs. Les mêmes genres ne se conservent pas dans un grand nombre de terrains successifs ; l'on ne voit pas, comme chez les mollusques et les annélides, certaines formes se retrouver dans la presque totalité des dépôts géologiques. Chaque type non-seulement spécifique, mais générique, semble avoir été créé pour un temps plus restreint, et l'ensemble de la création des poissons d'une époque diffère beaucoup de celles qui l'ont suivie ou

qui l'ont précédée. C'est seulement à partir des terrains
crétacés que l'on découvre des genres analogues à ceux qui
existent aujourd'hui. Avant cette époque, ils différaient tous
des genres actuels.

Les terrains néocomiens, les plus inférieurs des formations
crétacées, sont aussi les plus pauvres en poissons. Ces vertébrés se rapportent aux deux familles qui ont paru les premières à la surface du globe : aux ganoïdes et aux placoïdes.

La première y est représentée par deux genres : les
Picnodus et les *Sphærodus ;* la seconde, par un seul, le
Lamna dont il n'existe dans ces terrains qu'une espèce, le
Lamna gracilis.

On doit, peut-être, rapporter à ces terrains les espèces
rencontrées à Castellamare près de Naples, et que l'on
avait cru des formations jurassiques. Elles appartiennent
uniquement aux ganoïdes, et aux genres *Semionotus, Pholi-
dophorus, Notagagus* et *Picnodus.* Ainsi, à l'époque néoco-
mienne, les cténoïdes et cycloïdes n'avaient point encore
paru, et un progrès aussi marqué ne s'était pas encore
opéré dans la classe des poissons.

Les terrains néocomiens paraîtraient ne recéler nulle part
les derniers ordres de ces vertébrés, qui dominent maintenant dans nos mers. Les schistes noirâtres de Glaris, l'un
des gissements les plus riches en ce genre, seraient par cela
même supérieurs aux formations néocomiennes, puisque
l'on y découvre des cténoïdes et surtout des cycloïdes. Les
premiers n'y sont représentés que par trois genres, tandis
que les seconds en offrent au moins une douzaine.

Plusieurs genres des cycloïdes sont particuliers à cette
localité; parmi les scombéroïdes, on peut citer les *Anen-
chelum* qui offrent plus de six espèces, ainsi que les genres
*Nemopterix, Palimphyes, Archæus, Vomer, Isurus, Pleio-
nemus* et *Palæorynchum.* Les poissons ganoïdes représentés

dans ces terrains y ont deux genres, les *Osmerus* et les *Clupea* qui se trouvent dans d'autres dépôts crétacés que les schistes noirâtres de Glaris. Les genres *Acanthoderma* et *Acanthopleurus* n'ont pas été observés dans d'autres formations, ni dans d'autres lieux.

Les terrains crétacés récents présentent les quatre ordres des poissons, les ganoïdes, les placoïdes, les cténoïdes et les cycloïdes. Les premiers y sont composés par neuf genres qui appartiennent aux lépidoïdes et aux sauroïdes. Les seconds y sont en plus grand nombre et comprennent jusqu'à seize genres particuliers qui, comme ceux des ganoïdes, se rapportent à différentes tribus.

Les cténoïdes n'ont guère plus de quatre genres, tandis que ceux des cycloïdes s'élèvent jusqu'à douze. Ces nombres grandissent, lorsqu'on porte son attention sur la fameuse localité de Monte-Bolca, connue aussi sous le nom de *Vestena-Nova*.

Les ganoïdes sont représentés dans ces terrains par trois familles et sept genres, partagés de la manière suivante : un pour les pycnodontes, quatre pour les sclérodermes et deux pour les lophobranches. Ces genres comprennent dix espèces.

Le second ordre n'est composé que des squalides et des Raies. La première de ces familles n'a qu'un seul genre et une seule espèce, tandis que la seconde en réunit trois et même quatre.

Cet aperçu prouve que les ganoïdes et les placoïdes ne sont plus en grand nombre dans ces terrains. En effet, les ordres des cténoïdes et des cycloïdes s'y trouvent seuls en excès. Les cténoïdes offrent à Vestena-Nova huit familles. La première, les percoïdes, est composée de douze genres et de vingt-deux espèces ; les sparoïdes de trois genres et de douze espèces ; les sciénoïdes de quatre genres et de cinq espèces ; les gobioïdes d'un genre et de deux espèces ; les teuthies de deux genres et de quatre espèces ; les chetodontes de huit genres et de vingt espèces ; les aulostomes de cinq genres et de cinq espèces.

Les poissons cycloïdes comprennent sept familles : les scombéroïdes, les blemnoïdes, les labroïdes, les lophioïdes, les athérinoïdes, les halécoïdes et les anguilliformes. La première est formée par douze genres et dix-neuf espèces ; la seconde d'un seul genre et d'une seule espèce ; il en est de même de la troisième et de la quatrième ; celles-ci n'embrassent qu'un seul genre et une espèce unique. Les athérinoïdes ne sont guère plus riches ; elles n'ont que deux genres et trois espèces. Les deux dernières familles sont plus riches en genres et en espèces que les époques précédentes. Ainsi les halécoïdes sont composés de cinq genres et de quinze espèces, et les anguilliformes de cinq genres également et seulement de douze espèces.

Cet aperçu prouve la richesse des terrains de Vestena-Nova ; elle ne peut que s'augmenter par les recherches dont cette localité est l'objet. Il annonce en outre, que le nombre des espèces s'accroît d'une manière notable dans les genres qui ont des représentants dans la nature actuelle : les *Clupea* et les *Anguilla* en sont la preuve. Il faut toutefois convenir que cette règle est cependant loin d'être sans exception, et le genre perdu des *Pygæus* nous en fournit un exemple remarquable. Il offre, en effet, huit espèces, toutes de la même localité de Vestena-Nova.

Les oiseaux ont été également contemporains de la période crétacée ; les schistes de Glaris, si riches en poissons, en ont présenté des débris. M. Hermann de Meyer a cru y reconnaître une portion de squelette d'un oiseau qui a quelques analogies avec l'Alouette. D'un autre côté, M. Buckland a aperçu un humérus d'oiseau dans la craie de Maidstone ;

M. Owen l'a rapporté à un palmipède de la taille de l'Alba-
tros (*Diomeda*). Un fragment de tibia découvert après
l'humérus a conduit aux mêmes indications.

Il paraît qu'antérieurement à la période crétacée, des oiseaux auraient existé ; du moins, M. Mantell assure avoir
rencontré des os d'un échassier plus grand que le Héron,
dans les formations wéaldiennes de la forêt de Tilgate, formations les plus récentes des terrains jurassiques.

L'aperçu que nous venons de tracer de la faune des terrains crétacés, suffit pour faire saisir les progrès qu'elle a
acquis et qu'elle devait éprouver pour égaler la faune actuelle. Il nous reste à démontrer le perfectionnement qu'elle
a éprouvé par rapport au développement des invertébrés.
Sans doute, le progrès que ces derniers ont ressenti est
beaucoup moins manifeste, mais il est cependant sensible,
en considérant la variété de leurs espèces.

Les zoophytes, parmi lesquels l'on doit comprendre les
foraminifères, d'abord en petit nombre dans les terrains
crétacés inférieurs ou les néocomiens, deviennent extrêmement abondants dans les étages supérieurs. Ils y composent
alors plus de trente-deux genres, tandis qu'au plus il en
existe deux ou trois dans les terrains néocomiens.

Les polypes ne sont abondants que dans les terrains crétacés supérieurs. Ainsi on y découvre jusqu'à **28** genres de
la famille des bryozoaires, tribu des zoophytes rayonnés, et
de celle des anthozoaires de la même tribu quatorze genres
distincts et particuliers. Les spongiaires à eux seuls comprennent quinze genres auxquels il faut en ajouter huit ou
neuf appartenant aux infusoires.

Les zoophytes radiaires ne sont pas moins en progrès
que les précédents. Ainsi, les échinides abondent dans les
formations crayeuses sous le rapport des genres, des espèces et des individus. Le nombre des genres de cette grande

tribu n'est pas moindre de seize dans les terrains néocomiens. Il augmente encore d'une manière notable dans les
autres formations crayeuses, où il s'élève jusqu'à vingt-
quatre, quoique quatre genres des dépôts crétacés inférieurs
ne s'y rencontrent pas. Ces genres sont ceux des *Pygoryn-
chus*, des *Hemicidaris*, des *Cidaris* et des *Peltastes*.

D'un autre côté, les stellérides, de la famille des radiaires,
sont représentés dans les terrains néocomiens par un seul
genre, tandis qu'il en a trois dans les étages supérieurs.
Les crinoïdes n'existent pas dans les premiers terrains, tandis que cinq genres se trouvent dans les seconds. Il y a
donc eu progrès des plus anciens dépôts aux plus récents.
Ce progrès ne s'est pas opéré dans les genres ou dans les
espèces, mais uniquement dans leur nombre et leurs va-
riétés.

Les infusoires sont répandus en nombre immense dans
les terrains crétacés et complètent celui des animaux inférieurs. D'après les observations d'Ehrenberg, 20 centimètres cubes (1 pouce cube) de craie, n'en contiennent pas
moins d'un million d'individus ; le nombre de ces infusoires dépasse donc celui des 20,000,000 par kilogramme
(2 livres) de cette roche.

Ces infusoires accompagnés de plus d'une vingtaine d'espèces de Nautilites microscopiques, de Nummulites, du genre
Cypris, sont eux-mêmes composés d'une quarantaine d'espèces ; elles peuvent être comprises dans une vingtaine de
genres particuliers. Avec ces animaux microscopiques, dont
plusieurs ont passé à l'état siliceux, on découvre divers débris de végétaux également silicifiés.

M. Ehrenberg a conclu de ces faits que les couches
crayeuses de l'Europe étaient pour la plupart formées d'infusoires invisibles à l'œil nu, pourvus les uns de coquilles
calcaires et les autres de fourreaux siliceux. Les Nautilites

17

microscopiques lui paraissent, d'un autre côté, les consti-
tuants caractéristiques de la craie, principalement les *Tex-
tularia globulosa, aciculata, aspera, brevis* et le *Rotulia
globulosa*.

D'après l'illustre historien des *Infiniment petits*, les districts
crayeux des bords de la Méditerranée, regardés généralement
comme de formation tertiaire ainsi que les calcaires à Nummulites d'Egypte, appartiendraient réellement à la première
formation, à en juger par les fossiles que ces roches renferment. Cette opinion s'accorde peu avec celle des naturalistes français qui supposent que le genre Nummulite n'a
paru qu'à l'époque tertiaire. Il paraît néanmoins résulter
des recherches de M. Ehrenberg, que les infusoires ne se
trouvent pas dans la craie du Nord, tandis que ces animaux
se recontrent dans la craie de la Sicile, du Midi de la France
et des environs d'Oran en Algérie.

Le même observateur a rencontré un grand nombre d'infusoires dans d'autres terrains et dans diverses localités.
Parmi ces animalcules à coquilles siliceuses, il a trouvé
deux espèces de polythalames microscopiques actuellement
vivantes. Ces espèces de notre époque lui paraissent être
les mêmes que deux des infusoires les plus répandus dans
les terrains crétacés. Si ces faits se confirment, il ne serait
pas vrai que toutes les espèces fossiles différeraient des races vivantes.

Ces infusoires seraient le *Planularia turgida* et le *Tex-
tularia aciculata ;* ils formeraient un lien entre les anciennes créations et celles du monde actuel. Ce lien ne serait
néanmoins perceptible qu'à l'aide du microscope et serait
opéré par les infiniment petits. Ce lien qui aurait commencé
dès les premiers âges, se serait perpétué jusques dans les
terrains crétacés et tertiaires, pour s'étendre jusqu'à l'époque actuelle.

Les articulés ont été représentés dans la période crétacée par quatre ordres principaux sur les cinq de cette classe. Ces articulés se rapportent aux annélides, aux insectes, aux crustacés et aux cirrhopodes.

Les annélides comprennent trois genres, dont deux, les Serpules et les Spirules ont presque constamment persisté depuis les terrains de transition jusqu'à nos jours. Le troisième, ou les *Vermilia*, a eu une existence des plus courte. On ne commence à le rencontrer que dans les terrains crétacés d'où il s'étend dans les dépôts tertiaires pour venir se perpétuer dans le monde actuel.

On cite dans les terrains néocomiens un seul genre de crustacés, les *Prosopon*, qui se trouve aussi bien dans les dépôts jurassiques que dans les formations crayeuses. Les étages supérieurs de la craie en renferment cinq autres qui pour la plupart vivent encore, tandis que le genre *Prosopon* est perdu.

Les cirrhopodes n'ont qu'un seul genre, celui des *Pollicipes* qui, quoique de la nature actuelle, ne se trouve pas moins dans les grès verts et la craie. On a cru longtemps que les insectes n'avaient pas laissé de leurs débris dans la formation crayeuse; cependant, feu le Dr A. Desmoulins, a observé des élytres de coléoptères dans les calcaires crétacés de la montagne Sainte-Catherine, près de Rouen. Ces élytres ont été trouvés au milieu d'un grand nombre de coquilles et paraîtraient, ce qu'il est assez difficile d'admettre, avoir conservé en partie leur brillant métallique.

Les mollusques des terrains crétacés sont aussi nombreux que variés. Les céphalopodes y sont représentés par les Ammonites, les Bélemnites et les Bélemnitelles. Le premier genre disparaît complètement avant la craie supérieure, tandis que les deux derniers ne s'éteignent que lors de cette dernière époque. Les *Ancyloceras* y paraissent pour la dernière fois ; ils y sont accompagnés par des genres nombreux, spéciaux et remarquables par la variété de leurs enroulements. Ces genres, parmi lesquels nous citerons les *Crioceras*, les *Scaphites*, les *Toxoceras*, les *Hamites*, les *Ptychoceras*, les *Baculites* et les *Helioceras* n'ont plus de représentants dans la nature actuelle. En résumé, les céphalopodes ont une quinzaine de genres dans les formations crétacées.

Les mêmes formations recèlent pour la dernière fois des vestiges d'*Aptychus*, genre dont la place dans la série des êtres est des plus douteuses et dont l'organisation est très-problématique. Quoiqu'il en soit, les *Aptychus* ont vécu depuis le lias jusqu'aux grès vert et les marnes crayeuses.

Les mollusques gastéropodes signalent également les terrains crétacés ; ils diffèrent par leurs formes de ceux des terrains jurassiques, en même temps que le nombre de leurs genres augmente. Sous ce rapport, les mollusques de cette tribu sont en progrès sur ceux des époques antérieures.

L'ensemble des formations crayeuses offre de 21 à 22 genres qui se trouvent à peu près dans tous les étages de ces formations. D'autres genres viennent s'y ajouter et paraissent spéciaux aux groupes supérieurs des terrains crétacés. Leur nombre, de 28 à 30, comprend des types génériques analogues à ceux de l'époque actuelle.

Les acéphales, mollusques moins compliqués que les gastéropodes, augmentent moins par cela même, que les gastéropodes. Le nombre des genres des terrains néocomiens et des autres formations crétacées est cependant assez considérable ; il ne s'élève pas à moins de 52. On les revoit dans les étages supérieurs, mais ceux-ci en présentent de nouveaux, qui leur sont spéciaux. Ces derniers, au nombre d'une vingtaine, appartiennent pour la plupart aux deux créations.

Les rudistes abondent également dans les mêmes formations ; deux genres sont particuliers aux dépôts néocomiens ;
quatre semblent spéciaux aux groupes crétacés supérieurs.
Les premières de ces formations ne renferment que deux
genres des brachiopodes, les Térébratules, forme essentiellement persistante, avec laquelle reparait de nouveau le
genre *Orthis* qui a commencé avec les terrains primaires
ou de transition, s'est étendu à travers les terrains de transition, le *Zechstein* et le *Muschelkalk*, pour venir s'éteindre
dans les formations crayeuses.

Enfin, les étages supérieurs toujours caractérisés par les
Térébratules, le sont encore par les Orbicules, les Thécidées
et les Lingules qui ont tous des représentants dans la nature.

Tel est l'ensemble des animaux invertébrés et vertébrés
des terrains crétacés. La population qui a laissé des traces
de son ancienne existence dans ces terrains est en progrès sur celles qui l'ont précédée, quoique l'on n'y découvre
plus de traces de mammifères didelphes. Ces animaux ont
éprouvé par cela même une grande interruption dans leur
existence, puisqu'on ne les retrouve que dans les formations
tertiaires et parmi les races actuelles.

Le progrès le plus marqué qu'aient éprouvé les animaux
vertébrés de cette époque, s'est opéré dans la classe des
poissons qui a vu deux ordres entiers apparaître, les cténoïdes et les cycloïdes. Le perfectionnement a été ici d'autan^t
plus marqué, que ces ordres peuplent maintenant nos mers.
C'est à peu près dans le même sens qu'a eu lieu celui des
reptiles, dont les espèces se sont rapprochées de plus en
plus des races vivantes, dont ils n'ont pris les caractères
qu'à l'époque tertiaire.

Ainsi, les Téléosaures, inférieurs sous le rapport de leur
organisation aux crocodiliens, ont disparu de la scène de la

vie, lors des dépôts crétacés : il en est de même des Ichthyo-saures, des Plésiosaures et de plusieurs autres genres des terrains jurassiques.

Si les terrains crayeux ne renferment pas de mammifères comme les formations jurassiques, ils présentent du moins des débris d'oiseaux, et cela d'une manière incontestable. En effet, les seuls vestiges des animaux de cette classe, n'ont été reconnus d'une manière positive que dans les couches wealdiennes, les dépôts les plus récents des terrains jurassiques.

On a bien admis l'existence des oiseaux à l'époque pénéenne ; mais comme elle repose sur des empreintes que ces animaux auraient laissées en marchant sur le sable ou sur les marnes argileuses, cette existence est par cela même fort douteuse ; aussi, ne sera-t-elle certaine que lorsqu'on aura rencontré auprès de ces empreintes, des ossements qui se rapporteront réellement à des oiseaux.

Il y a donc eu progrès à l'époque crétacée, dans l'apparition des oiseaux, puisqu'avant cette époque, des os d'oiseaux n'ont été découverts que dans les couches wealdiennes d'une seule localité de l'Angleterre.

Les invertébrés ne sont pas restés en arrière et ont suivi les progrès atteints par les vertébrés. Ainsi, l'une des classes de cet embranchement est arrivée sur la scène de la vie avec tout son perfectionnement. Peu sensible chez les articulés, le progrès a été manifeste chez les mollusques sous le rap-port du nombre, de la diversité et de la variété des genres, et sous celui de la complication des espèces qui en fesaient partie. Ce qui caractérise de la manière la plus particulière le perfectionnement qui a eu lieu chez les mollusques, c'est l'analogie et souvent l'identité des genres qui en ont fait partie avec ceux des terrains tertiaires ou de l'époque actuelle. Aussi, les types génériques dont les formes n'ont aucune sorte de rapport avec celles des générations dont nous sommes les témoins, tendent à disparaître et disparaissent tout-à-fait vers la fin de la période crétacée.

§ IV. — DES ANIMAUX DE LA TROISIÈME PÉRIODE.

1.º DES ANIMAUX DE LA PREMIÈRE ÉPOQUE DE LA TROISIÈME PÉRIODE.

La troisième période a été une ère nouvelle pour les végétaux comme pour les animaux de l'ancien monde ; elle comprend l'ensemble des terrains tertiaires et quaternaires. Elle est la plus récente des temps géologiques, et elle embrasse les dépôts postérieurs aux formations secondaires.

On a divisé cette période en trois principaux systèmes qui doivent eux-mêmes être divisés en plusieurs groupes, soit que l'on examine les dépôts qui en font partie, soit que l'on considère les végétaux et les animaux qui les caractérisent.

Cette période est celle où les progrès les plus nombreux et les plus remarquables ont eu lieu dans toutes les classes des deux embranchements. Ces classes se sont développées toutes à la fois, et ont annoncé les générations nouvelles par leurs rapports génériques et leur rapprochement avec les formes spécifiques de nos jours.

Ainsi, les zoophytes de la période tertiaire ont les plus grandes similitudes avec les nôtres, et en diffèrent rarement par les genres. Il en est de même des articulés et des mollusques, en même temps que leurs races s'augmentent d'une manière très-notable. Un pareil progrès s'est opéré chez les poissons et les reptiles. Leurs formes se rapprochent de plus en plus de celles de l'époque actuelle à mesure que l'on arrive aux temps les plus récents de la période tertiaire. Aussi, tous les genres à configuration bizarre, et dont les dimensions étaient infiniment supérieures aux races vivantes, ont disparu à toujours de la scène de l'ancien monde. Elles ont fait place à d'autres espèces soumises à de nouvelles conditions, et qui comme les nôtres devaient éprouver l'influence de climats aussi différents que variés.

Les oiseaux n'ont été abondants pendant la troisième période, que lors des formations les plus récentes des dépôts quaternaires. Ils ont seulement acquis à cette époque un certain développement. Cette circonstance dépend, peut-être, de ce que leurs ossements se conservent moins que ceux des autres animaux, étant creux dans leur intérieur et par cela même fort cassants.

La période tertiaire a vu apparaître pour la première fois, les mammifères monodelphes, plus compliqués sous le rapport de leur organisme que les didelphes. Ces mammifères qui ont appartenu à presque tous les ordres de cette classe, ont été aussi nombreux que variés ; ils ont fini par être, relativement aux autres classes des vertébrés, dans les mêmes rapports qu'actuellement. Ils ont donc composé, surtout vers la fin de cette période, une partie importante de la population.

La nature n'a plus été muette et silencieuse comme dans les périodes antérieures ; elle a été enfin animée par les chants des oiseaux et les cris des mammifères. L'augmentation des races herbivores a nécessairement amené un accroissement notable dans le nombre des carnassiers ; ceux-ci, destinés à en arrêter le développement, ont pris généralement des dimensions plus considérables que nos espèces actuelles avec lesquelles elles ont des analogies.

L'époque tertiaire a donc des caractères zoologiques particuliers ; tous annoncent le progrès qui s'est opéré dans les anciennes créations. Les espèces qui lui sont propres ne sont pas encore identiques avec les races vivantes ; elles ont seulement avec elles de nombreuses analogies, et en sont plus rapprochées que les races antérieures.

Toutefois, et après la fin de l'époque tertiaire, la scène de la vie change, et plusieurs espèces des derniers temps géologiques présentent, pour la première fois, une grande similitude avec celles qui existent maintenant. Les dépôts quaternaires forment le lien qui unit les anciennes générations aux nouvelles; ils opèrent entr'elles une sorte de transition ou de passage, mais non complet; car au milieu de ces races que l'on ne saurait distinguer des nôtres par aucun caractère précis, un certain nombre en diffère essentiellement.

Quoique la faune des terrains tertiaires ne paraisse pas offrir des espèces semblables entre les deux créations, d'habiles observateurs ont pensé qu'il n'en était pas toujours ainsi. Du moins, MM. Andrews et Forbes assurent avoir observé dans les mers de la Grande-Bretagne, la *Leda pygmæa*, l'*Arca raridentata* et l'*Astarte Wilhemi* qui jusqu'à présent avaient été considérés comme des races éteintes. Ils ont également prétendu avoir pris vivante la *Turbinolia milletiana*, regardée jusqu'ici comme une des caractéristiques des terrains tertiaires, et avoir trouvé nageant dans la haute mer, les *Leda obtusa* et *truncata* qui jusqu'à eux n'étaient connues en Europe qu'à l'état fossile.

Pour s'assurer de faits aussi exceptionnels, il faut comparer avec un sérieux examen, les espèces vivantes et fossiles, afin d'être certain de leur détermination; car c'est là que repose la réalité de leur similitude ou de leurs différences.

L'époque tertiaire est la première où les eaux douces aient pris une grande importance, démontrée par l'étendue et la puissance des dépôts qu'elles ont laissé et les espèces qu'elles renferment. Ainsi l'on découvre dans les roches des eaux douces , des Lymnées , des Planorbes , des Paludines , des Physes, des Néritines , des Anodontes , des Mulettes , dont les formes génériques se sont perpétuées jusqu'à nos jours.

De même , des genres inconnus à l'époque secondaire apparaissent et signalent l'ère nouvelle dans la création qui s'est manifestée dès le commencement de l'époque tertiaire. Les genres Hélice, Carocolle, Bulime, Achatine, Ferrussine , Maillot, Cyclostome augmentent, pour lors, et probablement pour la première fois , le nombre des mollusques qui vivent sur des terres sèches et découvertes.

A la vérité, M. Portloch a indiqué comme des terrains de transition , une coquille qui a toute l'apparence d'une Agathine ; mais c'est là plutôt un genre géologique que zoologique ; car ce naturaliste est loin d'être certain de sa détermination. Il en est ainsi du genre *Helix*, que l'on a indiqué comme de différentes époques géologiques antérieures aux formations tertiaires, mais dont les exemples sont plus que douteux.

La plupart des genres fossiles des dépôts de la même époque se retrouvent dans la nature actuelle ; il en est de même de ceux qui appartiennent aux eaux marines. Leur nombre augmente en même temps d'une manière notable , quoiqu'il soit loin de ceux de l'époque actuelle, caractérisée par l'extrême variété des êtres qui l'animent et l'embellissent.

Les genres marins considérés sous le rapport de leur fréquence et du nombre des individus qui en font partie, peuvent être réduits aux Cérites, aux Turritelles, aux Vénus, aux Huîtres, aux Pétoncles et aux Cythérées. Ces genres ont été peu abondants aux époques antérieures , du moins ceux qui s'y trouvaient. On a longtemps supposé que les Cérites appartenaient uniquement aux terrains tertiaires ; cependant ce genre a été rencontré dans la craie de Maëstricht.

Si un grand nombre de formes génériques nouvelles a apparu à l'époque tertiaire, on n'y découvre plus la plupart de celles des premiers âges. Les ammonites et les bélemnites dont les débris ont si longtemps persisté sur la scène de l'ancien monde, disparaissent complètement dès l'époque tertiaire ; l'un deux n'a presque plus de représentant dans la période crétacée récente. On cite pourtant un individu d'une grande ammonite découverte dans la craie blanche par M. Robert. Des doutes existent, du reste, sur la formation de cette craie. M. Robert observe que cette roche lui a paru fort rapprochée de la craie tufau, ce qui la rapporterait à une époque plus ancienne que la craie blanche.

On ne rencontre dans aucune formation tertiaire les échinides des époques précédentes ; il en est de même des genres des divers ordres de zoophytes.

Ces animaux présentent des faits analogues, et les genres qui les composent n'offrent plus les mêmes espèces que celles qui avaient vécu dans les époques précédentes. Une pareille remarque s'applique également à un des ordres des articulés, les insectes ; ceux-ci ont acquis un développement considérable lors des formations tertiaires, et supérieur à celui qu'ils avaient atteint lors de la période secondaire.

Les insectes abondent dans les groupes *éocène*, *miocène* et *pliocène*. On peut citer parmi ces formations le succin des bords de la Baltique et d'ailleurs, enfin, le bassin gypseux d'Aix en Provence, l'une des localités les plus riches en ce genre. Avec ces insectes, se trouve un autre ordre d'articulés, les arachnides : on n'a pas rencontré jusqu'à présent un seul individu se rapportant aux scorpionides, mais seulement aux familles des araignées proprement dites et des faucheurs.

On peut faire à l'égard de ces insectes et de ces arachnides, une remarque générale qui n'est pas sans importance;
c'est que la plupart des espèces du succin et des marnes
d'eau douce, signalent des espèces des contrées plus chaudes
que celle où sont ensevelis leurs débris. La plupart de ces
insectes sont de petite taille; peu d'entr'eux atteignent la
taille du Scarabée stercoraire. Du reste, leurs espèces généralement différentes des races actuelles, ont rarement assez
d'analogies avec elles pour en être rapprochées, mais presque jamais, pour leur être assimilées.

Les insectes des deux gissements appartiennent à tous les
ordres indifféremment, quoique les coléoptères et les diptères soient les plus abondants en espèces ou en individus;
plusieurs diptères se font particulièrement remarquer sous
ce dernier point de vue. Tels sont les genres *Ribio* ou *Ceci-
donia*, ainsi que plusieurs espèces de la famille des tipu-
laires, des marnes calcaires d'Aix en Provence.

Les insectes du succin ont pour la plupart leurs analogues
dans les insectes qui vivent maintenant dans le bois ou le
tronc des arbres ou enfin sur les écorces, ce qui s'accorde
avec l'origine du succin. Cette substance paraît être une
résine qui découlait d'arbres qui avaient de grandes analogies avec nos pins et nos sapins.

Les insectes de l'époque tertiaire ont, du reste, commencé avec cette époque et sont déjà abondants dans les
terrains marneux charbonneux à lignite de l'*old-éocène*, dans
lesquels se trouvent le succin, l'argile plastique et les dépôts
qui l'accompagnent. Pour en donner une idée, nous rappellerons que les coléoptères y sont à peu près au nombre
de trente genres ainsi que les diptères. Ces articulés disparaissent totalement lors du *new-éocène;* cette classe n'y est
plus en effet représentée que par les annélides de la tribu
des tubicoles, les arachnides de celle des pycnogonides,

enfin les crustacés , par les deux tribus des décapodes et des isopodes.

Ces animaux apparaissent de nouveau lors des terrains miocène et pliocène ; ils y sont plus nombreux que dans les formations anciennes.

Les lépidoptères y sont signalés par un papillon du genre Cyllo , auquel M. Boisduval a imposé le nom de *Cyllo sepulta*. Ce papillon offre même en partie ses couleurs; du moins ses formes et l'ensemble de ses contours sont si bien conservés , que l'on dirait qu'il a été lithographié à plaisir sur la pierre qui en porte l'empreinte.

Les poissons , peu nombreux à l'époque tertiaire , n'ont pas éprouvé de progrès marqués sous le rapport de la variété de leurs espèces. C'est seulement par rapport à leurs ordres , que ces animaux ont acquis un certain perfectionnement. Ils offrent bien encore des ganoïdes et des placoïdes ; mais les cténoïdes et les cycloïdes y deviennent de plus en plus nombreux. Les dernières familles et les genres qui en ont fait partie , se montrent singulièrement en excès sur les ganoïdes et les placoïdes dès l'époque miocène ou pliocène.

Ainsi le tiers des poissons fossiles de l'argile de Londres (*old-éocène*) et du calcaire grossier (*new-éocène*) appartient à des familles éteintes , tandis que celles des cténoïdes et des cycloïdes se trouvent encore dans le monde actuel , ainsi que la plupart de races des ganoïdes et des placoïdes qui se rapportent à l'époque *miocène* ou *pliocène*. C'est uniquement sous ce point de vue qu'il y a eu perfectionnement chez les poissons. Il s'est opéré dans le rapprochement de leurs formes et de leur organisme avec les dispositions et la structure qui caractérisent les espèces de notre époque.

Ces rapports nouveaux se manifestent aussi bien chez les races des bassins immergés , que chez celles des bassins émergés. Ces dernières offrent en général des genres analogues à ceux qni vivent maintenant, quoiqu'il n'en soit pas de même des espèces, toutes différentes des races actuelles.

Il paraît en être ainsi de toutes celles des terrains tertiaires, soit qu'elles appartiennent aux animaux vertébrés, soit qu'elles dépendent des invertébrés.

Des perfectionnements du même genre ont également eu lieu chez les reptiles. Ainsi ces animaux comprennent tous les ordres qui en font actuellement partie, et ont, avec les espèces vivantes, les plus grandes analogies. L'on découvre, dans les couches tertiaires, des sauriens, des chéloniens, des ophidiens et des batraciens. Ces derniers, caractérisés par des *Rana* et des Salamandres, le sont également par la fameuse Salamandre gigantesque (*Andrias Scheuzeri*), prise par Scheuzer pour un *homo diluvii testis*, en raison de la différence de ses formes avec les batraciens actuels.

Les sauriens ont été principalement signalés à l'époque tertiaire, par les Crocodiles, analogues par leurs caractères généraux et les principales dispositions de leur squelette, avec les espèces qui vivent maintenant dans nos fleuves. De pareilles conformations n'étaient pas le partage des crocodiliens des formations secondaires, formations où ces animaux ont été plus nombreux en espèces et plus variés en formes. Ils ont sans doute diminué à l'époque tertiaire, mais ils étaient pour lors plus rapprochés des types qui vivent de nos jours.

Les Téléosaures qui appartenaient également à la famille des crocodiliens et qui se nourrissaient de poissons, avaient totalement disparu de la scène de l'ancien monde à l'époque tertiaire. Un autre genre de l'ordre des sauriens, l'*Enneodon*, caractérisait cette époque ; ce qui est non moins remarquable, ses formes étaient intermédiaires entre celles des crocodiliens et des lacertiens.

Les chéloniens ont été représentés , à cette époque, par quatre genres dont les uns habitaient les eaux douces et les autres les eaux salées ou les terres sèches et découvertes. Les premiers sont les Emydes et les Trionyx ; les seconds , les chéloniées ou Tortues de mer , qui ont été nombreuses et remarquables lors des dépôts tertiaires. Les Tortues de terre ne sont signalées dans ces terrains que par un seul genre, celui des *Testudo* qui comprend plusieurs espèces.

Les ophidiens , si rares parmi les vertébrés fossiles , ont toutefois pris un certain développement à la même époque. Ils y ont été signalés par un genre qui n'a pas de représentant dans la nature , le *Palœophis* , composé de deux espèces dont l'une n'avait pas moins de 6 à 7 mètres de longueur et égalait la taille des *Boa* ou des *Python*. La dernière espèce avait , au contraire , d'assez petites dimensions. Les autres ophidiens se rapportaient à des Couleuvres, genre que l'on découvre de nouveau dans les dépôts quaternaires.

Un des faits les plus remarquables de cette époque et qui se rattache à l'histoire des reptiles , est la découverte que l'on a faite dans ces terrains , non-seulement des coprolithes de ces animaux , mais encore des urolithes fossiles. Il existe dans les couches tertiaires des fèces des deux ordres, les unes urinaires et les autres alimentaires : celles-ci , comme on le présume aisément , sont les plus nombreuses.

L'urine des sauriens et des ophidiens est une sorte de pâte ductile , qui se durcit promptement à l'air et prend la consistance de la craie ; elle est en cela très-différente du liquide limpide et très-peu coloré qui constitue l'urine des batraciens anoures et des chéloniens. Toutefois ceux-ci expulsent pendant leur vie de nombreuses pierres vésicales que l'on distingue malgré l'absence de l'acide urique, en raison de ce que le phosphate de chaux s'y trouve à l'état neutre, différent en cela de celui des os.

Les fèces urinaires sont contournées en spirale, tandis que les alimentaires restent cylindriques. Les sauriens et les ophidiens sont les seuls reptiles qui rendent séparément de leurs fèces alimentaires, une urine non liquide, mais sous forme d'une pâte épaisse et ductile. Ainsi les coprolithes turbinées ou en spirales sont probablement, du moins en partie, des urolithes de sauriens et d'ophidiens. Il y a certitude sur leur origine, lorsqu'à cette forme se joint une composition chimique analogue à celle de l'urine des reptiles ophidiens ou sauriens vivants, et lorsque leur substance est homogène.

Les coprolithes alimentaires ont une composition hétérogène, contenant dans leur intérieur des os, des dents, des écailles de poissons et d'autres substances.

Les Trionyx, surtout le *Trionyx spiniferus*, sont sujets aux concrétions pierreuses de la vessie, comme un grand nombre d'espèces carnassières.

Ces faits sont intéressants, en ce qu'ils prouvent qu'à tous les âges de la terre, les reptiles, comme les animaux des autres classes, ont eu les mêmes habitudes et ont été soumis aux mêmes phénomènes, du moins relativement à ceux de la digestion, des excrétions et des autres fonctions.

Les reptiles ont éprouvé un perfectionnement sensible à l'époque tertiaire, puisqu'ils y ont présenté les quatre principaux ordres qui caractérisent maintenant les animaux de cette classe. L'un de ces ordres, et ce n'est pas le plus perfectionné, puisqu'il est précédé par les sauriens et les chéloniens, avait tardé à arriver sur la scène de l'ancien monde. Cet ordre est celui des ophidiens, dont une seule espèce, le *Palæophis toliapicus*, a acquis une grande taille ; les autres espèces sont restées dans des proportions médiocres.

Les deux tribus des batraciens qui ont paru lors des terrains tertiaires, les anoures et les urodèles, ont aussi animé la scène de cette époque.

Les plus anciens débris d'oiseaux des terrains tertiaires se rapportent à des genres perdus de palmipèdes, et à des rapaces analogues aux Vautours de la taille du *Cathartes aurea*. La même famille a fourni un genre nouveau nommé *Lithormis*, et d'autres espèces rapprochées du genre *Strix*, au nombre de six à sept environ

Les échassiers, les gallinacés et les palmipèdes ont laissé de nombreux représentants dans ces terrains ; généralement, les genres de ces familles se rencontrent en même temps dans la nature actuelle. Les oiseaux ont été reconnus dans les formations tertiaires, non-seulement par des ossements, mais par des plumes et des œufs. Les plumes décrites et figurées par nous, paraissent avoir appartenu à différentes parties du corps des oiseaux dont elles rappellent l'ancienne existence. Depuis lors, on en a découvert d'autres assez bien conservées et assez caractérisées, pour être rapportées avec quelque certitude à des échassiers du genre des Hérons.

Des débris osseux ont indiqué des oiseaux de cet ordre, du genre des Chevaliers ou des Gralles, enfin des passereaux et des gallinacés assez voisins de la Perdrix, et d'autres des Francolins ou des Tétras. On a également observé d'autres vestiges d'oiseaux, plus analogues d'après leurs dimensions, du Coq que du Paon.

Quoique les œufs soient généralement brisés, on est parvenu cependant à en découvrir d'assez entiers pour les rapporter à des échassiers de la taille des Flamands. Ceci est d'autant plus probable, que des débris osseux ont indiqué des espèces de la même famille et de la même stature, ainsi que de celle du Héron gris (*Ardea cinerea*), et d'autres de plus petites dimensions.

Ces faits prouvent que les oiseaux ont été en progrès à cette époque, comparativement à ce qu'ils étaient aux époques antérieures.

Les mammifères ont été, à l'époque tertiaire, le point principal du perfectionnement dans l'organisation. Au lieu d'être bornés, comme lors des terrains jurassiques, à quelques individus isolés de didelphes, les monodelphes et même les didelphes ont apparu en grand nombre ; leurs espèces ont été si variées, qu'elles y ont représenté la plupart des ordres que nous observons maintenant. Il y a plus : pour que le perfectionnement fût des plus marqués, les quadrumanes, l'ordre le plus avancé en organisation, et qui ne le cède sous ce point de vue qu'à l'homme, ont laissé de leurs débris dès le commencement de l'époque tertiaire.

On a découvert des ossements de singes en Angleterre, à la partie inférieure de l'argile de Londres, dans le terrain de l'*old cocene*. Ces ossements ont appartenu à une espèce du genre Macaque, qui ne paraît pas avoir de représentant dans la nature. Les quadrumanes se trouvent dans les terrains tertiaires des diverses parties de l'Europe et notamment en France et en Angleterre. On les découvre en Asie dans les mêmes formations, particulièrement dans l'Inde, ainsi que dans les dépôts diluviens qui encombrent les cavernes du Brésil.

Les singes sont déjà connus dans plusieurs localités de la France ; les plus anciennement découverts ont été observés dans les dépôts tertiaires de Sansans, dans le département du Gers , et les plus nouveaux dans les terrains tertiaires récents des environs de Montpellier.

Les mammifères monodelphes sont loin d'avoir été bornés aux singes que nous venons de signaler ; la plupart des familles de cet ordre le plus nombreux et le plus varié en espèces , s'y trouvent également. Ainsi , l'on découvre dans les terrains tertiaires des mammifères marins amphibies , ordinaires et carnivores ; et parmi les didelphes , des marsupiaux. Les mammifères de l'ordre le plus élevé ou les monodelphes y sont représentés par les édentés, les pachydermes, les solipèdes , les ruminants, les rongeurs, les amphibies, les chéiroptères, les carnassiers, enfin les quadrumanes. Ces faits prouvent que les mammifères marins et monodelphes composent une partie importante de la population des terrains tertiaires , quoiqu'ils soient loin d'être aussi nombreux et aussi variés qu'à l'époque actuelle.

Les mammifères marins ont signalé l'époque tertiaire ; leurs débris se rapportent à plusieurs familles , aux herbivores et aux souffleurs. Les premiers y sont représentés par des Lamantins et deux genres dont l'un , assez rapproché des Dugongs, a reçu le nom de *Metaxytherium*. Le second , considéré par M. Harlan comme un reptile et nommé par lui *Basilosaurus*, est cependant un mammifère marin. Aussi M. Owen a-t-il créé pour cette espèce le nom de *Zeuglodon cetoïdes*.

Les Dauphins, qui appartiennent à l'ordre des souffleurs, ont été assez répandus dans les mers de l'époque tertiaire. Cuvier en avait signalé plusieurs espèces, mais depuis lors, leur nombre a été porté à cinq. Il y a plus de doutes sur l'ancienne existence des Narvals. Un autre genre, le *Xiphius*, considéré par Cuvier comme perdu et qui appartenait à la même famille, a été retrouvé dans les mers des Indes. Seulement, les trois espèces fossiles ne sont nullement semblables à celle qui vit encore.

Les Cachalots et les Baleines ont également caractérisé les cétacés souffleurs de l'époque tertiaire ; ils paraissent y avoir acquis des dimensions tout aussi considérables que celles qui distinguent les espèces actuelles.

Deux genres de marsupiaux ont signalé la période secondaire, et deux genres ont également caractérisé l'époque tertiaire. L'un de ces genres est encore incertain et l'autre se rapporte aux *Didelphis* dont les analogues font partie des marsupiaux herbivores. Ce genre vit aujourd'hui en Amérique depuis la rivière de la Plata jusqu'en Virginie ; il a cependant fait partie, dans les temps géologiques, de la population de l'Europe. Il était pour lors composé de plusieurs espèces comme maintenant. Il en était de même du genre indéterminé dont il était le contemporain.

Ces genres étaient, du reste, les uniques représentants des mammifères didelphes à l'époque tertiaire, tandis que les monodelphes offraient alors de 90 à 100 types génériques particuliers. Ce rapport prouve le progrès des mammifères les plus perfectionnés et dont les didelphiens ne sont que des formes incomplètes ou des sortes d'embryons. Ce progrès est d'autant plus remarquable, que l'ordre entier des monodelphes n'avait point paru avant l'époque tertiaire.

Les deux tribus des monodelphes qui ont laissé les débris les plus abondants dans les terrains tertiaires, sont les pachydermes et les rongeurs. Les premiers ont été les plus nombreux pendant l'époque *éocène*, tandis que les rongeurs y étaient à peine représentés par deux ou trois genres. La même proportion s'est continuée lors du dépôt des terrains d'eau douce moyens ; mais les rongeurs ont acquis à cette époque un grand développement. Leurs genres s'y sont

élevés jusqu'à une vingtaine , tandis que celui des pachydermes dépassait ce nombre.

Les ruminants ne paraissent avoir apparu que lors des
dépôts des terrains d'eau douce moyens (*miocène*), quoique
les carnassiers eussent été représentés à l'époque *éocène* par
plusieurs genres au moins au nombre de cinq. Ces animaux
ont eu pour but de maintenir les herbivores dans une juste
proportion ; aussi ont – ils considérablement augmenté , à
mesure que les ruminants et les rongeurs se développaient.
Ce fait déjà sensible à l'époque *miocène* et *pliocène*, devient
surtout manifeste à l'époque quaternaire où les trois familles
des carnassiers , des solipèdes et des ruminants ont acquis
des proportions supérieures à celles qu'elles avaient antérieurement , du moins quant au nombre des espèces et des
individus qui en fesaient partie.

La nature maintient dans un admirable équilibre , la proportion des herbivores et des carnassiers destinés à en arrêter la trop grande multiplicité qui , en définitive , les rédui-
rait à mourir de faim. Par des raisons du même genre , les
crocodiliens à museau court et élargi , ne sont arrivés que
très-tard sur la scène de l'ancien monde ; car leur existence
était pour ainsi dire liée à celle des mammifères. Aussi ces
progrès ont eu lieu en même temps , en vue des desseins
de la nature , dont nous sommes loin de comprendre toute
la sagesse.

La population des terrains les plus anciens de l'époque
tertiaire , n'était pas aussi analogue à celle des âges postérieurs qu'on serait tenté de le supposer. Les mammifères
les plus nombreux de cette époque , les pachydermes ,
étaient caractérisés par des genres qui n'ont plus de représentants à la surface du globe. Ces animaux étaient alors
accompagnés par des rongeurs de petite taille et des carnassiers encore peu abondants , appartenant à des types

plus faibles et moins agiles que ceux des époques subséquentes. Des quadrumanes, des cheiroptères, des cétacés
ont été les contemporains des premières familles; deux
d'entr'elles présentaient cette particularité, de se trouver
dans le milieu et le nord de l'Europe, où l'on n'en découvre
plus maintenant la moindre trace. Quant aux mammifères
didelphes de la famille des marsupiaux, on ne les rencontre
plus aujourd'hui que dans un autre hémisphère.

Cet aperçu suffit pour se former une idée exacte de la
population des étages inférieurs tertiaires, et comprendre
le progrès qu'elle a éprouvé en comparaison des espèces
des terrains secondaires. Il permet de saisir le perfectionnement que les mammifères ont acquis lors du dépôt des terrains tertiaires moyens et supérieurs (*miocène* et *pliocène*).

Si l'on considère l'ensemble des dépôts des deux époques,
on reconnaît que les carnassiers ont singulièrement augmenté en nombre et en taille de la plus ancienne à la plus
récente. Un pareil accroissement est un indice certain qu'il
doit avoir été accompagné par un plus grand développement
des herbivores.

En effet, les ruminants, les solipèdes et les édentés qui
n'avaient point encore paru, sont venus animer la scène de
la vie; les premiers, par la variété de leurs genres et celle
de leurs espèces, et les seconds par la grande quantité et
les hautes proportions de leurs individus.

Les édentés ont été représentés aux époques tertiaires
récentes, par des espèces dont les formes et les caractères
n'ont rien de comparable dans le monde actuel. De nos
jours, les édentés sont spéciaux aux pays chauds. Abondants
et variés dans l'Amérique méridionale, ils présentent plusieurs types en Afrique et en Asie. Ils ont néanmoins habité l'Europe pendant l'époque tertiaire. Les édentés ont
été encore plus abondants lorsque les mers étant rentrées

dans leurs bassins respectifs, il ne s'est précipité que des dépôts des eaux douces, stratifiés ou pulvérulents. Ces dépôts,
les plus récents des temps géologiques, ont été nommés à
raison de cette circonstance, quaternaires ou *pléistocènes*.

Le genre *Macrotherium* composé d'une seule espèce, le
giganteum, est le plus singulier des édentés qui ait vécu
vers la fin de l'époque tertiaire en France et en Allemagne.
Il appartient seul à cette époque, tandis que quatorze ou
quinze caractérisent les temps géologiques les plus récents.
Ces animaux n'ont complété leur développement que lors
de l'époque quaternaire.

Il en a été de même des pachydermes; toutefois l'un des
genres les plus remarquables de l'époque actuelle ne parait
pas avoir paru avant les dépôts tertiaires récents (*new-pleis-
tocene*), et n'être devenu abondant qu'à l'époque diluvienne.
Ce genre est celui des Eléphants. Il n'en a pas été ainsi des
Mastodontes, généralement plus abondants dans les terrains
tertiaires que dans le diluvium. Ils ne paraissent pas du
moins avoir été rencontrés dans ce dernier gissement en
Europe, mais seulement dans le continent asiatique, et
peut-être en Afrique. Les mêmes dépôts diluviens de la
Nouvelle-Hollande renferment un troisième genre de la
famille des proboscidiens, encore si imparfaitement connus,
que sa véritable place n'est pas fixée avec certitude.

Le nombre des genres des pachydermes ordinaires est
plus considérable que celui des proboscidiens; il s'élève à
environ 24 ou 25, tandis que celui des solipèdes ne dépasse
pas le nombre deux.

Du reste, il n'est pas d'ordre de mammifères qui présente
un aussi grand nombre de types fossiles que les pachydermes. Cet ordre est cependant imparfaitement représenté
dans notre monde. Il existe entre les espèces qui en font
partie, de nombreuses lacunes. Les nuances, les formes

transitoires qui lient les genres entr'eux , les passages d'une forme à une autre , se rencontrent pourtant d'une manière assez manifeste comme chez les autres tribus , lorsqu'on considère dans leur ensemble , les espèces vivantes et fossiles.

On trouve même des anneaux intermédiaires dans la nature détruite entre des genres très-rapprochés , tels que les *Anoplotherium* et les *Palæotherium*. Ainsi M. Owen a découvert une espèce de ce dernier genre , qu'il a nommée *connectens* et qui forme une liaison naturelle entre les deux genres perdus.

Cette espèce a une molaire de moins de chaque côté que chez les autres Palæotherium ; elle est séparée des dents antérieures par un espace vide , ce qui l'éloigne des *Anoplotherium*. Elle s'en rapproche toutefois par la forme de la couronne de ses molaires.

On ne connaissait jusqu'à présent qu'un seul pachyderme qui offrit ses dents en série continue. Cette condition unique dans les herbivores vient de se trouver dans une espèce à laquelle M. Owen a donné le nom de *Dichodon cuspidatus*. Cette circonstance qui fait que les dents se succèdent les unes aux autres , sans intervalle , ne se retrouve maintenant chez aucun herbivore. Il y a là une lacune entre la nature actuelle et les anciennes générations ; mais il n'est pas impossible qu'elle se comble un jour.

Les ruminants n'ont apparu qu'avec les dépôts *miocène* et *pliocène;* on n'en découvre pas du moins de vestiges dans les terrains tertiaires anciens , ce qui coïncide avec le peu de développement des carnassiers à cette époque. Ces animaux n'ont été très-multipliés qu'après l'apparition des ruminants, lors du dépôt des terrains tertiaires moyens et marins supérieurs , enfin, lors de la dispersion du diluvium.

Les ruminants, animaux généralement timides et féconds,

ont tellement augmenté, surtout en individus, aux époques géologiques récentes, qu'ils semblent avoir été destinés à remplacer presque totalement les pachydermes en Europe. Du moment que ceux-ci s'effacent, les ruminants grandissent en nombre, en taille, en même temps qu'ils se distinguent par la variété de leurs genres et de leurs espèces. Leurs types génériques s'élèvent alors à quinze ou seize, parmi lesquels plusieurs sont riches en espèces et parfois en individus, ce qui est frappant pour les genres contemporains des dépôts diluviens.

Les cétacés appartiennent essentiellement à l'époque tertiaire, particulièrement aux étages moyens et supérieurs. Les espèces herbivores ont les plus grandes analogies avec les pachydermes par leur système de dentition et d'autres caractères qui ne sont plus sensibles chez les espèces fossiles. En effet, les molaires du *Metaxytherium* ont été rapportées par Cuvier à deux espèces différentes d'Hippopotame, et il a regardé les dents du *Dinotherium*, comme appartenant à un Tapir qu'il a nommé *Tapir gigantesque*.

Ainsi probablement, lorsque les types des pachydermes et des ruminants fossiles seront mieux connus, on rapprochera les Dugongs, les Métaxytheriums et les Lamantins, des Hippopotames et des Tapirs, à peu près comme l'on réunit les Phoques et les Morses aux carnassiers ordinaires. Le nombre des mammifères marins, herbivores ou souffleurs, ne s'élève pas au-delà de dix dans les terrains tertiaires, où ils ont commencé à apparaître.

Les rongeurs ont laissé également de leurs débris dans les couches tertiaires les plus anciennes et dès l'apparition des mammifères monodelphes. Leurs genres sont les uns semblables aux types génériques actuels, et d'autres à ceux des anciens âges tertiaires. Ainsi l'on a rencontré des Loirs et des Écureuils dans les couches gypseuses de Montmartre, tandis que les terrains de la même époque , en Auvergne , renferment des genres que l'on ne peut assimiler à aucun de ceux qui vivent maintenant.

Le plus grand développement que les rongeurs aient acquis a eu lieu lors des terrains moyens et supérieurs. Le nombre des genres qui ont laissé des traces de leur ancienne existence dans ces terrains , ne s'élève pas à moins de 17 à 18 ; quelque considérable qu'il puisse paraître , il a été dépassé à l'époque diluvienne , où il a atteint celui de 20. Les rongeurs ont été en si faible proportion à leur origine , qu'ils ne sont représentés dans les terrains tertiaires anciens que par deux genres.

Ce rapport prouve le perfectionnement opéré dans cette famille depuis les plus anciens âges tertiaires jusqu'aux plus récents , ainsi que celui qui a eu lieu de ceux-ci à l'époque diluvienne. Ce rapport exprimé par les chiffres 2 , 18 et 20 , prouve que le développement de ces animaux a été sans cesse en augmentant et qu'il a été surtout manifeste , de la première à la seconde époque.

Les carnassiers n'ont pas été nombreux aux premiers âges tertiaires , par la raison toute simple qu'il en était de même des herbivores. Les populations contemporaines des *Palœotherium*, des *Anoplotherium* et des *Lophiodons*, ont été beaucoup moins inquiétées par les races carnivores que les genres qui leur ont succédé.

Le nombre et la taille des carnassiers va du reste en augmentant depuis les terrains tertiaires moyens jusqu'aux supérieurs, comme de ceux-ci aux dépôts diluviens. Les formes de certains types propres à cette époque , sont tellement particulières , qu'elles ont nécessité l'établissement de plusieurs genres nouveaux. Ces genres offrent souvent des transitions remarquables entre leurs tribus et les genres actuels ; ils présentent en général des formes lourdes et un régime moins exclusivement carnivore que les carnassiers actuels.

Les carnassiers les plus redoutables n'ont commencé à paraître sur la scène de l'ancien monde que vers la fin de l'époque tertiaire. Il paraît qu'à cette époque, le genre des chats (*Felis*) a pris plus d'importance et le plus grand développement. Ils ne sont arrivés cependant à leur *summum* de développement, qu'à l'époque diluvienne où leurs dimensions ont dépassé celles de leurs analogues actuels.

Les Hyènes, les Ours, les grands Chats analogues aux Tigres et aux Lions, enfin les Amphycions étaient bien autrement redoutables que ne le sont maintenant les plus grands carnassiers. Leurs espèces ont toutefois habité l'Europe, contrée qui n'est plus fréquentée, maintenant, que par les Ours et les Loups, depuis que la civilisation en a chassé les Lions.

Les genres des carnassiers de l'époque tertiaire ont été assez nombreux, surtout quand on fait attention au petit nombre d'individus de leurs différentes espèces. Il s'est élevé en effet à 25 ou 26, nombre fort considérable lorsqu'on le compare à celui des terrains tertiaires anciens, où il est réduit à cinq. Les amphibies de la même époque sont encore plus restreints ; ils ne dépassent pas le nombre deux, étant bornés aux Phoques et aux Morses.

Les seuls Vespertilions y représentent l'ordre entier des cheiroptères qui a été plus étendu à l'époque diluvienne. L'on y découvre jusqu'à quatre genres, les Molosses, les Phyllostomes, les Rhinolophes et les Vespertilions. Les mêmes terrains ne paraissent recéler que deux genres de quadrumanes, les Macaques et un autre de la famille des lémuriens, découvert par M. Lartet dans les formations d'eau douce de Sansans.

Tel est l'ensemble des mammifères monodelphes et didelphes de l'époque tertiaire. Les premiers n'existaient pas avant cette époque et les seconds ont été représentés par des genres différents de ceux dont les débris ont été rencontrés dans les terrains jurassiques. Les mammifères des formations tertiaires appartiennent à une création particulière, sans analogie avec celle qui la précède, et presque pas avec celle des âges postérieurs.

Cette population essentiellement nouvelle, surtout en ce qui concerne les mammifères monodelphes, offre tout-à-coup les animaux les plus avancés en organisation. Les quadrumanes ont vécu dès l'époque *éocène* la plus ancienne des formations tertiaires. Ils s'y rencontrent même dans les couches les plus profondes de ces formations.

Quoiqu'un pareil progrès ait eu lieu dans l'ordre supérieur des mammifères, il ne s'est cependant pas étendu à l'universalité des monodelphes. Les faits que nous avons rapportés prouvent d'une manière incontestable, que le perfectionnement de ces animaux a eu lieu par degrés, d'abord des terrains éocènes aux formations miocène et pliocène, comme de celles-ci aux dépôts pléistocènes et à l'époque diluvienne.

Cette époque a été le dernier terme du perfectionnement des races animales. Ce perfectionnement s'est continué lors des temps historiques, et les espèces y ont pris des caractères durables en acquérant toutefois le *maximum* de la complication, du nombre et de la variété.

Le progrès chez les êtres vivants ne consiste pas seulement dans une plus grande perfection de l'organisation, mais dans la quantité et la variation des organismes particuliers. Ainsi tout le travail opéré dans l'ensemble des êtres d'une époque à une autre, a eu pour but et pour terme, de les amener au point où ils sont arrivés aujourd'hui. Ces progrès ont été faits en vue de l'homme qui ne pouvait se contenter d'une nature muette et silencieuse, comme celle qui a animé les premiers âges géologiques.

2.º DES AMINAUX DE LA SECONDE ÉPOQUE DE LA TROISIÈME PÉRIODE.

Animaux de l'époque quaternaire.

L'époque quaternaire se compose de l'ensemble des terrains déposés depuis les formations tertiaires, jusqu'aux graviers diluviens. Elle comprend les couches stratifiées supérieures à ces formations, ainsi que les dépôts meubles auxquels on a donné le nom de *diluvium*.

Cette époque, la plus récente des temps géologiques, est la plus perfectionnée sous le rapport des animaux qui en ont fait partie. C'est dans les terrains diluviens que l'on découvre les plus grands mammifères terrestres de l'ancien monde, tels que les Mastodontes, les Eléphants, les *Elasmotherium*, les *Megatherium* et les *Megalonyx*. On y rencontre également les *Sivatherium*, ruminants de la taille des Eléphants, et la gigantesque Tortue dont la longueur n'est pas moindre de 6 à 7 mètres, la hauteur, de 3 mètres; ses caractères particuliers ont donné lieu à l'établissement d'un genre nouveau nommé *Megalochelys* par MM. Caulley et Falconner qui l'ont découvert dans les terrains subhimalayens. Ce genre appartient à la tribu des chéloniens.

Avec la plupart de ces genres éteints on découvre des Rhinocéros, des Hippopotames, des Chevaux, des Bœufs, des Chameaux, des Girafes et de grands Cerfs. La plupart de ces genres et surtout les espèces qui en font partie, annoncent un climat plus chaud que celui des lieux où ils sont ensévelis. On a observé dans les mêmes dépôts et dans les cavernes du Brésil, le *Felis smilodon*, carnassier d'une grande dimension, remarquable par les énormes canines dont il était armé. Ce *Felis* était, par rapport aux autres carnassiers, ce que les proboscidiens sont aux pachydermes ordinaires.

Ce premier aperçu annonce le progrès qui s'est opéré dans la classe des mammifères ; s'il n'est pas aussi sensible chez les autres classes , c'est qu'elles ont laissé peu de leurs débris à cette époque. Ainsi pour n'en citer qu'un seul exemple , nous rappellerons que l'on n'a encore déterminé qu'un seul poisson qui appartienne à l'époque diluvienne ; cette espèce est un brochet nommé par M. Agassiz *Esox otto*.

Quoique les reptiles déterminés du même âge soient un peu plus nombreux , on ne peut guère signaler que sept à huit espèces , comprises dans environ 6 genres , nombre bien inférieur à celui des terrains jurassiques et même tertiaires , surtout à la variété des reptiles de notre monde.

On ne rencontre pas dans les terrains quaternaires , la moindre trace d'animaux marins ; ces terrains ayant été déposés lorsque les mers étaient rentrées dans leurs bassins respectifs. Aussi n'y voit-on plus de traces de limons et de produits marins , à l'exception des lieux recouverts momentanément par des irruptions marines , ou dans les localités qui ont conservé quelques relaissées des eaux de l'ancienne mer.

On conçoit dès-lors pourquoi l'époque diluvienne n'offre que des dépôts des eaux douces et pourquoi elle présente un plus grand nombre d'espèces terrestres , surtout de mammifères , que les dépôts antérieurs. Les eaux marines, en rentrant dans leurs limites actuelles, avaient nécessairement laissé un plus grand espace aux continents , après les avoir longtemps recouverts de leurs masses liquides.

Quoiqu'il en soit, la faune diluvienne est la première où l'on rencontre des espèces semblables aux races actuelles ; celle des terrains tertiaires montre bien certains genres identiques avec les nôtres , mais les espèces qu'ils renferment sont tout-à-fait perdues. L'époque diluvienne est la seule caractérisée par des races analogues à celles qui vivent encore : ce qui la lie d'une manière manifeste avec la période actuelle.

Les races des terrains quaternaires n'ont point été détruites entièrement vers la fin de leurs dépôts ; aussi n'y a-t-il pas eu d'apparition subite d'une faune toute nouvelle au commencement de la période historique. On ne saurait assigner entre l'époque diluvienne et l'époque moderne, aucune circonstance qui ait agi sur l'organisation de la même manière que celles qui ont séparé la période tertiaire de la période diluvienne, ou la période crétacée de la période tertiaire.

Un des faits les plus importants de l'histoire des mammifères de cette époque, est le grand nombre des édentés et des rongeurs qui s'y trouvent. Sans doute, les genres de ces familles étaient déjà dans une proportion considérable à l'époque tertiaire ; mais ils ont augmenté lors des dépôts quaternaires. Il en a été de même de plusieurs autres familles d'herbivores et notamment des ruminants.

Les pachydermes n'ont dominé sur la scène de l'ancien monde qu'à l'époque tertiaire ; aussi ont-ils apparu les premiers, avant les ruminants. Un pareil accroissement dans la tribu des herbivores, en a entraîné un non moins marqué dans celle des carnassiers, dont les types génériques ont été assez généralement les mêmes que ceux des temps historiques.

L'une des tribus de cet ordre de mammifères a présenté à l'époque diluvienne quatre races de solipèdes. L'une d'elles récemment découverte dans les cavernes du Brésil, se rapporte au genre Cheval. L'espèce de Cheval des grottes ossifères de l'Amérique n'est point la même que celle répandue à peu près universellement dans l'ancien continent. Ainsi, lors des temps géologiques les plus récents, le Nouveau-

Monde possédait des chevaux d'une race particulière, comme elle avait différentes races de Mastodontes qui ont disparu à jamais, avec tant d'autres, de la surface du globe qu'elles avaient animé pendant des temps plus ou moins longs.

Les mammifères de l'époque quaternaire ont présenté souvent des genres semblables à ceux des races actuelles. Ces genres ont été composés d'espèces identiques avec les générations dont nous sommes témoins. Au milieu de cette population analogue, on découvre un grand nombre d'espèces qui diffèrent par leurs dimensions et par leurs formes particulières et distinctes de celles des temps historiques. Les familles des édentés et des rongeurs sont principalement celles qui offrent le plus grand nombre de races perdues et de types génériques éteints.

Les mammifères monodelphes n'ont pas seuls éprouvé un progrès manifeste à l'époque quaternaire ; il en a été de même des didelphes. Ils y ont été représentés par une dixaine de genres, les uns qui ont encore leurs analogues et les autres éteints. Du reste, les familles ou les genres perdus les plus nombreux, ne sont pas ceux où les espèces, qui n'ont rien de commun avec les races actuelles, sont en moindre quantité.

Cette époque, surtout celle des dépôts diluviens, a cela de particulier dans certains continents et par exemple dans la Nouvelle-Hollande, de recéler des espèces animales qui, quoique différentes de celles qui existent maintenant, leur sont analogues par leurs genres et leurs familles. Ainsi les marsupiaux abondent dans les cavernes de la Nouvelle-Hollande, et cet ordre d'animaux s'y trouve à peu près uniquement aujourd'hui.

De même, le continent d'Amérique a présenté un grand nombre d'ossements de Sarigues, qui se rapportent à sept ou huit espèces ; dans ce moment, cette tribu caractérise le Nouveau-Monde. Mais le genre des Sarigues ou des *Didelphis* a vécu en Europe pendant l'époque tertiaire ; il n'y a plus paru depuis lors. D'un autre côté, les Civettes (*Viverra*), aujourd'hui spéciales à l'ancien monde, ont habité la Nouvelle-Hollande à l'époque diluvienne.

L'une des îles voisines de ce continent, la Nouvelle-Zélande, a excité l'attention des naturalistes, par des oiseaux dont les dimensions dépassaient de beaucoup celles des Autruches. L'on avait cru, à l'époque de leur découverte, que ces animaux appartenaient à l'époque géologique la plus récente. D'après des observations nouvelles, ces animaux nommés *Dinornis*, se rapportent aux temps historiques, et n'ont été détruits que depuis une époque peu reculée.

Ainsi les espèces de l'ancien monde n'avaient jamais atteint des proportions comparables à celles des Autruches et des Casoars ; elles sont constamment restées dans de petites dimensions. Il en serait différemment si les empreintes observées sur les grès rouges de l'étage pénéen du Massachusett, et que l'on a rapportées à des pas d'oiseaux, avaient été produites par ces animaux. D'après la distance qui sépare ces empreintes les unes des autres, ces animaux auraient dû faire des enjambées de 1 mètre 40 à 2 mètres. On devrait alors leur supposer une taille supérieure à celle des Autruches, des Casoars et même des Dinornis.

Si le progrès des vertébrés supérieurs a été si manifeste dès le commencement de l'époque tertiaire, cette circonstance tient aux influences des latitudes et à la formation des climats divers qui se sont pour lors établis. Ces diverses influences ont compliqué le morcellement des espèces par bassins, multiplié les faunes locales et détruit l'uniformité de répartition des êtres organisés, caractère essentiel des formations anciennes.

Ces effets ont été aussi sensibles dans le Nouveau-Monde que dans l'ancien continent. Du moins, les espèces qui ont vécu en Amérique, comme en Europe, se sont succédé du simple au composé ou en raison directe de la complication de l'organisation.

En suivant l'histoire des êtres qui ont paru tour à tour à la surface du globe, on voit la vie osciller, pour ainsi dire, selon que les milieux en changeant plus ou moins brusquement, modifiaient les organismes qui en étaient l'expression. Elle n'a pas subi pour cela d'extinction ni de revivification ; elle s'est au contraire constamment continuée, mais pour des êtres différents, dont la diversité a été d'autant plus grande, que les conditions des milieux extérieurs étaient plus différentes.

Ainsi la vie a toujours été représentée ici-bas, depuis les premières apparitions organiques jusqu'à celles dont nous sommes les témoins. Seulement, une diversité complète semble exister entre les espèces des anciennes créations et les races nouvelles, quoique les types génériques des premières aient souvent persisté lors de l'apparition des secondes.

L'uniformité dans la dispersion des types spécifiques a été d'autant plus grande qu'on l'examine chez les formations des âges les plus anciens, par suite de celle qui régnait pour lors dans la température et les autres conditions des milieux ambiants. La variété des climats de l'époque actuelle a été la cause des centres nombreux de créations qui ont rendu nécessaire la loi de la localisation dominante maintenant à la surface de la terre et dont l'homme tend par sa puissante influence à effacer les traits primitifs et originels.

Telles ont été les principales conditions qui ont soumis tous les êtres à un perfectionnement successif, perfectionnement vers lequel ils ont tendu constamment dès leur origine et dont nous venons de suivre les effets et d'indiquer la marche.

Résumé.

Le plus simple examen des anciennes générations prouve qu'elles diffèrent essentiellement des créations actuelles, et d'autant plus qu'elles appartiennent aux premières époques où la vie a apparu sur la terre. La différence entre les deux générations s'accroît d'une manière sensible de la circonférence au centre.

Les espèces de l'ancien monde sont divisées par groupes qui correspondent à des dépôts particuliers, que peu d'entr'elles franchissent. Les plus robustes passent bien d'un groupe à celui qui lui est immédiatement supérieur; mais elles n'arrivent presque jamais au-delà. Il n'en est pas ainsi du type générique; ce type traverse souvent l'ensemble des formations géologiques et parvient même jusqu'à l'époque actuelle.

La plupart des espèces fossiles diffèrent des races vivantes; les infusoires feraient seuls exception à cette loi, si réellement ceux des terrains géologiques étaient identiques avec les infusoires vivants ainsi que le présume M. Ehrenberg. A part ces animaux, il n'y a d'analogie entre les deux populations qu'à l'époque diluvienne; les espèces humatiles les plus récentes ont de si grandes affinités avec les races actuelles, qu'elles leur paraissent identiques.

Il y a donc eu succession dans l'apparition des êtres de l'ancien monde, puisque ces êtres, loin d'être semblables d'une formation à une autre, sont au contraire différents, et d'autant plus qu'ils sont séparés par un intervalle plus considérable. Cette succession s'est-elle opérée du simple au composé ou en raison directe de la complication de l'organisation, ou suivant tout autre loi ? c'est ce que les faits nous ont appris.

En considérant les anciennes générations dans leur ensemble, on reconnaît qu'elles ont été créées en vue d'un perfectionnement ultérieur, dont l'homme a été le terme et la fin. Ce perfectionnement a été des plus lents à se produire avant d'arriver jusqu'à l'être le plus parfait qui est aussi le dernier de la création. Il n'a jamais eu lieu dans les espèces elles-mêmes, restées constamment fixes et immuables, mais uniquement dans les genres, les familles, les ordres et les classes.

Le progrès des anciennes générations s'est fait de deux manières, soit du simple au composé ou en raison directe de la complication de l'organisation, soit par l'augmentation en nombre des genres et des espèces, jusqu'à ce qu'elles aient acquis cette variété presque infinie qui caractérise à un degré si éminent l'époque à laquelle nous appartenons.

Le perfectionnement le plus marqué des anciennes créations s'est effectué dans les classes. Parmi les six du règne végétal, quatre seulement ont paru lors de la première période. Ces classes sont pour l'embranchement le plus simple, ou les cryptogames, les agames et les œthéogames, et pour le plus compliqué, les phanérogames, les monocotylédones et les gymnospermes.

La seconde période n'en a eu également que quatre dans son principe ; elle en a acquis une cinquième vers sa partie moyenne, les amphigames ; enfin, vers la fin de cette période, lors des terrains crétacés moyens et supérieurs, la classe la plus compliquée du règne végétal, les dicotylédones, est apparue et a complété la flore de cette période, Seulement la proportion des dicotylédones a été inférieure à celle que ces végétaux ont acquise lors de la troisième époque, et surtout à leur nombre actuel.

Les espèces de la seconde période, comme celle de la première, diffèrent plus des plantes de notre époque que de celles de la plus récente période géologique. Les dernières finissent pourtant par leur devenir analogues et même identiques. Ainsi, sous ces différents points de vue, il y a eu évidemment progrès non-seulement dans les classes végétales, mais encore dans les genres et les espèces. Celles-ci sont devenues semblables aux races vivantes, à mesure qu'elles se rapprochaient des temps historiques.

La troisième période a eu, à toutes ses époques, la totalité des classes qui composent notre végétation. Seulement, la proportion des dicotylédones a sensiblement augmenté, et a fini par avoir avec les autres classes des rapports à peu près égaux à ceux de la végétation de l'époque historique. Les progrès que les dicotylédones ont faits pendant la troisième période, ont été manifestes lors du dépôt des terrains d'eau douce moyens, et des terrains quaternaires. Ces végétaux, les plus avancés de la création, devaient présenter de très-grands arbres, à en juger par les dimensions de leurs feuilles. La classe végétale la plus perfectionnée s'est continuée depuis lors jusqu'aux temps historiques où elle a pris une prédominance marquée sur les plantes des autres classes.

La végétation de la population de l'ancien monde est circonscrite dans trois grandes périodes, ainsi que nous l'avons fait observer.

La classe la plus simple de la végétation de la première période ou les Agames, n'offre qu'un ou deux genres au lieu du grand nombre que présente la flore de nos jours; ce qui peut faire juger du progrès qu'elle aurait eu à faire, si les deux végétations avaient été jamais comparables. La seconde de ces classes, ou les œthéogames, a été composée pendant cette période de quatre familles : des équisétacées, des fougères, des marsiléacées et des lycopodiacées.

La première a été bornée à deux genres et la seconde à trente-trois ou trente-quatre, en confondant dans le même type générique les *Sigillaria* et *Stigmaria* qui ne sont qu'une même espèce et qui appartiennent peut-être plutôt aux conifères qu'aux équisétacées ou aux fougères. La troisième ou les marsiléacées, n'a qu'un seul genre, tandis que les lycopodiacées en ont jusqu'à sept ou huit. La plupart de ceux de ces familles sont perdus; ceci s'applique surtout aux espèces, dont aucune n'a de représentant dans la nature et bien peu dans les autres périodes.

Sans doute, ces végétaux ainsi que les phanérogames qui composent le restant de la végétation de cette période, sont aussi compliqués que leurs analogues actuels ; mais ils composaient la partie essentielle des plantes de cette période, avec quelques monocotylédones et un petit nombre de gymnospermes de la famille des conifères. Dès-lors il n'est pas étonnant que les plantes de la première période présentent à une époque aussi reculée une pareille complication.

Si cette végétation avait atteint le perfectionnement qu'elle aurait pu présenter, elle aurait acquis des types génériques et spécifiques plus en harmonie avec les formes de nos espèces. C'est à ce progrès qu'elle a tendu constamment, sans jamais arriver à celui que les plantes de ces diverses familles ont obtenu de nos jours.

Il restait encore à cette végétation un perfectionnement à atteindre pour le nombre des genres et des espèces en rapport avec la nôtre ; mais ceux de la dernière période sont restés au-dessous de la variété des types génériques et spécifiques qui fleurissent maintenant, quoique considérés en eux-mêmes, ils étaient très-développés et même assez perfectionnés à l'époque où ils ont vécu. Seulement plusieurs végétaux de cette période, observés avec beaucoup de soin, ont paru se rapporter à des organisations plus avancées que celles auxquelles on les avait rattachées lors de leurs découverte. Ainsi les *Sigillaria* et les *Stigmaria* considérés comme des équisétacées, ont été reconnus appartenir aux phanérogames gymnospermes de l'ordre des conifères, et suivant d'autres aux cycadées.

De même, un genre, les *Nœggerathia*, examine avec une attention scrupuleuse, n'a plus été envisagé ni comme une fougère, ni comme un palmier; mais comme une cycadée.

Si l'observation de M. Gœppert se confirmait, la première période aurait été caractérisée par cinq classes au lieu des quatre que nous avons admises. Mais l'existence des champignons, et leur conservation depuis une époque aussi reculée est un fait si extraordinaire, que l'on peut se former quelques doutes sur sa réalité.

La classe des amphigames, à laquelle appartiennent les champignons, n'a pas acquis un grand développement pendant les époques géologiques. Aussi n'a-t-elle jamais été en progrès; les plantes qui la composent ont été souvent interrompues et manquent dans un grand nombre de formations.

Si les charbons des terrains houillers ont été formés par les bois des conifères et non par les œthéogames des familles des équisétacées et des fougères, la végétation de la première période aurait été plus avancée qu'on ne l'avait admis, les conifères ayant essentiellement prédominé sur les autres végétaux de cette période.

La seconde période comprend un plus grand nombre de dépôts, et a peut-être embrassé un plus long espace de temps; elle a été embellie par les six classes qui composent notre végétation. Toutefois, la plus perfectionnée ou les dicotylédones n'a paru que vers la fin de cette période des terrains crétacés. De même, les amphigames, la seconde classe des cryptogames sous le rapport de la complication de son organisation, n'a paru qu'à l'époque du lias et ne comprenait que les deux familles des lichens et des champignons.

Ces familles de cryptogames n'ont pris un certain développement qu'à l'époque des terrains d'eau douce moyens. Avant cette époque, la terre n'avait jamais été tapissée de mousses, pas plus que les eaux des premiers âges n'avaient été peuplées de characées. Les graminées elles-mêmes, aujourd'hui si répandues, comme toutes les plantes utiles, n'avaient point embelli la surface du globe avant le dépôt du lias.

Ces deux familles n'ont jamais acquis à aucune époque de cette période une prédominance sur les autres tribus. Il n'en a pas été tout-à-fait ainsi des cycadées ; celles-ci ont composé la plus grande partie de la végétation de certaines formations de cette période, et par exemple celle du calcaire conchylien. Cette famille nombreuse et variée à tous les étages du trias, éprouve une grande interruption à partir des terrains crétacés inférieurs, et ne reparaît plus qu'à l'époque historique.

Le progrès le plus marqué de cette végétation a été l'apparition des dicotylédones ; ces plantes ont offert une dixaine de familles, parmi lesquelles se trouvaient les graminées. L'époque crétacée, caractérisée par la présence des dicotylédones, n'a pas cependant été embellie par les amphigames, quoique ces végétaux eussent déjà paru.

Cette ancienne végétation avait bien des progrès à faire pour atteindre celle des temps actuels ; aussi a-t-elle été surpassée sous ce point de vue, par la flore de la troisième période. Cette flore s'est montrée plus en rapport avec les plantes qui couvrent maintenant la surface du globe ; et ce n'a pas été le moindre de ses progrès.

La troisième et dernière période géologique a été marquée par un progrès sensible dans toutes les classes végétales. Les dicotylédones ont acquis pour lors, relativement aux autres classes, des proportions analogues à celles qui caractérisent les végétaux actuels. Pour la première fois, ces plantes ont été en excès sur les autres plantes, même relativement aux phanérogames qui dominaient alors sur les cryptogames ainsi que cela a eu lieu dans la flore actuelle. Ces rapports sont devenus surtout sensibles aux époques miocène et pliocène.

S'ils sont moins évidents lors des terrains tertiaires marins supérieurs qui appartiennent cependant à l'étage le plus récent de la dernière époque, c'est que ceux-ci déposés dans le bassin de l'ancienne mer, ne renferment qu'un petit nombre de débris de plantes terrestres. Ils deviennent manifestes un peu plus tard, à l'époque quaternaire, dont les dépôts appartiennent aux eaux douces.

La végétation de la troisième période a beaucoup plus d'analogie avec la flore actuelle que celles qui l'ont précédée. Il ne lui a manqué, pour rivaliser avec elle, que le nombre et la variété des espèces. Du reste, les diverses flores de l'ancien monde, même les plus récentes, ont été sous ce rapport très au-dessous de la flore de nos jours. Aussi on peut évaluer au plus à 1800 espèces, le nombre des plantes fossiles qui nous sont connues, tandis que les végétaux de notre monde s'élèvent à environ 80,000 espèces. Il va même bien au-delà et dépasse celui de 100,000 suivant toutes les probabilités.

Ce nombre et la variété dans les formes spécifiques est un véritable progrès ; mais ce progrès, vers lequel ont tendu les anciennes créations, n'a été cependant atteint que depuis les temps historiques auxquels nous appartenons.

Les flores des diverses périodes géologiques ont présenté un fait assez remarquable, qui prouve que le perfectionnement des anciennes générations n'a pas toujours porté sur les mêmes classes et ne s'est pas exercé d'une manière uniforme. Ainsi les plantes terrestres ont été abondantes aux deux époques les plus opposées de l'histoires des flores des temps géologiques et de l'époque actuelle. Les premières ont appartenu à l'embranchement le plus simple du règne végétal, aux cryptogames, et leur développement date de l'apparition de la vie. Les secondes, au contraire, se rapportent principalement aux végétaux les plus compliqués, aux dicotylédones, et en même temps, à la période géologique la plus récente.

Ces faits rendent sensible le progrès de l'ensemble du règne végétal et le développement de la flore de l'ancien monde, à mesure qu'elle se succédait. En effet, l'ancienne végétation est arrivée par degrés à être composée des mêmes classes qui embellissent et animent maintenant la surface du globe; elle a présenté en même temps ces différentes classes avec des proportions à peu près semblables à celles des végétaux actuels. La flore des derniers temps géologiques est en petit ce qu'est la flore de notre époque. La différence qui existe entr'elles, tient au nombre et à la variété des plantes vivantes, comparé à celui des espèces de la troisième période.

Comme un pareil parallèle ne peut pas s'établir entre notre végétation et celle de la première période, il y a eu progrès depuis cette période jusqu'à celle qui a précédé les temps historiques. De pareils progrès et de plus manifestes encore ont eu lieu dans le règne animal.

La végétation de l'ancien monde a donc commencé par

l'ordre le plus compliqué de la classe la plus simple : cet ordre, représenté par les cryptogames semi-vasculaires ou les œthéogames, y est arrivé avec tous ses perfectionnements. Les dicotylédones, la classe la plus avancée du règne végétal, ont vu bien des flores se succéder sans apparaître sur la scène de la vie ; ce n'a été que vers la fin des temps géologiques que ces plantes sont venues compléter la végétation et animer de leurs formes élégantes et variées une nature jusqu'alors imparfaite. Elles n'ont cependant pris leur essor et n'ont acquis des proportions numériques supérieures aux autres classes que lors de la venue de l'homme, cause et terme de tous les progrès qui ont eu lieu ici-bas.

Le progrès dans l'organisation est plus manifeste chez les animaux que chez les végétaux. En effet, les tissus peu homogènes des premiers, leurs formes plus variées en raison de la diversité du but qu'ils ont à remplir, les relations des os entr'eux, relations nécessaires puisqu'elles sont fondées sur un plan unique, n'ont pu que rendre plus évidents tous les genres de progrès qui ont pu s'y produire, surtout en comparaison d'êtres essentiellement passifs et immobiles comme les végétaux.

Par des raisons du même genre, les perfectionnements ont été plus prononcés chez les espèces animales les plus avancées en organisation que chez celles qui le sont le moins. Ainsi les céphalopodes, les plus compliqués des mollusques, ont paru tout d'abord et dès les premiers âges avec une organisation aussi compliquée que les espèces qui ont persisté jusqu'à nos jours. Ils n'ont eu à attendre du temps qu'une plus grande variété ; c'est le seul perfectionnement qu'ils aient éprouvé depuis leur apparition jusqu'à l'époque historique, où leur nombre s'est considérablement accru.

Toutefois, plusieurs genres de cette famille à cloisons simples, ne se représentent plus après la période primaire. Il en est de même d'un grand nombre de brachiopodes que l'on ne revoit plus dans la série géologique, ou dont il n'existe que des espèces rares et isolées.

La première période animale est caractérisée par la présence de certaines familles dont la durée a été extrêmement différente. La plus remarquable des crustacés, celle des trilobites, a commencé avec l'apparition de la vie et ne s'est pas perpétuée au-delà des terrains houillers. L'autre, ou celle des crinoïdes, l'une des familles des échinodermes, s'est fait remarquer à l'époque primaire par un grand nombre de formes génériques et spécifiques particulières. Ces formes ont été remplacées plus tard par peu de genres différents ; un seul existe dans la naturelle actuelle, où il est composé au plus de deux ou trois espèces.

Les trilobites n'ont pu progresser depuis leur apparition, puisque leur durée a été des plus courtes. Il en a été à peu près de même des échinodermes dont la faune s'est singulièrement appauvrie vers la fin des dépôts houillers. On en découvre à la vérité dans la partie inférieure des terrains secondaires, mais avec des formes spécifiques moins diverses et des genres moins variés. Il en existe enfin quelques vestiges dans les dépôts crétacés, mais à peine en voit-on des traces à l'époque tertiaire et seulement une ou deux espèces à l'époque actuelle.

Malgré le long espace de temps écoulé depuis la période primaire jusqu'à l'époque historique, bien des types génériques ont constamment persisté depuis lors ; le seul progrès qu'ils aient éprouvé dans ce long intervalle s'est borné au nombre des espèces qui en ont fait partie. Les zoophytes et les mollusques sont peut-être les classes qui renferment le plus de genres communs aux deux grandes périodes.

Parmi ceux des zoophytes, nous citerons spécialement les *Eschara*, les *Flustra*, les *Cellepora*, les *Cyllaria*,

Discopora, les *Intricaria*, les *Retepora*, les *Ceriopora*, les *Chrysopora*, les *Fungia*, les *Turbinolia*, les *Petraia*, les *Alcyon*, les *Astrea*, les *Porites*, les *Monticularia*, les *Heteropora*, les *Catenipora*, les *Millepora* et une foule d'autres ; mais aucune de leurs espèces n'est semblable à celles qui vivent encore, ce qui prouve combien le type spécifique est fixe et immuable.

Les genres des mollusques communs aux deux grandes périodes sont également nombreux ; parmi les acéphalés, les *Terebratula*, les *Pecten*, les *Trigonia*, les *Cardita*, les *Isocardia*, les *Cypricardia*, les *Ungulina*, les *Orbicula*, les *Ostrea*, les *Lingula*, les *Nucula*, les *Crania*, les *Hamites*, les *Modiola*, les *Chama*, les *Tellina* et plusieurs autres.

Les mollusques céphalés ont également présenté dès l'apparition de la vie plusieurs genres identiques dans les deux périodes. Telles sont les *Patella*, les *Pileopsis*, les *Melanopsis*, les *Melania*, les *Natica*, les *Nerita*, les *Solarium*, les *Delphinula*, les *Trochus*, les *Turritella*, les *Terebra*, les *Pleurotoma*, les *Murex*, les *Buccinum*, les *Cerithium*, les *Pyramidella*. Enfin on a signalé, parmi les céphalopodes, les genres *Nautilus* et *Spirula* qui ont joui du privilège d'exister dès l'origine de la vie, et de prolonger leur existence pendant les temps auxquels nous appartenons.

Probablement, toutes ces déterminations génériques ne sont pas complètement exactes ; mais ce qu'il importe de faire remarquer, c'est que rien de semblable ne s'observe chez les animaux vertébrés de la première période dont aucun des genres n'est parvenu jusqu'à nous. La raison de cette différence tient au progrès plus grand qui a été le partage de cet embranchement. Les poissons, les dominateurs de cette période, ont tenu lieu de toutes les classes des vertébrés ; aussi l'un de leurs ordres principaux a-t-il participé des caractères des reptiles qu'ils étaient chargés de remplacer. Du reste, on ne découvre à cette époque qu'un seul reptile de l'ordre des sauriens. Il s'est élevé, sur sa détermination, des doutes assez graves pour ne l'admettre qu'avec réserve.

Une remarque non moins curieuse prouve à quel point les espèces animales de l'ordre le plus élevé ont tendu vers un perfectionnement graduel. Les premiers poissons ont appartenu seulement à deux ordres, tandis que ceux de la période crétacée et de la population actuelle sont au nombre de quatre. Parmi ceux de la première période, les sauroïdes ont tenu un rang distingué. Ils avaient de grandes analogies avec l'une des principales familles des reptiles, les sauriens. Les poissons sauroïdes que l'on découvre dans toutes les formations secondaires, et qui avaient dominé dans les dépôts antérieurs à la craie, manquent complètement aux terrains tertiaires. Ces poissons ont été rayés du nombre des vivants pendant un long espace de temps, pour n'être plus représentés dans le monde actuel que d'une manière incomplète par les genres Lépisostée et les Polyptères.

Les sauriens, dont la conformation avait de nombreux rapports avec celle des poissons, ont pu perdre plus facilement que les autres reptiles, les formes des diverses classes des vertébrés. Ils en ont en effet les caractères, et ont paru les premiers parmi les reptiles. Il devait, ce semble, en être ainsi, puisque, par la marche du progrès en raison directe de la complication de l'organisation, les oiseaux et les mammifères les plus perfectionnés ont apparu fort tard et ont précédé de peu la venue de l'homme en vue duquel ils avaient été créés.

Du reste, les poissons des premiers âges, n'avaient pas une structure symétrique comme ceux des époques subséquentes. A peu près tous hétérocerques, leurs mouvements n'étaient pas complètement libres, et leur progression était généralement vacillante et embarrassée, par suite de l'imperfection de leur organisation. Cette disposition à queue non symétrique, ne s'est conservée d'une manière constante que chez les squales, les seuls poissons hétérocerques de l'époque actuelle. Les vrais squales n'ont paru qu'assez tard sur la scène du monde, et ce qui prouve le progrès vers lequel les poissons ont tendu, c'est qu'à part des squalides, il n'existait déjà plus qu'une seule espèce à queue hétérocerque parmi les races nombreuses de l'époque jurassique.

La seconde période, plus avancée que la première, a été caractérisée par des reptiles aussi étranges que gigantesques. Cette période est celle des reptiles, comme la première des poissons et la plus récente des mammifères monodelphes. Elle a déjà offert un grand degré de complication, puisqu'elle a vu arriver sur la scène de la vie pendant sa durée, les quatre classes de vertébrés qui caractérisent ceux de notre monde.

Les poissons n'ont jamais cessé d'exister pendant cette période ; ils y ont été accompagnés dès le commencement par des reptiles. Peu à peu et vers l'époque moyenne, ont paru d'abord des mammifères didelphes, et enfin, un peu plus tard, quelques oiseaux. Dans cette progression, l'ancienne population a suivi une marche ascendante, qu'elle a constamment adoptée dans l'apparition des vertébrés.

Ainsi la classe des poissons a été bornée, jusqu'aux terrains crétacés, aux deux seuls ordres des ganoïdes et des placoïdes. L'un et l'autre sont les moins avancés en organisation, surtout le dernier dont le squelette est cartilagineux et le cervelet rudimentaire. Quoique les ganoïdes aient des affinités avec les reptiles, ils se rapprochent néanmoins des placoïdes par leur squelette très-peu osseux.

Ces deux ordres, les plus imparfaits des poissons, ont seuls fréquenté les mers de la seconde période jusqu'à l'époque crétacée ; mais alors ils ont été accompagnés par les cténoïdes et les cycloïdes, maintenant les plus nombreux.

Les genres des ordres les plus anciens n'ont plus de représentants dans la nature vivante, tandis qu'il n'en a été ainsi que pour les trois-quarts environ des cycloïdes et des cténoïdes.

Du reste, le nombre des genres des poissons qui n'ont plus d'analogues parmi les êtres actuels, est d'autant plus grand qu'on les découvre dans des couches crétacées plus anciennes.

Les faits les plus remarquables de ce renouvellement successif des classes ou des familles des vertébrés, en vue de la loi du progrès, nous sont offerts par les sauroïdes. Cette famille a subi au moins six renouvellements complets ou sept faunes successives ; aucune d'elles ne renferme cependant les mêmes espèces. Souvent les genres auxquels elles se rapportent sont très-différents, et dans leur renouvellement les espèces éprouvent presque toujours quelques perfectionnements.

Les reptiles fournissent également de pareils exemples, quoique sur une échelle moins étendue, puisqu'ils sont moins anciens que les poissons ; mais ils sont supérieurs sous ce point de vue aux mammifères didelphes, ou monodelphes, surtout relativement aux derniers et même par rapport aux oiseaux.

Trois des ordres de cette classe ont animé la troisième période, les sauriens, les chéloniens et les batraciens. Les premiers ont paru dès les dépôts permiens, tandis que ce n'est qu'avec le plus grand doute qu'on doit admettre la présence des chéloniens à cette époque. Ces reptiles n'ont paru d'une manière certaine que lors du dépôt du trias et les batraciens n'ont commencé que dans la partie supérieure de ces terrains ou les formations du keuper.

Les sauriens sont donc les reptiles les plus anciens et ceux qui ont présenté les formes les plus bizarres et les dimensions les plus considérables. Tandis que les uns avaient des caractères communs aux animaux des autres classes de vertébrés , les espèces d'un seul genre parcouraient les airs avec autant de facilité que les Chauve-Souris. Cette faculté n'est le partage d'aucun reptile vivant; aussi lorsque ces Ptérodactyles étaient le plus nombreux , il n'existait pas d'oiseaux , ou du moins il n'y en avait qu'un petit nombre.

Les reptiles ont pris leur plus grand développement à l'époque moyenne de la seconde période. Ils ont même acquis alors des dimensions que les espèces vivantes n'ont jamais égalées ; mais aussi la plupart de ces grands reptiles , dont les formes ne paraissent pas avoir été faites pour durer, ont peu persisté. Ainsi, pour n'en citer qu'un exemple , tandis que les Iguanodons des temps géologiques avaient jusqu'à 21 ou 22 mètres , les Iguanes actuels atteignent au plus 10 à 11 mètres.

Ces animaux ont également éprouvé un progrès pendant cette période ; ainsi vers sa fin ou à l'époque crétacée , leurs types génériques ont pris des formes plus rapprochées de nos genres et de nos espèces. Ces affinités paraissent de plus en plus sensibles , à mesure que l'on s'élève vers les couches crétacées les plus récentes. Elles le deviennent encore plus dès la troisième période , ce qui annonce que le progrès des anciennes créations a été non-seulement successif, mais continu. Il a fallu , d'après les desseins de la nature , que la complication de l'organisation des espèces vivantes fût le résultat d'un grand nombre de changements et de modifications dans les êtres qui devaient les précéder.

La seconde période a vu un autre progrès s'opérer pendant sa durée, et cela, dans l'ordre des vertébrés : c'est l'apparition des oiseaux. Pour la première fois, ces animaux ont animé une nature jusqu'alors muette et silencieuse. Leur présence sur la terre date du dépôt des terrains wealdiens, vers la fin de l'époque moyenne de cette période.

Un autre perfectionnement a eu lieu plus tard ; il a annoncé celui qui se produirait dans le nombre et la variété de ces infiniment petits si multipliés dans la nature. Les infusoires ont animé de leurs innombrables tribus, l'époque crétacée, dont ils ont formé, malgré leur excessive petitesse, une partie des dépôts.

La troisième période, la plus rapprochée des temps historiques, a été aussi la plus remarquable sous le rapport du progrès qui s'est produit dans les animaux dont elle a été dotée. Le principal de ces perfectionnements a eu lieu chez les vertébrés qui ont vu pour la première fois les mammifères monodelphes apparaître, ainsi que les ophidiens, dont la nature avait été longtemps privée.

Les invertébrés ont reçu également lors de cette période un grand nombre de mollusques des terres sèches et des eaux douces, qui n'avaient paru jusqu'alors qu'en très-petit nombre et d'une manière incertaine. Il en a été de même des insectes dont la variété a été très-grande à l'époque moyenne et supérieure de l'époque tertiaire

D'autres perfectionnements se font également remarquer pendant cette période ; ainsi les chéloniens y sont devenus de plus en plus nombreux ; ils ont présenté pour la première fois des tortues terrestres dont les dimensions égalaient celles des Indes. D'un autre côté, les sauriens et les batraciens ont offert des caractères analogues aux espèces actuelles. Aussi, appartiennent-ils pour la plupart aux mêmes genres, quoiqu'il soit loin d'en être ainsi des espèces. Les crocodiliens fossiles ont, en effet, les plus grandes affinités avec les crocodiles qui peuplent nos fleuves et nos rivières, du moins sous les rapports génériques.

Le principal progrès de la troisième période a été non-seulement dans l'apparition des mammifères monodelphes, mais surtout dans celle de la famille la plus compliquée de cette classe. Il n'est pas moins remarquable de voir les quadrumanes commencer avec cette période et se représenter à l'époque moyenne et supérieure ainsi que dans les dépôts meubles du diluvium qui appartiennent aux terrains quaternaires.

Des pachydermes, dont les espèces vivaient pour la plupart dans les lieux à demi inondés, des rongeurs, des carnassiers, des mammifères marins et marsupiaux, ont accompagné ces quadrumanes, avec quelques cheiroptères, sans compléter pourtant la faune des mammifères de l'époque tertiaire. Cette faune n'a reçu son entier complément qu'aux époques miocène et pliocène des terrains tertiaires, où les édentés et les ruminants ont apparu pour la première fois. Ces deux familles n'ont pris leur entier développement qu'à l'époque quaternaire, tandis que les cheiroptères l'avaient déjà acquis antérieurement lors du dépôt des terrains moyens et supérieurs. Ce fait annonce qu'il y a eu un perfectionnement progressif dans la faune des mammifères, de l'époque tertiaire à l'époque quaternaire.

Cette dernière lie les anciennes générations aux générations nouvelles. Elle réunit du moins des espèces si semblables aux nôtres, que l'on ne saurait les en distinguer par aucun caractère précis ; cette même condition se représente aussi bien chez les mammifères que chez toute autre classe. Ceci ne fait pas cependant que l'époque quaternaire n'offre des genres perdus et à plus forte raison des espèces détruites. Ces races, qui ne paraissent pas avoir de représentants dans la nature, sont cependant dans les mêmes dépôts, sans que l'on puisse trouver dans la manière dont ils s'y rencontrent, aucune circonstance qui puisse faire induire que les uns et les autres ne sont pas de la même date.

La faune de l'époque quaternaire présente, lors des dépôts diluviens, quelques faits qui indiquent de quelle manière le progrès a eu lieu chez les animaux qui en font partie. Ainsi, celle de l'Amérique méridionale, la mieux connue, est composée par un grand nombre d'édentés, dont plusieurs se font remarquer par leurs dimensions colossales, enfin par certains pachydermes de la plus haute stature.

Quoique la plupart des genres de ces deux familles soient perdus, plusieurs ont cependant des représentants dans notre monde, tels sont les *Dasypus*, les *Orycteropus*, et pour la seconde famille les *Elephas*, les *Sus*, les *Tapirus* et les *Equus*. Ce qui est non moins digne d'attention, certains d'entr'eux n'habitent plus le Nouveau-Monde, et sont propres maintenant à l'ancien continent ; tels sont les Éléphants et les Chevaux, et parmi les carnassiers, les Hyènes.

Cette faune, considérée dans son ensemble, a l'aspect américain, mais sa physionomie générale a beaucoup plus de rapports avec celle de la contrée où sont ensevelis ses débris qu'avec tout autre région. Il en est de même de cette population qui a caractérisé l'Asie à l'époque diluvienne, malgré la différence de plusieurs des genres qui s'y trouvent avec ceux des races actuelles, tels par exemple que le *Sivatherium* et les tortues gigantesques nommées *Megalochelys* ou *Colossochelys*.

La Nouvelle-Hollande est la portion du monde où la population de l'époque diluvienne est le plus semblable à celle qui anime encore cette contrée. La plupart des genres ensevelis dans le diluvium des cavernes de ce continent se rapportent à ceux qui y existent maintenant ; ils appartiennent par conséquent à peu près tous aux marsupiaux. Il n'y a d'exception à cet égard que pour le genre des Civettes, qui se trouve uniquement aujourd'hui dans l'ancien continent.

Ce fait est tellement général pour cette contrée, que le genre nouveau que l'on vient d'y découvrir et gissant comme les autres dans les cavernes, paraît intermédiaire entre les pachydermes et les kanguroos, ou du moins devoir rattacher l'une de ces familles à l'autre.

L'époque quaternaire offre en général peu d'oiseaux, de reptiles et de poissons ; cette dernière classe a été si pauvre en espèces que l'on n'en connaît à présent qu'une seule de déterminée.

Ainsi, les populations qui ont péri pendant le dépôt des terrains quaternaires, annoncent que la loi de la localisation réglait alors la distribution des formes animales, et que le progrès a eu lieu pour chacune d'elles, d'après cette loi établie.

Il y a donc eu perfectionnement successif dans les anciennes créations végétales et animales. Il n'a été cependant sensible que chez les classes, les ordres et les familles supérieures ou les plus avancées en organisation. Il a été plus manifeste chez les animaux que chez les végétaux, par suite de ce que les parties qui les composent, sont liées les unes aux autres par des rapports réciproques plus intimes et l'on pourrait presque dire plus nécessaires.

Les cryptogames, comme les invertébrés et un petit nombre de dicotylédons et de vertébrés, font seuls exception à ces lois générales ; malgré ces exceptions, lorsqu'on considère l'ensemble des deux embranchements dont les couches terrestres nous ont conservé les restes, on reconnaît que les espèces de l'ancien monde ont marché du simple au composé et qu'elles ont constamment tendu vers une organisation plus compliquée, dont le *summum* n'a été atteint que par les espèces actuelles.

FIN.

TABLE.

BORDEAUX. — IMPRIMERIE DE TH. LAFARGUE.